前端开发实战派

Vue.js 3+Node.js+Serverless+Git

杨成功◎著

电子工业出版社

Publishing House of Electronics Industry

北京·BEIJING

内 容 简 介

本书从实战的角度出发，提炼并总结项目开发中需要掌握的前端知识，既可以为前端开发初学者提供清晰的学习路径，又可以为具有 3~5 年经验的开发者提供进阶的方向。

本书包括 5 篇。第 1 篇介绍前端基础，包括前端"三驾马车"（HTML、CSS、JavaScript）和新时代的JavaScript（ES6+、Node.js、TypeScript）；第 2 篇介绍前端框架，围绕 Vue.js 3 的基础知识点和 Vue 全家桶展开介绍，并使用 Vue.js 3 实战开发一个备忘录项目；第 3 篇与第 4 篇介绍前端中级和高级知识（构建工具Vite、浏览器高阶调试、性能优化、Git 协作、代码规范）在项目开发中的应用；第 5 篇全栈开发"仿稀土掘金"项目，帮助读者通过实战将书中的知识融会贯通。

本书内容由浅入深，将理论与实战相结合。读者如果已经掌握了"HTML + CSS + JavaScript"基础，那么学习本书可以快速打牢基础，并逐步完善自己的前端知识体系，最终具备中级和高级前端与全栈开发的能力。

图书在版编目（CIP）数据

前端开发实战派：Vue.js 3+Node.js+Serverless+Git / 杨成功著. —北京：电子工业出版社，2024.1

ISBN 978-7-121-46967-1

Ⅰ. ①前… Ⅱ. ①杨… Ⅲ. ①网页制作工具—程序设计②JAVA 语言—程序设计③移动终端—应用程序—程序设计④软件工具—程序设计 Ⅳ. ①TP393.092.2②TP312.8③TN929.53④TP311.561

中国国家版本馆 CIP 数据核字（2023）第 240698 号

责任编辑：吴宏伟
印　　刷：天津千鹤文化传播有限公司
装　　订：天津千鹤文化传播有限公司
出版发行：电子工业出版社
　　　　　北京市海淀区万寿路 173 信箱　　邮编：100036
开　　本：787×980　　1/16　　印张：28.5　　字数：706.8 千字
版　　次：2024 年 1 月第 1 版
印　　次：2024 年 1 月第 1 次印刷
定　　价：128.00 元

前言

近几年前端领域持续火热，前端工程师的队伍不断壮大，前端开发技术也在飞速迭代。面对前端开发技术的飞速迭代，很多人选择了"基础+框架+原理+源码"的学习路线，集中精力钻研某个前端框架，或者探索某些技术的实现原理。相比之下，大家对实战的关注和积累就相对较少。

笔者在工作中接触过不同类型、不同规模的项目，发现深挖前端技术的实现原理对项目开发的帮助有限，反而是在实战过程中积累的一些经验，甚至"非前端"的一些技术更有助于解决更多的困难。笔者认为：工程师的价值是解决问题，在实战中领悟原理比背诵原理重要得多；优秀的前端工程师不能只盯着前端，还必须有广阔的视野，善于从项目的角度选择合适的技术解决问题。

1．本书的特色

（1）从零起步，技术新。

本书从零开始讲起，循序渐进，对前端的初学者非常友好，可以帮助其快速掌握前端技术的原理、架构及实战应用。

本书介绍并使用了 ES6+、TypeScript、Vue.js 3 等，它们是当前和未来的主流方向，可以保证本书内容长期不会过时。除介绍新技术外，本书还介绍了大量的通用架构设计和解决问题的思路，这些思路不会随着技术的更新而失去价值，所以它们是本书质量的保证。

在项目实战中，本书采用 ES6+（ES2015～ES2022）和 TypeScript 4.7 编写代码，使用 Vue.js 3.2 和 Vite 4.4 相结合的框架，并且在版本不低于 16 的 Node.js 环境下运行。由于各方面都贴合当前主流技术的主流版本，因此读者可以放心阅读本书。

（2）路径清晰，循序渐进。

在掌握了前端"三驾马车"和前端框架之后，基本上可以满足初级开发者日常开发工作的需求。但是在后期想要提升技术时，面对浩瀚如海的前端知识，很多初级开发者不知道应该从哪里学起。本书为前端开发者提供了从初级到高级的非常清晰的学习路径，让其知道当前应该学什么，下一步应该学什么，哪些是重要的，哪些是无关紧要的，在确保学习方向正确的前提下，循序渐进地理解和掌握每个知识点。

本书的前半部分主要介绍前端基础+框架，目的是帮助读者打牢前端基础并学会使用框架完成工作。本书的后半部分重点介绍浏览器、性能优化、Git 协作等内容，从多个方面扩展前端知识体系，提升读者的技术视野，培养读者解决复杂问题的能力。通过阅读本书，读者可以建立前端知识体系。

（3）包含丰富的实战案例。

本书介绍了大量的实战案例，能让读者"动起来"，在实践中体会功能，不单单是一种概念上的理解。

在讲解每个知识模块时，笔者一直在思考：在这个知识模块中，哪些"标准动作"（实例）是读者必须具备的；哪些"标准动作"是可以先完成的，以求让读者能快速感知；哪些"标准动作"是有一定难度的，需要放到后面完成。读者在跟随书中的一个个实战案例实践之后，再理解那些抽象的概念和原理就会达到事半功倍的效果。

本书没有大量晦涩难懂的理论和原理，而是从实战和解决问题的角度梳理那些更重要的、更实用的前端知识体系，把在实战过程中积累的思路、关键点和要点总结起来，组成一份"实战宝典"。

（4）包含丰富的图片示例，理解原理和流程更容易。

一图胜千文，在涉及原理、流程、实战案例的地方本书都尽量配置图片，以便读者可以直观地看到或理解重要的内容。原理相关的配图笔者并没有照搬文档，而是用更直白的方式自行绘制，让读者更容易理解；关于实战配图，笔者将关键步骤的结果以图展示，让读者看清楚实际的执行结果。

（5）包含完整的大项目，实现"从树木到森林"的突破。

第 5 篇为综合实战，全栈开发一个"仿稀土掘金"项目。这个项目是对全书内容的综合应用，其复杂的设计、交互、逻辑可以帮助读者快速积累实战经验。

首先介绍 Express 框架和 MongoDB 数据库，让读者对 API 开发有基本的认识；然后编写项目的接口部分，并结合阿里云的 Serverless 函数计算将项目部署上线。

项目的前端部分依然使用 Vue.js 3 全家桶开发，同时对接真实的 API 接口，最终完成一个完整的可交付的项目。在全栈开发项目的过程中，读者会逐渐将书中介绍的知识融会贯通。

（6）提供项目级的代码，可复用。

本书提供综合实战项目的完整配套代码。将书中内容和配套代码结合起来阅读，通过"代码+讲解"的方式来讲解，让读者对项目实战的理解和消化更透彻。

综合实战项目的代码规模较大、逻辑复杂，包含前端和后端两套代码，并且有完整的运行配置、部署配置等详细描述。读者获取源码后不仅可以学习本项目的实战内容，还可以将其结构运用到其他项目上，也可以复用这套代码全栈开发自己的项目。

2．本书的读者对象

◎ 初学前端的自学者。　　　　　　　　　　◎ 培训机构的老师和学员。

◎ 对前端感兴趣的 IT 人员。 ◎ 高等院校计算机相关专业的学生。

◎ 具有 3~5 年经验的前端工程师。 ◎ 具有中级和高级进阶需求的前端工程师。

◎ 带团队的前端负责人。 ◎ 使用 JavaScript 的全栈工程师。

3. 致谢

感谢拿到本书的你，通过文字建立交流本身就是一种缘分，感谢你的阅读和支持。

同时感谢电子工业出版社的编辑吴宏伟老师，他的专业和严谨让笔者敬佩，也是他的鼓励助推了本书的顺利完结。

尽管笔者在撰写期间尽可能追求严谨，但是书中仍然难免存在不足之处，欢迎广大读者批评指正。

欢迎各位读者订阅笔者的微信公众号"程序员成功"，笔者会通过该公众号分享本书的技能要点和其他有趣的技术。读者也可以通过该公众号与笔者联系，以反馈本书的不足之处。

在以上公众号中回复"实战派源码"，可以领取本书配套的源码。

杨成功

2023 年 8 月

目录

第 1 篇 前端开发第一步：夯实基础

第 1 章 前端发展的几个时代...2

  1.1 附属时代...2

    1.1.1 前端的诞生...3

    1.1.2 jQuery 实现交互...3

  1.2 分家时代...4

    1.2.1 AJAX 出现...5

    1.2.2 前后端分离...5

    1.2.3 三大框架出现并流行...6

  1.3 工程时代...7

    1.3.1 Node.js 开启了前端工程...7

    1.3.2 Webpack 带来了编译...8

    1.3.3 工程化体系持续完善...8

  1.4 大前端时代...9

    1.4.1 多端开发的现状...9

    1.4.2 跨端开发成为趋势...10

    1.4.3 一处代码，多处运行...10

  1.5 Serverless 时代...11

    1.5.1 函数即服务...12

    1.5.2 前后端一体化开发...12

  1.6 本章小结...13

第 2 章 前端"三驾马车"，你真的掌握了吗 14

2.1 HTML：搭建页面的结构 14

   2.1.1 核心 DOM 体系 15

   2.1.2 语义化元素 20

   2.1.3 了解 HTML 5 23

   2.1.4 实现表单与验证 25

2.2 CSS：修饰页面的布局和样式 29

   2.2.1 3 种页面布局方案 29

   2.2.2 样式与动画解析 34

   2.2.3 CSS 工程化 40

   2.2.4 动态值与响应式 44

2.3 JavaScript：页面运行的核心原理 47

   2.3.1 数据类型与函数 47

   2.3.2 变量与作用域 51

   2.3.3 面向对象 53

   2.3.4 事件循环 58

   2.3.5 执行上下文与 this 61

2.4 本章小结 64

第 3 章 新时代的 JavaScript 65

3.1 ES6+：下一代语法标准 65

   3.1.1 变量与字符串的扩展 66

   3.1.2 对象的扩展 69

   3.1.3 数组的扩展 73

   3.1.4 函数的扩展 76

   3.1.5 异步编程方案 77

   3.1.6 模块体系 79

3.2 Node.js：服务端的 JavaScript 81

   3.2.1 Node.js 基础 81

   3.2.2 Node.js 的内置模块 85

3.2.3 Npm 包管理 88

3.2.4 环境与环境变量 92

3.3 TypeScript：支持类型的 JavaScript 93

3.3.1 应该使用 TypeScript 吗 94

3.3.2 常用类型全览 95

3.3.3 接口与泛型 98

3.3.4 装饰器的妙用 102

3.3.5 吃透 tsconfig.json 105

3.4 本章小结 106

第 2 篇　掌握一个主流前端框架

第 4 章 Vue.js 3 的基础与核心 108

4.1 初识 Vue.js 3 108

4.1.1 声明式渲染 109

4.1.2 组件系统 110

4.2 Vue.js 的基础概念 112

4.2.1 状态与方法 112

4.2.2 条件与列表 114

4.2.3 模板语法 116

4.2.4 计算属性与监听器 118

4.2.5 事件处理 120

4.2.6 表单双向绑定 121

4.2.7 DOM 操作 122

4.3 Vue.js 的组件体系 123

4.3.1 组件状态：data 与 props 123

4.3.2 组件的自定义事件 125

4.3.3 组件的生命周期 127

4.3.4 使用插槽动态渲染模板 129

4.3.5 使用异步组件提升性能 130

4.3.6 在组件中自定义 v-model 131

4.4　Vue.js 3 的核心：组合式 API 132
　　4.4.1　选项式 API 与组合式 API 132
　　4.4.2　理解响应式状态 133
　　4.4.3　生命周期钩子 135
　　4.4.4　计算属性与监听器 136
　　4.4.5　渲染方式：模板与 JSX 138
　　4.4.6　与 TypeScript 集成 140
4.5　Vue 全家桶指南 143
　　4.5.1　路由管理——Vue Router 144
　　4.5.2　状态管理——Pinia 147
　　4.5.3　统一请求管理——Axios 151
4.6　本章小结 156

第 5 章　【实战】使用 Vue.js 3 编写一个备忘录应用 157
5.1　需求：备忘录需求分析 157
　　5.1.1　分析首页 158
　　5.1.2　分析登录页 159
5.2　设计：搭建项目的基础结构 159
　　5.2.1　使用脚手架创建项目 160
　　5.2.2　接入 UI 框架 Element Plus 160
　　5.2.3　使用 Vue Router 配置页面路由 161
　　5.2.4　使用 Pinia 做全局状态管理 162
　　5.2.5　编写公共组件和公共函数 162
5.3　开发：业务功能编码 164
　　5.3.1　开发登录页 164
　　5.3.2　编写用户 Store 166
　　5.3.3　开发首页 169
　　5.3.4　编写首页 Store 171
　　5.3.5　开发文件夹列表组件 173
　　5.3.6　开发备忘录列表组件 175
　　5.3.7　开发编辑器组件 177

5.3.8　实现备忘录编辑 179

5.4　本章小结 181

第 3 篇　从 3 个方向提升技术实力

第 6 章　构建工具 Vite——将新技术的代码转换为浏览器认识的语法 183

6.1　认识构建工具 183

6.1.1　老牌工具——Webpack 184

6.1.2　轻量工具——Rollup 185

6.1.3　下一代工具——Vite 186

6.2　在项目中使用 Vite 187

6.2.1　使用脚手架创建项目 187

6.2.2　Vite 的基础命令 188

6.3　Vite 功能介绍 189

6.3.1　裸模块解析 189

6.3.2　依赖的预构建 190

6.3.3　模块热替换 191

6.3.4　TypeScript 转译 192

6.3.5　JSX/TSX 转译 193

6.3.6　CSS 资源处理 193

6.3.7　静态资源导入 195

6.4　Vite 配置介绍 197

6.4.1　多环境配置 197

6.4.2　通用配置 198

6.4.3　开发服务器配置 201

6.4.4　打包构建配置 203

6.4.5　性能优化配置 205

6.5　Vite 插件系统 206

6.5.1　Vite 官方插件 207

6.5.2　Vite 社区插件 208

6.5.3　Rollup 插件 209

6.6　本章小结 211

第 7 章 利用浏览器解决在开发中遇到的问题 212

7.1 浏览器的组成与渲染原理 212

7.1.1 浏览器的组成 212

7.1.2 渲染引擎的工作原理 214

7.1.3 重排与重绘 215

7.2 开发者工具 217

7.2.1 打开 DevTools 218

7.2.2 DevTools 的结构 219

7.3 "元素"面板 222

7.3.1 DOM 树的查看与调试 222

7.3.2 CSS 的查看与调试 223

7.4 "控制台"面板 226

7.4.1 打印日志 226

7.4.2 执行 JavaScript 代码 229

7.4.3 其他 console 功能 230

7.5 "源代码"面板 232

7.5.1 查看网页源码 233

7.5.2 断点调试 234

7.5.3 作用域、调用栈、事件监听 236

7.6 "网络"面板 238

7.6.1 捕获网络请求 238

7.6.2 请求的筛选过滤 239

7.6.3 单条请求详解 240

7.6.4 网络功能设置 241

7.7 "应用"面板 242

7.7.1 Cookie 管理 243

7.7.2 WebStorage 管理 244

7.8 本章小结 245

第 8 章　前端性能优化全览 246

8.1　认识性能优化 246

　　8.1.1　从渲染原理开始 247

　　8.1.2　网络层面的优化 247

　　8.1.3　渲染层面的优化 249

8.2　检测性能问题 250

　　8.2.1　主观感知性能 251

　　8.2.2　利用"性能"面板检测性能 251

　　8.2.3　利用 Lighthouse 检测性能 254

　　8.2.4　项目打包后的性能检测 256

8.3　首屏渲染优化 257

　　8.3.1　首屏变慢的原因 257

　　8.3.2　优化措施一：路由懒加载 258

　　8.3.3　优化措施二：Gzip 压缩 258

　　8.3.4　优化措施三：服务端渲染 260

8.4　网络资源优化 261

　　8.4.1　图片异步加载 262

　　8.4.2　高效利用缓存 263

8.5　交互性能优化 264

　　8.5.1　防抖与节流：减少事件触发 265

　　8.5.2　异步更新：减少重复渲染 267

　　8.5.3　减少 DOM 操作 268

8.6　本章小结 271

第 4 篇　光有技术不够，还要懂团队协作

第 9 章　Git 命令与协作指南 273

9.1　初识 Git 273

　　9.1.1　什么是版本控制 273

　　9.1.2　Git 的工作原理 274

　　9.1.3　安装 Git 276

9.2 Git 的基础操作 277

    9.2.1 Git 的基础配置 277

    9.2.2 文件跟踪与暂存区 278

    9.2.3 创建和查看提交 279

    9.2.4 撤销与回滚 280

    9.2.5 合并提交 282

    9.2.6 管理标签与别名 283

9.3 分支管理 285

    9.3.1 分支简介 286

    9.3.2 分支的创建、删除和切换 286

    9.3.3 分支的合并 287

    9.3.4 分支的管理策略 289

9.4 远程仓库 GitHub 290

    9.4.1 创建远程仓库 290

    9.4.2 代码的推送和拉取 291

    9.4.3 管理远程的 Tag 293

    9.4.4 查看远程提交信息 293

9.5 Git 的高级操作 295

    9.5.1 变基——git rebase 295

    9.5.2 拣选——git cherry-pick 297

    9.5.3 暂存——git stash 298

    9.5.4 检索——git grep 298

    9.5.5 调试——git bisect 299

9.6 本章小结 301

第 10 章 代码规范实践 302

10.1 认识代码规范 302

    10.1.1 为什么需要代码规范 303

    10.1.2 代码规范包含的内容 303

10.2 代码规范落地 304

    10.2.1 制定规范 304

　　10.2.2　检测和统一规范 312

10.3　工具一：ESLint 313

　　10.3.1　安装与初始化 314

　　10.3.2　配置文件解析 314

　　10.3.3　代码检查 316

　　10.3.4　自定义规范 317

10.4　工具二：Prettier 318

　　10.4.1　安装与配置 319

　　10.4.2　格式化代码 320

10.5　工具三：VSCode 321

　　10.5.1　使用插件 321

　　10.5.2　编辑器的配置 322

　　10.5.3　共享配置 323

10.6　Git 提交的规范 324

　　10.6.1　制定规范 324

　　10.6.2　验证规范 325

10.7　本章小结 326

第 5 篇　综合实战——全栈开发"仿稀土掘金"项目

第 11 章　项目需求分析与 API 开发基础 328

11.1　项目需求分析 328

　　11.1.1　首页模块 329

　　11.1.2　文章模块 329

　　11.1.3　沸点模块 331

　　11.1.4　用户中心 332

　　11.1.5　消息中心 332

11.2　使用 Serverless 云函数创建接口 333

　　11.2.1　注册阿里云，开通函数计算 334

　　11.2.2　创建服务，编写项目所需的云函数 335

11.3 API 开发基础——Express 框架的使用 340

11.3.1 Express 框架的基本结构 340

11.3.2 使用路由创建 API 接口 342

11.3.3 理解中间件，搞懂框架的原理 345

11.3.4 统一错误处理，提升应用的健壮性 346

11.4 API 开发基础——数据库操作 347

11.4.1 MongoDB 的基本概念 347

11.4.2 实现增、查、改、删操作 348

11.4.3 高级查询——聚合管道 350

11.4.4 使用 mongoose 操作数据库 351

11.5 本章小结 355

第 12 章 后端 API 接口开发与部署 356

12.1 开发用户管理接口 356

12.1.1 用户注册接口 358

12.1.2 用户登录接口 360

12.1.3 修改用户信息接口 362

12.1.4 更新掘力值、点赞量和阅读量 363

12.2 开发文章管理接口 364

12.2.1 创建与发布文章接口 366

12.2.2 修改与删除文章接口 367

12.2.3 文章的点赞和收藏接口 368

12.2.4 文章评论接口 371

12.2.5 文章列表接口 376

12.2.6 文章详情接口 378

12.3 开发沸点管理接口 379

12.3.1 创建沸点接口 381

12.3.2 沸点列表接口 381

12.3.3 沸点评论与点赞接口 382

12.3.4 沸点删除接口 383

12.4　开发消息与关注接口 383

　　12.4.1　未读消息接口 384

　　12.4.2　关注与取消关注接口 386

　　12.4.3　关注者列表接口 388

12.5　项目完善与部署 389

　　12.5.1　添加 JWT 登录验证 389

　　12.5.2　使用分页查询列表 392

　　12.5.3　统一处理路由异常 394

　　12.5.4　将代码发布到云函数中 395

12.6　本章小结 397

第 13 章　前端页面功能开发与部署 398

13.1　搭建项目框架和页面结构 398

　　13.1.1　创建项目、安装依赖和修改目录结构 398

　　13.1.2　添加全局样式和代码规范配置 400

　　13.1.3　添加统一路由配置、统一请求配置 402

　　13.1.4　初始化 Git 仓库并添加相关配置 404

13.2　开发全局公共组件 405

　　13.2.1　开发根组件 App.vue 406

　　13.2.2　开发头部组件 407

　　13.2.3　开发登录组件 409

　　13.2.4　开发编辑器组件 412

13.3　开发首页 414

　　13.3.1　开发文章分类子组件 414

　　13.3.2　开发文章列表子组件 415

　　13.3.3　创建文章 Store，定义状态和方法 416

　　13.3.4　创建首页入口组件，组合各个子组件 417

13.4　开发文章详情页 419

　　13.4.1　开发文章的点赞、收藏功能 419

　　13.4.2　开发 Markdown 渲染组件 420

　　13.4.3　开发文章内容展示模块 421

13.4.4　开发文章作者和目录模块 422

13.5　开发用户中心页 423

13.5.1　开发用户基本信息模块 423

13.5.2　展示用户的文章和沸点数据 424

13.5.3　开发用户的个人成就模块 425

13.6　开发消息中心页 426

13.6.1　开发消息类型 tab 标签 426

13.6.2　开发消息列表模块 427

13.7　开发文章编辑发布页 428

13.7.1　导入编辑器，编写页面基本结构 428

13.7.2　添加发布弹框，编辑发布选项 430

13.7.3　监听文本编辑，实现自动保存 431

13.8　开发沸点页 432

13.8.1　开发沸点圈子组件 433

13.8.2　创建沸点 Store，定义状态和方法 433

13.8.3　开发沸点列表组件，展示和操作沸点 434

13.8.4　开发沸点入口组件，新增创建沸点模块 435

13.9　项目打包、部署与解析 437

13.9.1　打包项目并上传到服务器上 437

13.9.2　使用 Nginx 配置项目域名并解析 437

13.10　本章小结 438

第 1 篇
前端开发第一步：
夯实基础

第 1 章
前端发展的几个时代

本章主要介绍前端发展的几个时代，带领读者了解前端的过去和未来。本章将前端发展划分为 5 个时代，每个时代都有其背景和使命。

1.1　附属时代

1990 年诞生了世界上的第一款浏览器，HTML 作为超文本标记语言被用于在网页中展示文字，但此时的 HTML 仅仅是实验室产品。1994 年，网景公司成立并开发了一款名为 Navigator 的浏览器，这款浏览器进入市场后迅速得到了大众认可，HTML 技术得到了推广。

Navigator 浏览器诞生后，CSS、HTML 2 和 W3C 联盟相继出现。CSS 誓要给枯燥的图文世界带来一些色彩；W3C 联盟则作为 Web 技术的官方代表，致力于制定 Web 技术标准，要求浏览器厂商按照统一标准来实现。

这里提到的 Web 是万维网（World Wide Web）的统称，W3C 就是万维网联盟。Web 属于互联网的一个子类，需要依赖浏览器访问和展示信息。把围绕浏览器产生的相关技术统称为 Web 技术。因此，HTML 和 CSS 都属于 Web 技术范畴。

此时的浏览器网页以 HTML 为主，是纯静态的网页，并且是"只读"的。用户只能被动接收信息，没有变化也没有交互，因此将这个时代称为 Web 1.0 时代。

随着网页交互要求的提高，1995 年，网景公司的工程师 Brendan Eich 花了 10 天的时间设计了 JavaScript（简称 JS）语言，并将其内嵌到浏览器中。JavaScript 提供了操作 HTML 的功能，这使得一成不变的网页有了"动起来"的可能。

在此期间，微软公司开发出了另一款浏览器——IE 浏览器。JavaScript 出现后微软公司又开发了一款脚本语言 JScript 嵌入 IE 浏览器中。因为两家公司的脚本实现存在差异，所以一个网页不能同时在两款浏览器中运行，这就迫使网站不得不"二选一"，直接引发了第一次浏览器大战。

这次大战推动了浏览器的创新和升级。最终的结果是 IE 浏览器战胜 Navigator 浏览器，并且占据了 96%的市场份额。不过网景公司为了确保 JavaScript 的市场领导地位，已经率先将其提交到 ECMA 进行标准化。随后 ECMA 以 JavaScript 为基础制定了 ECMAScript 1.0 标准规范（目前已经更新到 ES6+）。这也是网景公司战败但是 JavaScript 还能继续发展的原因。

至此，Web 领域由 W3C 和 ECMA 两大标准组织推进，Web 开始快速发展。

1.1.1　前端的诞生

在 Web 1.0 时代，网页是纯静态的，并没有前端和后端之分。随着以 ASP、JSP 和 PHP 为代表的动态页面技术的诞生，网站能够从数据库中获取数据并展示出来，因此网站开发逐渐被划分为前端和后端两个方向。

后端开发的主要任务是编写业务逻辑和处理数据；前端开发的工作相对来说比较简单，主要是对文字、图片做排版和样式修饰，并没有非常复杂的交互。

以 PHP 为例，网站代码被嵌在一个 MVC 框架中。MVC 即模型（Modal）、视图（View）和控制器（Controller），其中视图部分代表 HTML 页面。前端开发者将静态页面交给后端开发者，后端开发者将其修改为 PHP 模板放到框架中。此时的前端只是 PHP 的一部分。

正因为如此，前端给人们的固有印象就是技术难度小、门槛低。前端开发者也被戏称为"页面仔"，长期处于技术鄙视链的底端。

随着互联网的快速发展，Web 应用的体量越来越大，前端和后端的代码揉在一块的弊端越来越明显——高耦合、互相影响、难以分模块，共同调试和维护一套代码变得越来越困难。

于是前端的需求高涨，企业需要能解决复杂问题和实现复杂功能的专业的前端工程师。在这个背景下前端从业者明显增加，前端进入了增长期。

随着 HTML 5 的出现，移动互联网逐渐成为潮流，手机的硬件和性能也越来越好。用户使用手机不再只看图文，而是希望在手机上通过滑动手指就能完成任何事情。于是有了购物、视频、游戏等 App，这些变化推动前端进入爆发期。

尽管如此，前端依然离不开后端，并且是后端项目的一部分。前端页面需要动态数据，因此不管开发了什么功能，最后一步还是要交给后端工程师完成，把页面套在他们的模板中。

1.1.2　jQuery 实现交互

在 Web 1.0 时代，前端的"技术性"体现在 jQuery 上。

在一些交互比较复杂的页面中，需要大量操作 DOM 来实现功能。如果需要修改某个层级比较深的元素，就需要层层寻找，甚至还要遍历。原生的 JavaScript DOM API 因为以下两方面的原因使用效率很低。

- 不同浏览器的 API 存在兼容性。
- 原生 API 使用烦琐，没有"链式"和"批量"这样的快捷操作。

在这种情况下，前端迫切需要一种统一、使用简单、操作效率更高的方式来代替原生 API。此时 jQuery 登场了。

没有经历过早期前端开发的程序员难以体会 jQuery 的出现带来的巨大的便利。在没有 jQuery 时，操作 DOM 全靠原生 API，因为没有其他的方式。因为大家都采用这种形式，所以也不觉得效率低，好像本就该如此。

jQuery 带来了极简 API，相信使用过的人都会惊呼：怎么能这么简单！

使用 jQuery 操作 DOM 的效率比使用原生 API 操作 DOM 的效率至少提高了 1 倍。这并不是 jQuery 创造了一个代替原生 API 的东西，而是将原生 API 包装起来，采用一种更简单、直观的方式实现调用。特别是 jQuery 提供的链式调用和批量操作，不仅简单直观，还容易理解，所以前端开发者不愿意再用原生 API 操作 DOM。

jQuery 最强大的功能还是插件系统——可以将一个功能模块封装成插件以供复用。

> 📢提示　jQuery 的插件生态非常丰富。在有的网站上可以找到一些常用的组件（如日历、轮播图、弹框、各种动画、特效），这些是全球开发者共同的心血，可以完全免费使用，因此大大提高了开发效率。

jQuery 插件算是最早意义上的组件化——无数的物料以 jQuery 插件的形式在全世界分享。对于此时的前端而言，这是 jQuery 的时代。

1.2　分家时代

随着 Web 应用的体量不断变大，交互体验的要求不断提高，前端的复杂度也越来越高。在一些规模较大的 Web 应用中，前端和后端一体开发的弊端逐渐暴露出来，具体表现在以下两个方面。

- 模块划分：项目代码日渐庞大臃肿，开发者意识到必须通过拆分模块来降低代码耦合性。然而大部分的视图代码都是前端和后端混在一起，难以解耦。
- 多人协作：项目越大开发者就越多，前端和后端的开发者在一个代码仓库中不断地拉取与合并，这本身就是不规范的，很容易引发冲突和覆盖的问题。

此时的 Web 应用已经有分离的趋势，但受制于技术，短期之内无法实现。

1.2.1　AJAX 出现

在 Web 最初发展的阶段，前端页面要想获取最新数据需要刷新整个页面，这是很糟糕的用户体验。

2005 年发生了 JavaScript 历史上具有里程碑意义的大事——AJAX 出现了。AJAX 为 JavaScript 带来了异步获取数据的能力。这种异步获取数据的能力使"不刷新浏览器更新页面状态"成为可能。

对于一些操作性的功能，如提交表单，传统的提交方式会刷新整个页面，如果服务器处理失败，表单就需要重填。但有了 AJAX，就可以在当前页面异步提交，并将服务器响应结果在当前页面提示。光是表单异步提交这一项，就让用户体验迈上了一个新的台阶。

后来的大部分网站都在操作反馈方面使用 AJAX 来提升用户体验。但对于整个项目来说，AJAX 只是小规模的应用，前端开发者并没有利用 AJAX 创造出令人眼前一亮的产品。

2005 年前后，谷歌发布了两款重量级的 Web 产品，分别为 Gmail 和 GoogleMap。这两款 Web 产品都使用了 AJAX 技术，并且用这种技术开发的大部分页面是异步与服务器进行通信的，操作体验如同使用原生应用那样丝滑。这让开发者意识到，AJAX 可以应用得更广。

随后 AJAX 不断在前端中创造价值，如按需加载文件，甚至多客户端之间的异步通信，让前端在一个页面中与后端交互变得非常流行。这个阶段一些博客论坛广受欢迎，因为用户可以在评论区与作者互动，这大大促进了 Web 2.0 时代的发展。

1.2.2　前后端分离

随着 AJAX 的普及，越来越多的前端工程师开始思考：是否可以全部采用 AJAX 与后端交换数据，从而实现前端的完全独立？

从理论上来说，这是可行的。假设有一套现成的接口，需要单独开发一个前端程序，先在 JavaScript 中调用接口获取数据，再动态渲染 DOM 更新页面。这样即便前端不依赖 MVC 框架单独部署，也能实现用户的访问操作和与线上数据交换。

在实际的应用场景中，虽然可以这样做，但是在一些细节上会有难以处理的问题，具体表现为以下两个方面。

- 路由问题。AJAX 局部更新可以动态改变页面，但并不会导致 URL 地址发生变化。最终的结果可能是经过多次操作切换到某个页面，结果一刷新，页面又切换到最开始的位置。

- 状态问题。在后端渲染的 MVC 模式下，用户信息被存储在 Session 中，当前用户的登录状态可以直接得到。但在纯前端的环境下，应用是无状态的，如何处理用户登录就成了难题。

在没有通用方案的情况下，传统的 MVC 框架依然是主流。前端作为视图部分继续向 Web 应用提供页面，只不过在一些局部的很小的状态修改中可以使用 AJAX 做到更好的交互。此时的 AJAX 依然是优化用户体验的角色，还没有应用到完整页面的异步更新。

此时的前端正处在黎明前的混沌之中，但前端工程师依然在不断探索，使前端开发透出一束束的亮光。

1.2.3　三大框架出现并流行

2009 年，谷歌的工程师创建了一个名为 AngularJS 的前端开发框架，并且在该框架中引入了 MVC、依赖注入和模块化等设计思想（前端从没有过这样完整的开发框架）。

> 💡提示　与其他框架不同，AngularJS 并不依赖操作 DOM 来更新页面，而是提供了一个很超前的方法，即双向数据绑定。只要把数据绑定到 HTML 上，在数据发生变化时，HTML 绑定数据的部分就会自动更新。这是最早的数据驱动视图的思想。

AngularJS 带来的这种全新的设计思路启发了无数的前端工程师，大家争相在这条路上积极探索。2013 年 Facebook 推出的 React 再次在前端圈掀起一阵高潮。React 在吸收了 AngularJS 精华的基础上，又创造了虚拟 DOM（Virtual DOM），一下子突破了复杂页面的性能瓶颈。另外，React 还提供了创新性的 JSX 语法和 Diff 算法。

在 React 推出一年后，出现了 Vue.js。Vue.js 的开发者尤雨溪是中国人，他以一己之力开发出来的 Vue.js 足以和 React 媲美。可能是这个原因让 Vue.js 的热度持续居高不下。

当然，这也离不开 Vue.js 本身足够优秀。Vue.js 吸收了 AngularJS 和 React 的精华，不仅采用虚拟 DOM，还保留了双向绑定。最重要的是，Vue.js 的 API 设计非常简单，很容易上手，因此吸引了大批的开发者使用。另外，Vue.js 的开发文档对国内程序员非常友好，中文表述简单，读起来毫不费劲。

> 💡提示　目前，AngularJS、React 和 Vue.js 并称为前端三大框架。三大框架互相学习、互相竞争，不断带来新思路，推出新功能，共同推动前端前进。

三大框架的出现彻底改变了前端的开发方式，使前端开发进入完全的前后端分离模式。这种变革促使后端也发生变化，由开始的嵌套前端模板变成纯粹的接口输出，这与 App 的开发方式基本统一。前端从一个 Web 应用的模板正式进化为前端应用。

1.3　工程时代

2009 年推出的 AngularJS 加速了前后端分离。2009 年还诞生了另一项对前端具有革命性意义的技术，即 Node.js。Node.js 把客户端脚本语言 JavaScript 应用到了服务端，使其拥有操作文件和操作数据库的能力。

Node.js 是一个单线程的、基于事件循环的异步 I/O 框架，基于 Chrome 8 引擎，性能卓越，可以代替传统的 MVC 框架编写后端。Node.js 的 API 使用起来非常简单，只需要几行代码就能运行一个 Web 服务器。

> 提示　Node.js 的一大亮点是 Npm 包管理。Npm 可以通过命令快捷地添加和删除第三方包，有数百万的第三方包可以免费使用。另外，Node.js 本身只保留了基础功能，其他功能都作为 Npm 包存在，这也使 Node.js 代码非常简单干净，维护起来非常简单。

"JavaScript 语法、可开发后端、包管理、代码极简"这几项特点使 Node.js 成为前端最耀眼的"明星"，开发者纷纷尝试用 Node.js 做一些更酷的事情。

因为 JavaScript 运行在浏览器沙盒环境下，所以没有主动操作文件的权限。Node.js 提供了操作文件的能力后，意味着让代码发生"变化"成为可能。

让代码发生"变化"是"编译"的前提，这正是前端工程化的萌芽。

1.3.1　Node.js 开启了前端工程

AngularJS 诞生后，其创始团队继续探索先进的前端技术，并于 2015 年推出了 Angular CLI。Angular CLI 是一款命令行工具，也被叫作脚手架工具，可以通过命令选择模板，快速创建并运行项目，使前端可以运行在像"http://localhost:8080"这样的本地服务之下。

Angular CLI 通过命令行创建和运行项目，这是前端工程化的开端。但是 Angular CLI 创建和运行项目的基础功能是 Node.js 提供的。Node.js 通过文件 API 生成项目，同时创建本地服务器挂载前端项目，使前端代码始终处在 Node.js 的运行环境之下。

有了 Node.js 的运行环境，前端开发者就可以充分发挥想象力，将服务端领域的先进理念迁移到前端。例如，用脚手架创建的项目自带热更新功能。在修改代码并保存后，不需要手动刷新，页面会自动检测到修改并更新。

这是什么原理呢？其实是 Node.js 启动了一个 WebSocket 连接，在修改代码时一旦检测到文件发生变化，就会主动触发编译更新。

> 📢 提示　很多前端开发者都有过这样一个疑问——什么是前端工程化?
>
> 笔者认为主流的前端工程化是将 Node.js 的功能投射到前端项目上,为前端安装各种"装备",从而彻底提高前端开发者的开发效率。

1.3.2　Webpack 带来了编译

Node.js 提供的服务器能力和文件操作能力开启了前端的工程之路,Webpack 则将操作文件的能力发挥到了极致。

Webpack 是一个现代 JavaScript 应用程序的打包器。它有两方面核心作用,分别是打包和转换。

- 打包:意味着 Webpack 可以将任意文件模块化,从而在项目中可以通过 import/export 实现文件的导入/导出。
- 转换:意味着对于 Webpack 不认识的非 JavaScript 文件,通过自定义的 Loader 让 Webpack 认识并处理这些文件。

例如,Vue.js 中的.vue 文件本不属于 HTML 或 JavaScript,Webpack 自然也就不认识它。但是,Vue.js 提供的 vue-loader 可以告诉 Webpack 如何处理和解析.vue 文件,并且最终将它转换成 HTML、CSS 和 JavaScript,于是这个.vue 文件被打包成模块。

这种转换功能在 Webpack 中被叫作编译。

> 📢 提示　正因为出现了编译,前端才有了"源码"和"可执行代码"的区别。这在 jQuery 时代是没有的,那时开发编写的代码就是源码,交给浏览器就能直接运行。

1.3.3　工程化体系持续完善

Node.js 提供了工程的基础能力,Webpack 提供了灵活的编译能力,两者强强联合,将大量的优秀工具集成到工程化体系中。其中,最具代表性的有以下几个。

- Babel:负责转换 JavaScript 语法。它面向 JavaScript,可以将最新的 JavaScript 语法转换成 ES5 的标准语法,让绝大部分的浏览器支持。可以说,有了 Babel 就不用担心兼容性,可以放心使用最先进的语法。
- Less/Sass:负责生成 CSS 代码。它解决了大部分纯 CSS 不够友好的问题,如支持嵌套语法,定义变量,从而使开发效率和编码体验得到成倍的提升。预处理器经过编译后会转换为普通的 CSS 样式,在 Webpack 中它们都有各自的 loader 来实现代码的转换。
- ESLint:负责检测代码规范。它具有定义代码规范和检测代码规范两大功能。定义代码规范包括用单引号还是双引号,代码末尾要不要加号,以及什么时候换行等代码风格类的规范。

在多人团队协作中代码规范非常重要，但往往每个人的编码风格不同导致规范难以统一，有了 ESLint 的规范检测和格式化就能很容易地解决这个问题。

> ☛提示　前端在后期衍生出了很多工程化技术，如持续集成、CI/CD 和自动化部署等。这些都表示工程化体系在持续完善，前端也越来越高效和成熟。

1.4　大前端时代

在前端工程化的方案逐渐趋于成熟后，各公司的视野已经不满足于浏览器应用，而是更大胆地尝试一些"探索边界"的事情，"跨端"就成为它们紧盯的下一个目标。

1.4.1　多端开发的现状

Web 始于计算机时代，那时的浏览器只能安装在计算机中，PC 端就是前端的全部。

后来，随着移动互联网的兴起，用手机刷新闻和浏览网页成了趋势，移动端 H5 页面成了不可或缺的一项。这时多数的 ToC 项目有 PC 端和 H5 端，供用户在不同的屏幕上浏览。

客户端也是随着移动互联网的兴起开始流行的。客户端刚出现时，就是 Android 端和 iOS 端。对于开发者来说，两个端两条线，几乎完全不一样。一家中型互联网公司的技术团队，终端开发者至少有 3 类，分别为前端、Android 和 iOS，这是最基本的配置。

但是客户端开发有一个现实问题——效率慢，成本高。对于一家小型公司来说，如果不是产品强需求，那么一般直接采用前端实现。但是，客户端也有自己的优势，如原生体验好、功能权限高等。小型公司也确实想做更好的用户体验，但是因为玩不起客户端所以只能放弃。

正是在这样的背景下，小程序出现了。小程序内嵌在 App 中，以一种微应用的方式打开，并没有网页那样的糟糕的加载体验。在权限方面，小程序依靠原生应用提供的 API 能做得更多。最关键的是，小程序是使用 JavaScript 开发的，效率和前端页面基本一致。

> ☛提示　小程序的出现，对于那些"不满意 H5 页面的体验，但没有精力开发原生"的团队来说是一个极大的惊喜。因此，很多小型公司纷纷投入小程序开发中。小程序虽然起源于微信，但随后被各应用纷纷效仿，如支付宝小程序、抖音小程序、头条小程序等，一时间小程序遍地开花。

然而，小程序的便利也为开发者带来了难题：这些大型企业的小程序方案虽然大同小异，但是代码互不兼容，如果有开发多端小程序的需求，就不得不为各端单独开发一套代码。

至此，客户端阵营已经囊括了 Web、原生 App 和小程序三大类，细分开来至少有 5 个客户端。多端开发的状况带来了高昂的成本，企业迫切需要降本增效。

1.4.2　跨端开发成为趋势

前端在 Web 领域积累了足够丰富的工程方案。既然可以通过 Webpack/Babel 将任意高级语法（如 JSX）转换成 JavaScript 代码，那么是否也可以用同样的方式生成另一套其他平台的代码呢？

例如，通过编写转换工具将一套 Vue.js 代码转换成小程序代码，这样这套代码既可以被打包成 Web 应用，又可以被打包成小程序应用，由此可以实现"将一套代码打包成多个应用"的目的。

不得不说，这是一个创造性的思路。从之前积累的 JavaScript 工程化经验来看，这显然是可行的。生成多端代码，虽然会在开发上带来兼容性，但是可以成倍地节约成本（一个人干了两三个人的活）。

所以，本着降本增效的目的，大型企业不惜耗费精力也要探索出可用的跨端解决方案。一些优秀的解决方案逐渐浮出水面，并选择在社区开源。例如，Taro、React Native 等跨端方案被广泛应用，因此前端有机会从"开发一端"转变为"开发多端"。

> 📢提示　正是因为 JavaScript 有了跨端开发的能力，所以传统前端正在跨步进入大前端时代。在大前端时代，JavaScript 可以用于开发全系客户端（Web、小程序、Android、iOS）。对于一些中小型公司（它们缺乏专业的原生 App 工程师）来说，使用 JavaScript 是一个再好不过的选择。

当然，大前端不是只有跨端开发，除了常规前端开发，一些新技术也可以被归属到大前端的范畴，如图形技术、音/视频技术和 VR 技术，这些技术超出了常规前端开发的范畴，但又表现在前端上，因此也可以作为大前端的一部分。

1.4.3　一处代码，多处运行

多端开发的现状和 JavaScript 的优势，催生了以 JavaScript 为主的跨端解决方案，其中最具代表性的有 Taro、React Native 和 Electron。

1. Taro

Taro 是一个使用 React 语法的跨端开发框架，在编译时将 React DSL 转换为各端代码，从而实现"一码多端"。但从 Taro 3 开始，Taro 团队重构了跨端实现方案，从"编译时的代码转换"升级为"运行时的自定义渲染"，使其成为一个开放式的跨端框架。

Taro 3 支持直接引用 Vue.js/React 框架本身的代码。Taro 只做渲染层的逻辑，这就解决了语法兼容问题。因此，Taro 3 支持同时用 React 语法和 Vue.js 语法进行开发，从根本上解决了与 Web 代码割离的问题。Taro 是目前跨端解决方案中非常优秀的代表。

2. React Native

Taro 也支持将代码转换为原生 App，而转换为原生 App 的功能是基于 React Native 实现的。React Native 是 React 官方提出的跨端解决方案，主要是将 React 代码生成原生 Android、iOS 应用，是目前 JavaScript 开发原生 App 的主流方案。

React Native 也沿用了 React 框架中的虚拟 DOM 方案：只需要编写一套代码，就可以将代码打包成不同平台的 App，这极大地提高了开发效率。另外，相对于全部原生开发的应用来说，这种方式的维护成本也相对较低。

目前，React Native 新架构正在加速开发中，新架构有望进一步提升 React Native 的性能。

3. Electron

Electron 是开发桌面端应用的框架，使用 JavaScript 开发 Windows 和 Mac 应用程序。VSCode 编辑器就是使用 Electron 开发的。

Electron 框架内部嵌入了 Chromium 和 Node.js。Chromium 负责界面的渲染，所以应用窗口像 Chrome 浏览器；Node.js 主要关注逻辑部分，负责系统底层能力的调用。Electron 比 React Native 更容易上手，因为它完全屏蔽了原生代码，只使用 Node.js 就可以实现大部分的原生功能，并且更容易集成 Webpack、Vite 等构建工具。

> 📢提示　以上 3 个跨端框架分别实现了小程序跨端、App 跨端和桌面应用跨端，真正做到了"一处代码，多处运行"。

1.5　Serverless 时代

前端的边界探索，从客户端展开，以跨端为目标，用一套 JavaScript 代码生成多端平台，以此来实现大前端的统一。虽然在这条路上还不算尽善尽美，但各家公司的跨端方案已基本趋于成熟，并且已经运用到生产环境中。

客户端大局已定，但前端还没有停下"征伐"的脚步，再次将目光瞄准了服务端。这一次的主角是 Serverless。

Serverless 从字面上来看是"很少的服务"，也叫无服务。Serverless 本不属于前端技术，而是一种云原生开发模型（后端的一套技术方案）。但 Serverless 的出现使整个后端服务体系高度抽象，极大地降低了服务端的开发门槛。

Serverless 把这些复杂的运维、部署和解析的工作都屏蔽了，用一种极其简单的方式实现，因此一些不了解服务器、不懂运维的人员也能轻松开发服务端应用，这为前端开发者带来了无限可能。

1.5.1 函数即服务

函数即服务（FaaS）是一种面向函数构建和部署软件的方式，即云函数，是 Serverless 的最终表现形式。以前前端的函数都是"本地声明，本地调用"。现在云函数单独部署在云上，供前端远程调用。

在云函数的内部，数据库操作可以被封装成 JavaScript 类和方法。在编写一个云函数时，可以直接调用数据库类的方法来实现数据的增、查、改、删。对于前端来说，这相当于抹掉了接口这一层，同时接口后面的数据库、部署和解析也都统统不用前端开发者关心，前端开发者只需要关注如何编写函数，以及如何实现业务逻辑即可。

云函数的这种新型的开发模式，彻底放开了前端开发者的限制。在这种模式下，前端开发者不再只面向前端开发，而是面向整个应用开发。这就要求前端开发者在完成传统前端工作的同时，还要编写云函数，并将云函数与前端结合调试，最终交付一个完整的应用。

未来 Serverless 普及后，会再一次打破前后端分离的开发模式，转变为基于 JavaScript 的前后端一体化开发。关于这个方面目前大型企业也正在研究，并且已经推出成熟的框架。阿里巴巴的 Midway.js 和字节跳动的 Modern.js 都是在一体化开发方向上比较成熟的探索。

> ☛提示 从最早的 PHP 模板渲染，到几年前出现的前后端分离，再到未来的前后端一体化开发，正好与"分久必合，合久必分"相吻合。但不同的是，前端一步步发展壮大，逐步走到了应用开发的中心。

1.5.2 前后端一体化开发

FaaS 带来的开发模式的变革，使创建后端服务像创建一个函数那样简单。在这种"无服务"的状态下，前端会发生一次颠覆性的变革。

从诞生之初开始，前端的职责就是围绕浏览器进行面向客户的 UI 界面开发。虽然后来有了工程化和各种增效工具，但是"为用户开发 UI 界面"的本质没有变。前端对接数据的方式从"模板渲染"变为"接口获取"，但数据的管理一直是由后端开发者负责的。

但在 FaaS 模式下，前端开发者除了担负传统的界面开发，还要担负数据管理的工作（编写云函数操作数据），此时不再由后端提供接口，数据对接需要前端开发者自己开发和调试，这就要求每个前端开发者必须有全栈开发的能力。

与此同时，市场对前端开发者的要求也会大大提高。在面向应用开发后，前端开发者首先要转变的是思维模式，要从"应用"的角度而不是"前端"的角度看待问题。一直以来，应用的逻辑重心偏向后端，前端开发者不甚愿意了解业务，对业务方面的思考比较浅薄。Serverless 对前端开发者的全局观和业务思考能力有更高的要求。

> ✏️提示　本书的第 11～13 章会带领读者全栈开发一个综合实战项目，项目的 API 部分使用阿里云的 Serverless 函数计算来实现。
>
> 在这个项目中，读者可以体验"前端+Serverless"的全栈开发流程，从头开始实现一个完整的应用，并且配置和编写服务函数与前端对接。这部分内容非常有意思，相信读者能从这种全新的开发模式中看到未来。

1.6　本章小结

可以将本章介绍的前端发展的几个时代总结为如下形式：一是附属时代，MVC 模式下的前端；二是分家时代，前后端分离模式下的前端；三是工程时代，前端工程化的进阶；四是大前端时代，前端在跨端方向的统一；五是 Serverless 时代，面向未来的前后端一体化开发。

当前，前端整体还处于大前端时代，多端开发繁荣，工程化也在不断升级。这个时代的前端一直处在源源不断的变化之中。很多人都在感叹新技术更迭太快了，学不动了，此时选择一个方向就变得尤为重要。

Serverless 下的前端会逐渐成为应用开发的主导，对前端开发者的要求也会越来越高。因此，前端不会那么轻易地触到天花板，偌大的未知世界还等着我们去开拓。

第 2 章

前端"三驾马车"，你真的掌握了吗

不管前端发展到哪个时代，其根基永远是"三驾马车"，即 HTML、CSS 和 JavaScript。"三驾马车"是前端在任何时候都不会过时的基础。

随着现代前端技术的发展，JavaScript 的进化有目共睹，与此同时，HTML 和 CSS 的能力也越来越强。虽然基础内容没有变，但是新添加的一些元素和属性可以支持越来越多难以实现的功能。

通过学习本章，读者可以巩固"三驾马车"的基础知识。笔者从使用经验和深层原理的角度摘出重点展开介绍，读者在查漏补缺的同时还能构建前端基础知识体系。

2.1 HTML：搭建页面的结构

HTML 是伴随浏览器一同出现的超文本标记语言。严格来说，HTML 并不是一种编程语言。HTML 由一系列的元素组成，在浏览器上可以看到的所有信息（如文字、图片和视频等）都是基于 HTML 元素搭建的。HTML 元素就像积木一样，可以任意嵌套和排列组合，由此搭建出各种各样的页面。

HTML 的基本结构如下：

```html
<!DOCTYPE html>
<html>
  <head>
    <meta charset="utf-8" />
    <title>Hello World!</title>
  </head>
```

```
  <body>
    <div id="app"></div>
  </body>
</html>
```

上述代码展示了 HTML 结构中最基本的 3 个元素。

- <html>元素:应用的根元素,用来包裹所有元素。
- <head>元素:该元素的内容对用户不可见,主要包含文档的配置信息。
- <body>元素:所有可见元素的父元素,包含期望让用户在访问页面时可以看到的所有文档内容。

2.1.1 核心 DOM 体系

HTML 是由元素组成的,下面介绍元素的结构。

以<p>元素为例,左边是开始标签(Start Tag)(<p>),右边是结束标签(End Tag)(</p>),中间是元素的内容。一对标签再加上中间的内容,经过浏览器渲染,就变成一个元素(Element)。

除了包含标签和内容,元素还可以指定属性(Attribute)。属性的作用是为元素添加额外的信息。例如,常用的 id 和 class 就是元素的属性,可以依据属性在 CSS 中修饰样式,也可以在 JavaScript 中获取元素。

元素的结构如图 2-1 所示。

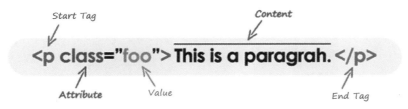

图 2-1

当元素被渲染后,JavaScript 中会有一套 Web API 来访问这些元素,这套 API 被称为 DOM(Document Object Model,文档对象模型)。DOM 会将 HTML 文档的每个元素解析为节点和对象,最终将其组合成一棵 DOM 树,这棵 DOM 树的结构与 HTML 文档的结构一一映射。

DOM 是对 HTML 文档结构化的表述,并且提供了一套标准的 API 操作元素,包括添加、修改和删除等,这样就可以通过 JavaScript 操作元素,使页面发生变化。

DOM 不仅是一套接口,更是一套规范。DOM 作为 W3C 规范的一部分,约束了浏览器中 JavaScript 与 HTML 之间的交互方式,因此程序员才有机会用同一套 API 操作 HTML,而不必关心浏览器底层差异。

1. DOM 树的解析

DOM 以树的形态存在，树中的最小单位是节点（Node）。在 DOM 中一切都是节点，文本是节点，属性是节点，注释也是节点。当然，上面提到的元素自然也是节点。

DOM 中主要有 4 种类型的节点。

- Document：整个 DOM 树。
- Element：单个元素。
- Text：元素内的纯文本。
- Attribute：元素的属性。

一份 HTML 文档会被浏览器解析成各种节点，这些节点组成 DOM 树。

前面介绍的 HTML 的基本结构可以解析成如图 2-2 所示的 DOM 树。

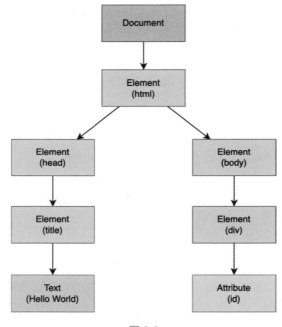

图 2-2

可以看出，DOM 树的节点之间或是平级关系或是嵌套关系，所以可以把 DOM 树中节点之间的关系分为两大类。

- 父子节点：节点之间是嵌套关系。
- 兄弟节点：节点之间是平级关系。

这两种关系与后面要介绍的组件之间的关系基本上是一致的。节点之间的关系如图 2-3 所示。

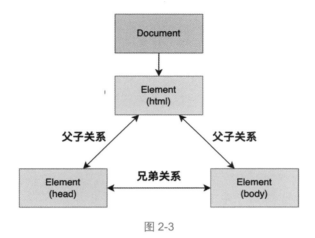

图 2-3

下面介绍使用 DOM API 操作节点的方法。假设要获取页面上的<div>元素，那么可以按照如下形式操作：

```
var div = document.getElementById('div')
var div = document.querySelector('#div')
var div = document.getElementsByTagName('div')[0]
```

上述 3 个方法都通过 DOM API 获取了一个<div>元素。在获取<div>元素后，可以直接对其进行修改或删除，具体如下：

```
// 修改属性
div.style.width = '300px'
// 修改元素内容
div.innerHTML = '我的 div 的内容'
// 带标签的元素内容
div.innerHTML = '<span>我的 div 的内容</span>'
// 删除元素
div.remove()
```

除了获取已经存在的元素进行操作，还可以创建一个新元素，具体如下：

```
// 获取父节点
var parent = document.getElementById('parent')
// 创建新节点
var span = document.createElement('span')
// 设置 span 节点的内容
span.innerHTML = 'hello world'
```

```
// 把新创建的元素放到父节点中
parent.appendChild(span)
```

上述这些都是最基本的 DOM 操作。

> 📢 提示　目前，大多数程序员基本上都在使用 Vue.js 框架和 React 框架，很少直接执行 DOM 操作。但是页面更新的本质就是元素发生变化，只不过是框架做了修改 DOM 的事情，程序员可以专注于数据。DOM 操作是前端基本功，前端程序员必须要掌握。

2. <head>元素的解析

<head>元素规定了文档相关的配置信息（元数据），包括文档的标题、引用的文档样式和脚本等，要求至少包含一个<title>元素用来指定文档的标题。

<head>元素通常包含以下 4 个子元素。

- <title>元素：用于设置文档标题。
- <link>元素：用于引入外部资源，通常引入的是 CSS 和图标。
- <script>元素：用于引入 JavaScript 文件或执行 JavaScript 脚本。
- <meta>元素：用于配置元数据。

其中，比较重要的是<link>元素和<meta>元素。在一些大型项目中这两个元素会被多次使用，这是为什么呢？

（1）<link>元素通过 rel 属性来指定加载什么类型的资源，通过 href 属性指定加载的资源的地址，具体如下：

```
// 加载网页的 icon 图标
<link rel="icon" href="xxx.ico"/>
// 加载 CSS 文件
<link rel="stylesheet" href="xxx.css"/>
// 加载 iOS 的 icon 图标
<link rel="apple-touch-icon" href="xxx.png"/>
// 应用被安装到桌面时加载的配置文件
<link rel="manifest" href="xxx.json"/>
```

有的读者或许会对上述代码中的 manifest 有些陌生。其实，manifest 的作用是当网页变成 PWA 渐进式应用时，加载和读取指定的配置文件。

在做前端响应式布局时，通常会在 CSS 中编写媒体查询，即满足某个条件后使用某个样式。例如，正常网页的背景色是灰色的，如果要在打印时变成白色，一般的做法就是在 CSS 中添加媒体查询代码，具体如下：

```
@media print {
```

```
  body {
    background: #fff;
  }
}
```

其实，<link>元素也提供了这样的功能，即通过提供 media 属性来指定媒体类型，只有媒体类型匹配才会加载资源。上面在 CSS 中编写的打印样式与下面使用<link>元素实现的效果是一样的：

```
<link rel="stylesheet" media="print" href="./print.css" />
// print.css
body {
  background: #fff;
}
```

（2）因为<meta>元素用于配置元数据，所以在 HTML 的基本结构中就有一个简单的<meta>元素：

```
<meta charset="utf-8" />
```

这个元数据用于指定网页的字符编码是 UTF-8。当然，元数据不止这一个，<meta>元素可以表示的内容非常丰富，大多是通过 name 属性和 content 属性来指定的。例如，为网站进行 SEO 会添加下面的关键字和描述信息：

```
<!-为了更好地进行 SEO-->
<meta name="author" content="杨成功" />
<meta name="keywords" content="HTML,CSS,JavaScript,AJAX" />
<meta name="description" content="这里是最齐全的前端学习教程" />
```

有了这些标识，网页可以更容易地被搜索引擎抓取，从而展现在搜索的结果页中。

对移动端而言至关重要的属性是 viewport，使用该属性可以控制页面的大小等。viewport 被译为视口，视口又分为布局视口（Layout Viewport）与视觉视口（Visual Viewport）。布局视口与视觉视口的差别如图 2-4 所示。

可以看到，布局视口代表屏幕宽度，视觉视口代表网页宽度。如果这两种宽度不一致，就会出现屏幕只显示网页的一部分，或者网页没有将屏幕撑满的情况。因此，在移动端，需要设置两种视口的宽度一致，并且不缩放，标准代码如下：

```
<meta
  name="viewport"
  content="width=device-width, initial-scale=1.0, user-scalable=0;"
/>
```

这样就做到了移动端最基本的适配。当然，<head>元素还有许多有用的设置，感兴趣的读者可以自行查阅相关资料。

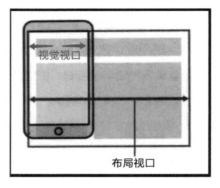

图 2-4

2.1.2 语义化元素

所有用户在网页上可见的元素，都需要作为子元素添加在<body>元素中。<body>元素可以包含任意内容（如标题、段落、图片、视频和表格等），不同的内容使用不同的元素来表示。

假设需要添加一段文字和一张图片，可以使用如下代码：

```
<p>前端开发实战派</p>
<img src="xxx.logo.png"/>
```

1. 元素的分类

可以将<body>元素中的子元素分为以下两类。

- **内容元素**：如文字、图片等用于展现内容的元素。
- **布局元素**：不直接展示内容，而是将内容元素更好地排列布局。

内容元素包括内容展示元素和内容操作元素，示例如下：

```
// 标题
<h1>一级标题</h1>
<h2>二级标题</h2>
// 段落和文本
<p>这里可以写一段很长的文本，特殊字用 <span>span</span> 来包裹</p>
// 图片和链接
<img src="./logo.png"/>
<a href="http://www.***.com">链接</a>
// 按钮
<button>按钮</button>
// 文本框
```

```
<input type="text" value="我是可编辑的内容"/>
<textarea value="我是可编辑的大段内容"/>
```

从上述代码中可以看出，内容元素一般就是行内元素和表单，是网页内容的最小单元。

最经典的布局元素就是<div>元素，该元素可以装载万物。例如，将上述内容元素放到<div>元素中，并指定不同的类名和样式，就能把想要的网页布局搭建出来。

早期的前端页面基本上都采用 DIV + CSS 的布局方式，不同的布局区域全靠类名进行区分。虽然能实现目的，但是并不推荐采用这种方式，主要原因如下。

- 如果全部使用 DIV 布局，代码结构看上去就会很混乱，可读性比较差。
- 开发者难以区分代码结构，浏览器自然也无法区分，这就会导致 SEO 的效果很糟糕。

2. 使用语义化的布局元素

下面引入一个全部使用<div>元素布局页面的示例，代码如下：

```
<div class="head">
  <span>我是标题</span>
</div>
<div class="nav">
  <a href="/html">HTML</a> |
  <a href="/css">CSS</a>
</div>
<div class="box">
  <div class="menu">
    <span>侧边栏</span>
  </div>
  <div class="content">
    <span>主内容区域<span>
    <div class="text-area">
      <p>具体的文章内容</p>
      <img src="xx.png"/>
    </div>
  </div>
</div>
<div class="foot">
  <p>这是一个尾部</p>
</div>
```

上述代码的类名比较规范，虽然能通过类名进行简单区分，但是无法解决根本问题。还有更好的方案吗？其实很简单，就是使用更符合语义化的布局元素。

什么是语义化？说白了就是能立刻看得懂。例如，网页的头部可以用<div>元素，但是用<header>元素是不是更直观？语义化就是用不同含义的元素代替清一色的<div>元素。

将上述<div>元素布局改造成符合语义化的布局结构：

```
// 语义化的布局结构
<header>
  <h1>我是标题</h1>
</header>
<nav>
  <a href="/html">HTML</a> |
  <a href="/css">CSS</a>
</nav>
<section>
  <aside>
    <span>侧边栏</span>
  </aside>
  <main>
    <h2>主内容区域</h2>
    <article>
      <p>具体的文章内容</p>
      <img src="xx.png"/>
    </article>
  </main>
</section>
<footer>
  <p>这是一个尾部</p>
</footer>
```

这样就会非常直观，并且一目了然。

代码中的语义化元素是 HTML 5 新增的，其具体含义如下。

- <header>元素：网页的头部区域。
- <nav>元素：导航区域，用于展示页面切换导航。
- <section>元素：页面中的一块子区域。
- <aside>元素：侧边栏，一般是侧边菜单。
- <main>元素：页面内容区域，不包括导航、菜单、侧边栏、头部和尾部等部分。
- <article>元素：文章区域，一般在<main>元素中。
- <footer>元素：网页的尾部区域。

<header>元素、<nav>元素、<aside>元素、<main>元素和<footer>元素建议每个页面只出

现一次,因为多次出现是不符合语义的。在浏览器解析到这类元素时,重点从<nav>元素和<header>元素中抓取关键字。如果都是<div>元素,浏览器就无法判断哪部分是关键区域,这也是语义化能实现更好的 SEO 的原因。

2.1.3　了解 HTML 5

HTML 5 作为下一代 HTML 标准,有许多新特性,前面用到的语义化元素就是其中的一部分。HTML 5 的新特性主要包括以下几点。

- 增加了音频元素<audio>和视频元素<video>。
- 增加了绘画元素<canvas>和<svg>。
- 增强了对表单的支持。
- 引入了本地存储机制。
- 支持地理定位和拖放。
- 支持 WebWorkers。
- 支持 WebSocket。

1. 认识音/视频元素

音/视频元素是 HTML 多媒体能力的极大突破,以前需要使用 Flash 才能播放视频,现在使用一个<video>元素就可以。

音/视频元素主要有 3 个:<audio>是音频元素;<video>是视频元素;<source>元素包裹在<audio>元素可<video>元素中,主要用来指定音/视频类型和资源地址。

引入一个简单的音频播放器的代码如下:

```html
<audio controls>
  <source src="test.mp3" type="audio/mpeg"/>
  <span>您的浏览器不支持 audio 标签</span>
</audio>
```

将代码在浏览器中运行,效果如图 2-5 所示。

图 2-5

实际场景中最常用的还是播放视频,引入一个基本的视频播放器的代码如下:

```html
<video id="video1" controls>
```

```html
<source src="test.mp4" type="video/mp4"/>
<span>您的浏览器不支持 video 标签</span>
</video>
```

<video>元素中有多个属性可以配置如何播放视频，常用的几个如下。

- poster：视频封面，没有播放时显示的图片。
- autoplay：自动播放。
- loop：循环播放。
- controls：显示视频控制条。
- muted：是否禁音。

2. 使用 JavaScript 操作视频

除了使用 controls 属性显示视频控制条，还可以通过 DOM API 来操作视频，示例代码如下：

```html
<button onclick="toPlay">暂停/播放</button>
<button onclick="setVolume">设置音量</button>
<button onclick="forward">快进 15 秒</button>

<script>
  var video = document.getElementById('video1')
  // 播放/暂停
  function toPlay() {
    if (video.paused) {
      video.play()                        // 播放
    } else {
      video.pause()                       // 暂停
    }
  }
  // 设置音量，音量范围为 0~1
  function setVolume() {
    video.volume = 0.3                    // 30%
    // video.volume = 0.0                 // 静音
  }
  // 快进 15 秒
  function forward() {
    // video.duration 表示视频总时长，单位为秒
    // video.currentTime 表示视频已播放时长，单位为秒
    let long = 15
    if (video.duration > video.currentTime + long) {
      video.currentTime = video.currentTime + long
```

```
      } else {
        video.currentTime = video.duration
      }
    }
</script>
```

在网页中，常见的场景是，在 Banner 图下面放一段循环播放的小视频作为背景。只要掌握了上面的视频属性，这个功能实现就很简单，具体如下：

```
<video id="video2" loop muted autoplay>
  <source src="test.mp4" type="video/mp4"/>
</video>
```

除了正常的视频播放，音/视频元素还可以用于直播。关于直播，可以用哔哩哔哩网站开源的 flv.js 实现，感兴趣的读者可以自行查阅。

2.1.4　实现表单与验证

HTML 5 在原有表单元素的基础上进行了丰富的扩展，主要表现为添加了许多新的属性，使之前需要用 JavaScript 才能实现的效果，现在用原生标签就可以轻松实现。

1. <input>元素的新功能

表单元素中最具有代表性的是<input>元素，该元素增加了许多新的 type 属性，具体如下：

```
// 选择日期
<input type="date"/>
// 选择时间
<input type="time"/>
// 选择日期时间
<input type="datetime-local"/>
// 选择月份
<input type="month"/>
// 选择颜色
<input type="color"/>
// 数字文本框
<input type="number" min="1" max="10"/>
// 邮箱文本框
<input type="email"/>
// 滑动条
<input type="range" min="1" max="10"/>
```

上面这些是最常用的，并且都是 Chrome 浏览器支持的 type 值。选择日期、选择时间和数字文本框等在前端表单中经常用到，以前要加一个这样的组件还需要引用一些第三方框架，现在直接使用就可以。

除了带来新功能的 type 属性，<input>元素还增加了非常多且有用的其他属性。这些属性扩展了<input>元素的能力，使表单提交越来越满足多样化的需求。新增加的其他常用属性如下。

- autofocus：自动聚焦。
- autocomplete：自动填充。
- max/min：最大/最小值。
- maxlength：最大字符长度。
- disabled：禁用元素。
- readonly：元素只读。
- form：指定所属表单。
- required：必填。
- pattern：自定义验证规则。
- novalidate：提交表单时不验证。

在这些属性中，autocomplete 属性用于设置是否自动填充。在登录页时，通常需要设置账户密码自动填充，验证码不需要自动填充。max/min 属性只有在 type="number"时生效，设置输入数值的最大值和最小值。maxlength 属性用于对普通字符串文本框进行限制，规定最多能输入几个字。

至于 required、pattern 和 novalidate 这些属性，只有当元素作为表单项，也就是<form>元素的子项时才是有用的规则，这些规则的验证会在表单提交时自动触发，若验证不通过则阻止表单提交。

pattern 属性使用正则表达式来自定义输入值的规则。如果要输入手机号码，那么可以编写一个手机号码的正则表达式赋值给 pattern 属性，这样在表单提交时就会验证输入值是不是手机号码。这个字段使表单项验证的灵活性大大提高。

form 属性用来指定当前元素属于哪个表单。如果一个<input>元素不在某个<form>元素的包裹之内，就默认这个文本框和 form 表单无关，更不会执行该表单的提交和验证规则。但是，可以为这个<input>元素指定 form 属性，属性值为表单的 id，手动将文本框绑定到这个表单之上。

> ■提示　required、pattern 和 form 属于表单项的属性，不仅适用于<input>元素，还适用于其他能作为表单项的元素，如<select>元素和<button>元素。

2. 为表单提交添加验证

接下来实现添加验证的基本表单功能，代码如下：

```
<form id="form1">
    <input type='text' name="name" placeholder="输入姓名" maxlength="5"
required/>
    <input type='number' name="age" placeholder="输入年龄" min="15" max="65"
required/>
    <input type='text' name="sex" placeholder="输入性别" required disabled/>
    <input type="submit" value="提交">
</form>
<input form="form1" name="other" placeholder="输入额外信息" required>
```

当单击"提交"按钮时，第一个<input>元素的验证被触发，如图 2-6 所示。

图 2-6

<form>元素的验证逻辑是按照子元素的顺序验证，在第一个表单项验证通过后才会验证下一个。maxlength 属性不需要单击"提交"按钮就会直接限制输入的字符，超过 5 个字符再输入是无效的。

下面验证数值文本框。当单击"提交"按钮时，触发最大/最小值的验证，如图 2-7 所示。

图 2-7

性别输入验证比较特殊，既要求 required，又规定了 disabled。试验结果显示，当元素被设置为 disabled 时，表单的验证失效，将 disabled 换为 readonly 后，效果是一样的。这说明，只有当表单项可编辑时才会有表单验证，否则表单验证无效。这也是符合实际情况的。

虽然 disabled 属性和 readonly 属性非常相似，但二者也存在区别，具体如下。

（1）disabled 属性对所有表单类元素有用，readonly 属性只对文本和密码文本框有用。

（2）设置 disabled 属性后 JavaScript 获取不到目标元素，设置 readonly 属性则可以。

（3）设置 disabled 属性后表单数据不会传输，设置 readonly 属性则依然可以传输。

（4）disabled 属性和 readonly 属性都会使表单验证失效。

所以，在元素被设置了 disabled 属性或 readonly 属性后，相当于同时设置了 novalidate 属性。

额外信息输入框不在<form>元素的包裹之内。然而在前面的元素验证通过后，该元素的验证也会被触发，如图 2-8 所示。

图 2-8

在一些复杂的页面场景中，有时文本框可能不会包裹在<form>元素之内，这时可以用 form 属性为文本框绑定表单，这与将其放到<form>元素中的效果是一样的。

在所有验证通过后，表单的逻辑是将数据提交到某个地址，此时会刷新页面，这不是我们想要的。在前后端分离的开发模式下，通常希望只获取验证后的输入值，不刷新页面，获取值后自行处理，这应该如何实现呢？

其实很简单，在<form>元素中添加一个 onsubmit 事件：

```
<form id="form1" onsubmit="onSubmit(this);return false;">...</form>
```

这里调用了 onSubmit()方法，参数 this 代表<form>元素；关键是在最后面加上"return false"，这样就可以阻止默认的页面刷新。

onSubmit()方法只会在表单验证通过后调用，所以不用考虑未验证通过的情况。只需要在 onSubmit()方法中获取到每个表单项的 name 和 value，组成一个我们需要的数据对象即可：

```
function onSubmit(e) {
  let form_data = {}
  Array.from(e.children)
    .filter(el => el.name)
    .forEach(el => {
     form_data[el.name] = el.value
    })
  console.log(form_data)
}
```

在上述代码中，有两部分需要注意：一是将 e.children 类数组转换成数组，二是用 filter 过滤没有提供 name 属性的表单项。最后组合得到的就是我们想要的数组。

2.2 CSS：修饰页面的布局和样式

与 HTML 一样，CSS 也不是一种编程语言。CSS 的中文全称是 "层叠样式表"，顾名思义是专门用来设置样式的。CSS 的核心价值就是描述 HTML 元素应该如何被浏览器渲染。

到目前为止，CSS 一共经历了 3 次大版本的迭代。CSS1 已经被废弃；CSS2 是 W3C 制定的规范，当前仍然是标准；CSS3 能力强大也最好用，官方标准仍然在制定中。现代工程化的前端对新特性几乎做到了全面支持，所以可以不用考虑兼容性问题，可以大胆地在项目中使用。

关于经典的 CSS2 和未来的 CSS3，下面从两个方面来介绍，分别是 "布局" 和 "样式"。

2.2.1 3 种页面布局方案

早期的前端布局就是表格布局，主要用做表格的思路来描绘前端页面结构。表格布局不需要特别定义样式，使用 table、tr 和 td 基本上就能满足简单的布局需求。对于稍微复杂一些的页面，table 还支持跨行、跨列和合并单元格，所以在没有 CSS 的情况下，table 也使用了很久。

CSS 出现以后，不使用 table 也可以做布局。一个简单的 div 标签，先按照页面需要的任意结构互相嵌套，再在 CSS 中自定义布局规则，这种方式比使用 table 更灵活。

CSS 中的布局方式也在不断进化，先后出现了 3 种。

1. 浮动布局

在 CSS 早期，最经典的方案叫作浮动布局。如果想实现左侧是菜单而右侧是内容的布局，那么基本代码如下：

```
<div id="app">
  <div class="menu">我是菜单</div>
  <div class="content">我是内容</div>
</div>

<style>
  #app .menu {
    width: 200px;
    height: 400px;
    float: left;
    background: red;
```

```
  }
  #app .content {
    height: 400px;
    background: blue;
  }
</style>
```

这里通过 float:left 属性将当前元素设置为左浮动，显示效果如图 2-9 所示。

图 2-9

虽然浮动布局出现得很早并且流行了很久，但是这种方式并不是很好用。例如，元素浮动以后会脱离正常的文档流，导致父元素无法被撑开，高度变成 0，而浮动的元素又与其他元素混在一起，看起来非常奇怪且难以理解。

如果要处理这些奇怪的问题，就需要在 CSS 中通过 clear:both 属性清除浮动。从布局角度来看，这样并不优雅。

2. inline-block 布局

比浮动布局稍好一些的是 inline-block 布局。因为在设置 display:inline-block 属性后，元素本身就会自动横向排列，同时还可以设置宽度、高度、内边距和外边距等，实现起来更直观。

下面采用 inline-block 布局实现上面的左右布局，代码如下：

```
<style>
  #app {
    display: block;
  }
  #app .menu {
    width: 200px;
    height: 400px;
    display: inline-block;
    background: red;
  }
```

```
  #app .content {
    display: inline-block;
    width: 800px;
    height: 400px;
    background: blue;
  }
</style>
```

最终的显示效果如图 2-10 所示。

图 2-10

由图 2-10 可以发现一个关键问题，如果采用 inline-block 布局，那么元素之间默认有留白，导致元素不能紧挨着，可以使用 letter-spacing 属性来处理：

```
<style>
  #app {
    /*负号后面的值可以尽可能大一些 */
    letter-spacing: -100px;
  }
  #app .menu {
    letter-spacing: 0;
  }
  #app .content {
    letter-spacing: 0;
  }
</style>
```

3. Flex 布局

CSS3 带来了布局的终极方案——Flex 布局。因为要考虑兼容性，所以 Flex 布局早期主要用在移动端，后来随着工程化工具的支持，PC 端也开始普及 Flex 布局。

Flex 布局使用起来非常顺手。例如，之前要实现一个简单的居中布局，还要考虑子元素是块级元素还是行内元素。采用 Flex 布局只需要设置父元素即可，可以无视子元素类型：

```
#app {
  display: flex;
  justify-content: center;
  align-items: center;
}
```

Flex 布局有 3 个重要的概念，分别为容器、主轴和交叉轴。

容器很简单。只要将任意元素设置为 display:flex，该元素就是一个使用 Flex 布局的容器。在这个容器之下，子元素会按照主轴的方向按顺序排列。主轴的默认方向为横向，也就是元素从左到右排列。交叉轴与主轴的方向正好相差 90°，如果主轴为从左到右排列，那么交叉轴为从上到下排列。

容器的主轴方向是可以设置的，并且设置方式也很简单：

```
#app {
  display: flex;
  flex-direction: column;
}
```

这里使用 flex-direction 属性来设置主轴方向，该属性的可选值有以下 4 个。

- row：横向从左到右（默认）。
- row-reverse：横向从右到左。
- column：纵向从上到下。
- column-reverse：纵向从下到上。

使用这 4 个属性值，不仅可以设置方向，还可以设置相同方向的排列方式，是从前到后，还是从后到前。仅使用 flex-direction 属性可以解决大部分的布局问题，因此该属性的功能很强大，如图 2-11 所示。

图 2-11

当主轴的方向改变时，交叉轴的方向也随之改变。当主轴的方向变成纵向时，交叉轴的方向就变成横向。

在确定主轴和交叉轴的方向之后，接下来就可以考虑如何对齐两个轴上的元素。主轴通过 justify-content 属性来设置元素的对齐方式，该属性的可选值如下。

- flex-start：从左到右。
- flex-end：从右到左。
- center：居中对齐。
- space-between：两端对齐。
- space-around：两端对齐。

space-between 和 space-around 都表示两端对齐，二者有什么区别呢？其实二者的区别就体现在元素的间距上。前者是元素本身没有间距，所以会贴着两边对齐。后者是元素之间的间距要相同，相当于各自有一个相等的 margin，所以不会贴着两边对齐。

除了设置主轴方向的元素对齐，还可以用 align-items 属性设置交叉轴方向的元素对齐。align-items 属性的可选值如下。

- flex-start：从上到下。
- flex-end：从下到上。
- center：居中对齐。
- baseline：基线对齐。
- stretch：填满整个高度（默认）。

前 3 个属性值不再展开介绍，和主轴的含义相同。baseline 是指按照文字的基线对齐。因为一个容器内不同文字的大小可能不同，高度也就会不同，采用基线对齐就可以按照文字的最低处对齐，这样有利于文字排版。

stretch 表示填满整个父元素的高度，如上面提到的左右布局，如果希望任意一列的高度改变时，另一列能以最高的高度展示，永远填满父元素，那么此时使用 stretch 就可以。

使用上面介绍的主轴和交叉轴的方向、排列方式、对齐方式完成布局基本上已经够用。然而，当元素在一个方向放不下时，应该如何展示？是否需要换行？

容器元素是否换行，可以通过 flex-wrap 属性设置。flex-wrap 属性的可选值如下。

- nowrap：不换行（默认）。
- wrap：换行，第一行在上。
- wrap-reverse：换行，第一行在下。

当一个轴的元素放不下时，默认是不换行的，Flex 容器会将元素的宽度等比例压缩，使其排列到一行。在一般情况下，如果需要换行，将 flex-wrap 属性设置为 wrap 即可，超出元素会自动换到下一行，如图 2-12 所示。

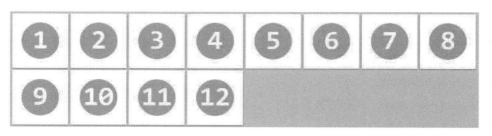

图 2-12

后面的实战部分主要使用 Flex 布局，所以读者务必要学会如何使用这种布局方式。

2.2.2 样式与动画解析

CSS 诞生之初主要是为网页内容添加样式，如最基本的宽度、高度、边距、颜色和字体等。但是随着前端不断地追求用户体验，这些基本样式已经不能满足需求，于是 CSS3 带来了功能更加强大的样式与动画系统。

本节着重介绍新添加的、很酷且非常实用的 CSS3 样式与动画。

1. 渐变

可以将 CSS3 渐变（Gradients）看作一个颜色组，用来在两个或多个指定的颜色之间平稳过渡。设置渐变后，就可以将它视作一种自定义的颜色来使用。

CSS3 定义了如下两种类型的渐变。

- 线性渐变（Linear Gradients）：上下/左右/对角方向改变颜色。
- 径向渐变（Radial Gradients）：由中心点向外扩散改变颜色。

线性渐变通过 linear-gradient()函数来实现。linear-gradient()函数的第一个参数表示渐变方向，通过一个角度来控制。示例如下。

- 0deg：0°，表示从下到上渐变。
- 90deg：90°，表示从左到右渐变。
- 180deg：180°，表示从上到下渐变。
- −90deg：−90°，表示从右到左渐变。

如果要实现一个 120°的渐变背景色，那么代码如下：

```
<div class="box"></div>
<style>
  .box {
    width: 200px;
    height: 100px;
    background-color: red; /* 当浏览器不支持时显示 */
    background-image: linear-gradient(120deg, red, yellow, blue);
  }
</style>
```

背景可以直接设置渐变色。是否有办法设置渐变色的文字呢？当然有，但不支持将渐变色直接赋值给 color，而是用一种变通的方法实现文字渐变。代码如下：

```
<h1>前端真好玩</h1>
<style>
  h1 {
    background: linear-gradient(120deg, red, yellow, blue);
    -webkit-background-clip: text;
    color: transparent;
  }
</style>
```

这里主要使用-webkit-background-clip 属性将背景色的应用区域只限制在文字上，相当于在文字后面隐藏了这个背景色。之后将文字颜色设置为透明，这样具有文字轮廓的背景色就会显示出来。

最终在浏览器中显示的效果如图 2-13 所示。

图 2-13

线性渐变和径向渐变大同小异。径向渐变通过 radial-gradient()函数来实现。径向渐变默认展示一个椭圆形状，中心点在正中央。radial-gradient()函数的第一个参数 shape 表示形状，支持圆

（circle）和椭圆（ellipse）两种。

基于上面的代码实现一个圆形的径向渐变：

```
<div class="box"></div>
<style>
  .box {
    width: 200px;
    height: 200px;
    background-color: red; /* 当浏览器不支持时显示 */
    background-image: radial-gradient(circle, red, yellow, blue);
  }
</style>
```

显示的效果如图 2-14 所示。

图 2-14

2. 转换

CSS3 转换（Transform）可以对元素本身进行改变，包括移动、缩放、转动或拉伸。

这个特性非常适合做鼠标指针移入动画，如常见的某个按钮，鼠标指针移入时变大并出现阴影，移出后元素恢复原状，用转换实现非常轻松。转换分为 2D 转换和 3D 转换，常用的是 2D 转换。

2D 转换的分类及其对应的实现函数如下。

- 位移：translate(x,y)。
- 旋转：rotate(0deg)。
- 缩放：scale(x,y)。
- 倾斜：skew(x,y)。

这些都是经常使用的函数。位移会移动元素本身的位置；旋转会指定一个角度；缩放则以 1 为基准，设置放大或缩小的比例。除了 rotate()，其他函数都可以指定两个参数，分别表示在 *X* 轴和 *Y* 轴上如何转换。

```
<div class="box"></div>
<style>
  .box {
    width: 100px;
    height: 100px;
    transform: translate(20px, 30px);   // 右移 20 像素，上移 30 像素
    /* transform: rotate(60deg); 旋转 60 度 */
    /* transform: scale(1.2); 放大 1.2 倍 */
    /* transform: skew(10deg,20deg); X 轴倾斜 10 度，Y 轴倾斜 20 度 */
  }
</style>
```

用两个参数表示 *X* 轴和 *Y* 轴如何转换的方法，也可以拆分成两个单独的方法分别设置 *X* 轴和 *Y* 轴上的变化。例如，可以将位移函数 translate(20px,30px) 拆分为如下形式。

- translateX(20px)：*X* 轴位移 20 像素。
- translateY(30px)：*Y* 轴位移 30 像素。

transform 属性还支持同时定义多个函数。例如，设置一个元素，鼠标指针移入时放大并旋转，代码如下：

```
box:hover {
  transform: scale(1.2) rotate(30deg);
}
```

3. 过渡

CSS3 中的过渡（Transition）是指元素在发生变化时，可以指定一个时间让元素慢慢改变，而不是瞬间改变，瞬间改变给用户的反应太生硬，加一些过渡效果会有更好的用户体验。

实现过渡也很简单，需要指定两方面内容：一是需要过渡的 CSS 属性，二是效果持续的时间。

例如，对于一个元素，在鼠标指针移入时高度升高 20 像素，移出时恢复原状，动画持续时间是 1 秒，代码如下：

```
<div class="box"></div>
<style>
  .box {
    width: 100px;
```

```
  height: 100px;
  background: red;
  transition: height 1s;
}
.box:hover {
  height: 120px;
}
<style>
```

在浏览器中运行这段代码就能看到鼠标指针移入和移出时高度在缓慢改变。

过渡还支持多个属性同时改变，如果想要将上面的动画改为"鼠标指针移入时高度增加 20 像素，向右移动 10 像素，同时放大 1.1 倍"，那么 CSS 部分修改为如下形式：

```
.box {
  transition: height 1s, transform 1s;
}
.box:hover {
  height: 120px;
  transform: translate(10px) scale(1.1);
}
```

翻阅 API 文档可以发现，transition 其实是一个简写属性，由以下 4 个属性组成。

- transition-property：指定过渡的 CSS 属性名。
- transition-duration：指定过渡时间，默认为 0。
- transition-timing-function：过渡时间的变化速度，默认为 ease。
- transition-delay：过渡何时开始，默认为 0。

前面只用到了前两个属性，后两个属性的功能其实更强大，利用它们能做出很多效果。例如，第三个属性用来指定时间的变化速度，可以设置为匀速（linear）、先快后慢（ease-out）、先慢后快（ease-in）或慢快慢（ease）（开始和结束时速度较慢，中间时速度较快）等。如果要更精准地控制不同时间的变化速度，那么可以直接使用贝塞尔曲线：

```
.box {
  transition: transform 1s cubic-bezier(0.2, 0.1, 0.2, 1);
}
```

贝塞尔曲线可以通过 cubic-bezier(x1,y1,x2,y2)方法实现。该方法共有 4 个参数，分别表示两个控制速度变化的点的坐标，也就是图 2-15 中 P_1 和 P_2 两个点的坐标。

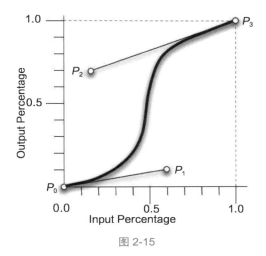

图 2-15

这两个点的坐标的改变会引起曲线的改变，同时速度会随着曲线的坡度改变而改变。

transition-delay 属性用于指定动画延迟触发，这样可以在上一个动画完成后再触发下一个，从而实现简单的连续动画。

4. 动画

在 CSS 中，利用过渡可以很轻松地实现常用的动画效果，但是过渡是一种线性行为，只能指定从 A 到 B 的直线变化。假如需要一个连续动画，让某个元素永不停止地旋转，此时使用过渡就无法达到目的。

制作连续动画需要使用 CSS 中的 animation 属性来实现。动画通过@keyframes 来定义，下面列举一个简单的例子：

```css
/* 定义动画 */
@keyframes myAnim {
  from { transform: red }
  to { background: blue }
}
/* 使用动画 */
.box {
  animation: myAnim 5s;
}
```

上述代码定义了一个动画并命名为 myAnim。其中，from 和 to 分别代表开始和结束的变化。在使用时将 myAnim 动画赋值给 animation 属性，并指定动画时间。

animation 也是一个简写属性，包含的动画属性有以下几个。

- animation-name：指定动画名称。
- animation-duration：指定动画时长。
- animation-timing-function：指定速度变化曲线，如贝塞尔曲线。
- animation-delay：指定延迟时间。
- animation-iteration-count：指定动画播放次数，infinite 代表无限次。

在了解了上述内容之后，实现一个元素永不停止地旋转就会简单很多：

```css
/* 定义动画 */
@keyframes myAnim {
  from { transform: rotate(0deg) }
  to { transform: rotate(360deg) }
}
/* 使用动画 */
.box {
  animation: myAnim 1s linear 0s infinite;
}
```

定义动画，除了使用 from 和 to 分别表示开始和结束的变化，还可以用百分比以更细粒度控制动画在不同时间点分别做什么。from 和 to 对应的百分比分别是 0% 和 100%。

下面用动画来实现跑马灯效果，代码如下：

```css
@keyframes runhorse {
  0% { left: 0px; top: 0px; }
  25% { left: 200px; top: 0px;}
  50% { left: 200px; top: 200px; }
  75% { left: 0px; top: 200px;}
  100% { left: 0px; top: 0px;}
}
/* 应用到小光点 */
.point {
  animation: runhorse 2s linear 0s infinite;
}
```

上述代码指定了不同时间点（百分比）的变化位置，并应用到元素上循环播放。

2.2.3　CSS 工程化

提到前端工程化，基本上是指 JavaScript 的工程化体系。很多前端程序员可能没有意识到，CSS 也是有工程化的，如 Sass 和 Less 就是 CSS 工程化的一种。

由于 CSS 不支持嵌套用法，因此当 HTML 结构比较复杂时，CSS 代码就会存在明显的类名重复，可读性差，以及难以维护等问题。示例如下：

```
.main {
  font-size: 18px;
}
.main .box {
  margin: 10px;
}
.main .box h2 {
  font-size: 20px;
}
.main .box h2 span {
  color: red;
}
```

除此之外，CSS 还不支持模块化。JavaScript 在 ES6 中支持通过 import/export 来导入/导出模块，使代码能够更好地隔离而互不影响，但是 CSS 显然还做不到这一点。

但是这些问题在前端工程化的演进中已用工程化的方式解决了，这些解决方案中最主要的角色就是预处理器。

1. 预处理器：Less/Sass

对于 CSS 来说，预处理器就相当于 React 和 Vue.js 对 JavaScript 的意义。预处理器提供了更简单、更高级的方式来实现功能，开发者不用裸写 CSS 代码，它会处理好一切，如图 2-16 所示。

图 2-16

预处理器的代表是 Less 和 Sass，它们普遍具有如下特性。

- 具有嵌套代码的能力。
- 支持模块化的引用。
- 支持定义 CSS 变量。
- 允许代码混入。
- 提供计算函数。

嵌套代码就是上面展示的有层级的代码。Less 和 Sass 都实现了模块化引用，用关键字

@import 来表示导入，导出不需要显示指定。示例如下：

```
// a.less
.box {
  background: red;
}

// b.less
@import './a.less';
.box2 {
  background: blue;
}
```

提示 这里的模块化引用仅仅是将两个文件拼接到一起，并没有做到真正的模块化。例如，在 JavaScript 中导入另一个模块，两个模块的代码不会发生冲突。当使用 Sass/Less 导入模块时，如果两个模块有相同的类名，就会覆盖其中一个类名。

2. 代码复用：变量和混入

在 JavaScript 中复用一段代码很容易，但是在 CSS 中则比较困难。复用代码可以分两个层次，分别为复用一个属性（变量）和复用几个属性（代码片段）。如果在项目中指定了一个主颜色，这个主颜色在所有页面的 CSS 中几乎都要使用，那么是否可以设置成一个变量呢？

预处理器同样支持定义变量，不过 Less 和 Sass 的定义标识不同。前者使用符号"@"，后者使用符号"$"。示例如下：

```
// a.less
@main-color: red;
.a {
  color: @main-color;
}

// b.sass
$main-color: red;
.a {
  color: $main-color;
}
```

编译后的结果相同：

```
.a {
  color: red;
}
```

不过在 Chrome 49 之后支持自定义变量，但定义方式又与预处理器有所不同。先通过根伪类:root 来表示变量可以全局使用，再使用前缀 "--" 来表示变量名，最后使用 var()函数引用变量：

```
:root {
  --main-color: red;
}
.a {
  color: var(--main-color);
}
```

复用单个属性的需求实现了，如何复用一个代码片段（一组属性）呢?

预处理器对于代码片段的复用被称为混入（Mixins）。使用 Less 实现混入的方式如下：

```
// 阴影代码片段
.custom-shadow {
  box-shadow: 2px 0px 2px 1px #f3f3f3;
  &:hover {
    box-shadow: 2px 2px 10px 2px #ddd;
  }
}


// 使用代码块
.box1 {
  background: red;
  .custom-shadow();
}
.box2 {
  background: blue;
  .custom-shadow();
}
```

可见，Less 先将代码片段定义为一个类名，再在需要使用这个代码片段的地方将类名当作函数使用。不过这种方式会使代码片段和普通样式难以区分。下面通过示例来介绍 Sass 是如何实现的：

```
// 阴影代码片段
@mixin custom-shadow {
  box-shadow: 2px 0px 2px 1px #f3f3f3;
  &:hover {
    box-shadow: 2px 2px 10px 2px #ddd;
  }
```

```
}

// 使用代码块
.box1 {
  background: red;
  @include custom-shadow;
}
.box2 {
  background: blue;
  @include custom-shadow;
}
```

Sass 的实现方式比较优雅，且一目了然。

预处理器还内置了许多函数，在定义一些复杂值时非常方便。例如，下面的代码中的 hsl()函数通过色相（hue）、饱和度（saturation）和亮度（lightness）来创建一种颜色。

```
.box {
  background: hsl(90, 100%, 50%);
}
```

3. 后处理器：PostCSS

预处理器提供了一系列高级功能，最终将代码转换成 CSS 代码。但是转换成 CSS 代码后，并不是就万事大吉了，如果一些新属性需要做浏览器兼容，那么需要添加一些浏览器指定的前缀：

```
.box {
  transition: all 4s ease;
  -webkit-transition: all 4s ease;
  -moz-transition: all 4s ease;
  -ms-transition: all 4s ease;
  -o-transition: all 4s ease;
}
```

显然，这样的用法是非常烦琐的，但是有了 PostCSS 就可以完全忽略浏览器指定的前缀。在预处理器将代码转换成 CSS 代码后，PostCSS 会监测到一些需要兼容的属性，并且自动在属性前加前缀，这是通过 autoprefixer 实现的。

除了自动添加前缀，PostCSS 还支持直接使用未来的 CSS 语法，并且可以自动处理 polyfills。当然，要实现这两项功能还需要构建工具（如 Webpack、Vite）进行配合。

2.2.4 动态值与响应式

响应式布局是为了在不同屏幕尺寸的设备上打开网页时，可以动态显示适合当前设备的样式，从而解决 PC 端网页用手机打开样式"乱跑"的问题。

　　响应式的一个关键就是"动态"。例如，一个元素的字号在计算机上是 20 像素，在平板电脑上会变成 18 像素，在手机上则变成 16 像素。不同的屏幕要展示合适的尺寸，可以使用 CSS 的媒体查询来实现。示例如下：

```
body {
  font-size: 20px;
}
@media screen and (max-width: 850px) {
  body { font-size: 18px; }
}
@media screen and (max-width: 400px) {
  body { font-size: 16px; }
}
```

媒体查询是响应式的一种方案，CSS3 提供了多种方案可供选择。

- 使用 rem。
- 使用 vw 和 vh。
- 计算动态尺寸。

　　rem 是一个新的 CSS 单位，其值永远指向 HTML 根元素的 font-size 属性。笔者设置了如下样式：

```
html {
  font-size: 10px;
}
body h2 {
  font-size: 2rem;
  /* 编译后的结果是 font-size: 20px; */
}
```

　　如果动态更改 HTML 根元素的 font-size 属性，那么使用 rem 的样式都会自动改变。媒体查询只能用来设置一个宽度的范围，相当于设置一个边界值，但是 rem 可以用来设置"连续变化"的效果。

　　下面演示如何通过监听浏览器窗口的变化来实时改变 rem 的值：

```
<h2>前端真好玩</h2>
<style>
  html {
    font-size: 10px;
  }
```

```
   body h2 {
     font-size: 2rem;
   }
</style>
<script>
  // 判断窗口变化的事件
  var resizeEvent =
    'orientationchange' in window ? 'orientationchange' : 'resize'
  // 监听文档初始化事件
  document.addEventListener('DOMContentLoaded', recalc)
  // 监听窗口变化事件
  window.addEventListener(resizeEvent, recalc)
  // 函数，动态修改根元素的 font-size 属性
  function recalc() {
    let width = document.body.clientWidth
    document.getElementsByTagName('html')[0].style.fontSize =
      14 * (width / 750) + 'px'
  }
</script>
```

在浏览器中运行代码，并且不断改变窗口的宽度，这时可以发现字号随着鼠标指针的拖动而不断改变。

上述是兼容性比较好的实现方案，如果充分发挥 CSS 的能力，还可以更简单。vw 和 vh 分别代表浏览器窗口的宽度和高度。示例如下：

```
.box {
  /* 1vw = 浏览器宽度的 1% */
  width: 20vw;
  /* 1vh = 浏览器高度的 1% */
  height: 20vh;
}
```

当为一个属性赋值 vw/vh 时，这个属性就变成一个动态值。例如，简单的左右布局，设置左侧元素的宽度为 20vw，右侧元素的宽度为 80vw，这样就实现了响应式。

函数 calc() 的功能很强大，借助这个函数可以轻松计算宽度。例如，一个三栏布局，左右两栏固定，中间栏填充剩余空间。如果不借助 Flex 布局，就可以采用如下形式：

```
.box {
  .left {
width: calc(100vw -100px- 80px) ;
```

```
  }
    .right { width: 80px; }
  }
```

由此可知，calc() 函数可以混合计算 vw、vh 和像素等不同单位，相当于可以在 vw/vh 动态值的基础上再加一层动态计算。这样就会非常灵活，程序员可以充分发挥计算的能力。

请思考，上面监听浏览器窗口的变化，以及改变 rem 的值是否还有更好的方式？使用纯 CSS 代码能否实现？

当然是可以的，并且非常简单：

```
html {
  font-size: 0.3vw;
}
```

因为 vw 是动态值，所以根元素的 font-size 属性也变成动态值，进而 rem 也变成动态值。此时如果再改变浏览器窗口的宽度，文字大小就会随之改变。

2.3　JavaScript：页面运行的核心原理

JavaScript 是前端的核心，是一门应用非常广泛并且正在快速发展的编程语言。早期的 JavaScript 虽然简单好用，但一些细节上的设计可能难以理解，这也是历史原因造成的。ES6 出现后，JavaScript 语法进行了一次大版本的升级，并且迅速应用到现代前端框架中，所以 JavaScript 的面貌焕然一新。

然而，JavaScript 语法虽然在升级，但核心的运行机制并没有改变，依然是单线程基于事件循环执行任务，依然是基于原型的面相对象，这也是 JavaScript 的基础和根本。

本节主要介绍 JavaScript 的核心原理。这部分内容在面试中用得到，可以用来考验程序员的 JavaScript 基础是否深厚。

2.3.1　数据类型与函数

根据存储方式不同，可以把 JavaScript 的数据类型分为基本类型（原始类型）和引用类型（复杂类型）两种。基本类型的结构简单，直接保存在栈内存中；引用类型则保存在堆内存中。

这两种存储方式的差别反映到代码上就是给一个变量赋值时能不能做到完全拷贝。例如，在下面的代码中，当变量 b 改变时，变量 a 是否会改变：

```
var a = '前端真好玩'
var b = a
b = '前端真有趣'
console.log('a: ', a)
console.log('b: ', b)
var a1 = { name: '前端人' }
var b1 = a1
b1.name = '程序员'
console.log('a1: ', a1)
console.log('b1: ', b1)
```

在浏览器中执行代码，打印结果如图 2-17 所示。

图 2-17

由图 2-17 可以看出，采用同样的赋值方式，修改变量 b 时不会影响变量 a 的值，而修改变量 b1 时会同时修改变量 a1 的值，这看起来很不可思议。其实，在了解了基本类型和引用类型的存储原理后，这个问题将迎刃而解。

JavaScript 中的基本类型共 6 种（Symbol 为 ES 6 新增），具体如下。

- String：字符串。
- Number：数值。
- Boolean：布尔值。
- Null：空。
- Undefined：未定义。
- Symbol：唯一的值。

这 6 种基本类型可以用 typeof 关键字来判断，方法如下：

```
typeof '杨成功'        // "string"
typeof 5              // "number"
typeof false          // "boolean"
typeof null           // "object"
typeof undefined      // "undefined"
typeof Symbol()       // "symbol"
```

其中的 5 种类型都可以准确判断，但是 Null 类型的判断结果是"object"，而使用 typeof 关键字判断引用类型时结果也是"object"，这就会比较尴尬。typeof 关键字不能用来判断 Null 类型。

应该如何判断 Null 类型后面会介绍，这里只需要了解其特殊性即可。

基本类型的前 3 种经常会用到，此处不再赘述。很多人可能会混淆 Null 和 Undefined，因为它们看着好像差不多，实际上是有区别的。在语义上，Undefined 表示未定义，即变量没有值；而 Null 表示变量有值，但是是一个空值。

Undefined 表示的是一个声明但未赋值的状态，具体包括以下几种。

- 声明一个变量未赋值。
- 访问对象上不存在的属性。
- 函数定义了参数但未传参。

而 Null 表示被人为设置为空对象，一般由开发者主动赋值。最常见的情况是定义一个变量表示对象，这个变量实际的值会在后面的某个环节设置，此时需要将变量的初始值设置为"Null"。在变量使用完毕需要重置时，再把它赋值为"Null"。

上面提到的对象就是一个引用类型。常见的引用类型分为以下几种。

- Object：对象。
- Array：数组。
- Function：函数。
- Date：时间。
- RegExp：正则表达式。

如果尝试用 typeof 关键字判断引用类型，就会发现除了函数，其他类型的结果都是"object"：

```
typeof console.log          // "function"
typeof {}                   // "object"
typeof []                   // "object"
typeof new Date()           // "object"
```

至此，可以得出一个类型判断的结论：typeof 关键字可以用来判断除 Null 之外的基本类型和函数。

除函数之外的引用类型，以及基本类型 Null 应该怎么判断呢？这些无法使用 typeof 关键字判断的类型，都可以用 Object 原型对象上的一个方法来判断，具体如下：

```
Object.prototype.toString()
```

为什么可以用 Object 原型对象上的方法呢？这是因为引用类型虽然分为上面几种，但实际上所有的引用类型都继承自 Object 对象。那为什么 Null 也可以这样判断呢？因为 Null 同样继承自

Object 对象，其他基本类型也继承自 Object 对象，这就是 JavaScript 中所说的"万物皆对象"。因此，Object.prototype.toString()方法适用于所有数据类型。

因为 Object.prototype.toString()是原型对象上的方法，所以默认只对 Object 对象本身有效。如果由继承自该对象的成员使用，那么使用 call()方法来改变 this 指向并调用，具体如下：

```
// 引用类型
Object.prototype.toString.call([])          // "[object Array]"
Object.prototype.toString.call({})          // "[object Object]"
Object.prototype.toString.call(new Date())  // "[object Date]"
Object.prototype.toString.call(/\\/)        // "[object RegExp]"
// 基本类型
Object.prototype.toString.call(null)        // "[object Null]"
Object.prototype.toString.call('前端')       // "[object String]"
Object.prototype.toString.call(false)       // "[object Boolean]"
```

根据返回的结果就可以看到区别。如果希望类型的判断结果和 typeof 关键字保持统一，那么可以稍微处理一下，编写一个获取类型的函数：

```
function getDataType(data) {
  return Object.prototype.toString.call(data).slice(8, -1).toLowerCase()
}
getDataType(null)          // null
getDataType([])            // array
getDataType({})            // object
```

使用 Object 原型对象判断类型很可靠，但是编写的代码有些冗长，不像 typeof 这样一个简单的关键字就能搞定。那么判断引用类型还有更简单的方法吗？

当然有。除了 typeof 关键字，JavaScript 还有一个专门用来判断引用类型的关键字——instanceof。instanceof 关键字的原理是基于原型链判断实例是否继承自某个构造函数，具体如下：

```
[] instanceof Array                // true
new Date() instanceof Date         // true
var json = {}
json instanceof Object             // true
var fun = () => {}
fun instanceof Function            // true
```

显然，这种方式比使用 Object 原型对象判断优雅。既然有快捷方法，那么 Object.prototype.toString()方法还有存在的必要吗？其实有的。首先，Object.prototype.toString()方法的兼容性是最好的，可以用来做 Polyfill 兼容方案；其次，搞懂了 Object.prototype.toString()方法可以更好地帮助我们理解原型继承的相关知识。

在引用类型中有一个功能很强大的类型叫作函数。函数不光是数据类型，更重要的是它是一个执行任务的单元。

2.3.2　变量与作用域

前面使用 var 关键字声明了变量，且声明的变量可在当前作用域使用，即变量是有作用域的。

使用 var 关键字声明的变量的作用域可能有两种，分别为全局作用域和函数作用域。全局声明（任意函数之外声明）的变量具有全局作用域；函数内声明的变量具有函数作用域，仅在函数内可用。示例如下：

```
// a.js
var str1 = '北京'
function test() {
  var str2 = '上海'
  console.log('str1', str1)
}
test()
console.log('str2', str2)
```

在控制台中运行上述代码，运行结果如下：

```
str1 北京
Uncaught ReferenceError: str2 is not defined
```

这说明在函数内可以访问函数外的变量，但在函数外不可以访问函数内的变量。这是 JavaScript 最基本的作用域机制：如果在当前作用域中找不到变量，那么 JavaScript 会"探出头"从父级作用域找，这类似于事件冒泡，一直找到最外层的全局作用域，但是永远不会从子级作用域中寻找。

ES6 新增了一个作用域，叫作块级作用域。顾名思义，块级作用域是一个代码块的作用域，用一对大括号表示。块级作用域必须用新的关键字 let 声明变量，并且当变量声明在一对大括号中时，这个变量就有了块级作用域。

```
{
  let city1 = '上海'
  var city2 = '成都'
}
console.log(city1) // ReferenceError: city1 is not defined.
console.log(city2) // 成都
```

除了声明块级变量，相比 var 关键字，let 关键字还有其他的特性，具有代表性的是以下两方面。

- 相同变量名禁止重复声明。
- 不存在变量提升。

使用 var 关键字声明变量，相同变量名是可以重复声明的，这看起来是不符合逻辑的操作，然而 JavaScript 并不会报错，只不过是后面声明的变量覆盖了前面的变量。事实上，并不是 JavaScript 允许重复声明，而是在这种情况下 JavaScript 做了自动转换，示例如下：

```
// 编写代码
var a = 1
var a = 2
// JavaScript 转换
var a = 1
a = 2
```

转换逻辑很简单，重复声明会自动删除 var 关键字。不过这种转换带来的问题是，在声明一个新变量时，如果和之前的变量名发生冲突，此时旧的变量就会在我们不知道的情况下被覆盖，这就带来了隐患。而 let 关键字不允许重复声明，重复声明就会报错，这反而是我们想要的：

```
function fun() {
  let b = 1
  let b = 2 // SyntaxError: Identifier 'b' has already been declared
}
```

let 关键字的另一个特点是不存在变量提升。什么是变量提升？下面引入一段代码：

```
function fun1() {
  console.log(str)
}
fun1() // ReferenceError: str is not defined
function fun2() {
  console.log(str)
  var str = '烤鸭'
}
fun2() // undefined
```

函数 fun1() 的运行结果正常，但是函数 fun2() 的打印结果很奇怪：明明 str 变量是在打印后声明的，在正常情况下这里的结果应该是 ReferenceError，但是变成了 undefined，其实这就是变量提升带来的结果。函数 fun2() 的代码被 JavaScript 解析后变成了如下形式：

```
function fun2() {
  var str
  console.log(str)
  str = '烤鸭'
}
```

由此可知，使用 var 关键字声明的变量会被自动提升到当前作用域的顶层，结果是只要变量被声明，不管是在前还是在后，访问都不会报错，这也导致初学者很迷惑。let 关键字去掉了变量提升，若出现异常，则正常抛出：

```
function fun2() {
  console.log(str)
  let str = '烤鸭'
}
fun2() // ReferenceError: Cannot access 'str' before initialization
```

ES6 新增的第二个声明关键字是 const，表示声明一个常量，常量在声明后是不可以修改的。同样，const 关键字的作用是避免误操作覆盖了本不应该变化的数据。既然是常量，就要求声明时必须赋值，不赋值会报错。

const 关键字具有和 let 关键字一样的特性，包括块级作用域，常量不提升且不可重复声明。const 关键字和 let 关键字的组合是 JavaScript 变量声明更标准的实现，因此建议用 let+const 代替 var 关键字声明。

使用 const 关键字声明的常量是不可更改的。不可更改是指不允许重新赋值，但是对于引用类型，数据本身的更改并不代表重新赋值。示例如下：

```
const str = '迪迦'
str = '盖亚'              // TypeError: Assignment to constant variable.
const arr = [1]
arr.push(2)
console.log(arr)         // [1,2]
arr = [1, 2]             // TypeError: Assignment to constant variable.
```

对于引用类型，变量/常量存储的都是一个指针，该指针指向堆内存中的真实数据。数据本身的变化不会导致指针的变化，因此修改数据本身，如添加一个数组项，添加一个对象属性，都是可以的。但是如果要为变量重新赋值，就会改变指针，因此同样会报错。

2.3.3　面向对象

众所周知，JavaScript 是一门面向对象的编程语言。但是它又不像 Java 那样是纯粹的基于类的面向对象，而是独有的基于原型和原型链实现面向对象。

什么是原型？原型（Prototype）是一种设计模式，以自己独有的方式实现继承和复用。具体来说，原型就是一个对象，也可称为原型对象。原型对象只是一个有 constructor 属性的普通对象，没有什么神奇之处。重要的是，原型对象通过属性的互相指向实现继承。

下面列举一个简单的声明数组的例子：

```
var arr = new Array()
// 或者 var arr = []
arr.push('北京')
```

```
console.log(arr) // ['北京']
```

上面声明了一个空数组，并且通过 arr.push()方法添加了一个元素。但是这里的 push()方法从何而来呢？在刚学 JavaScript 时，很多读者可能就知道 push()方法，但是这个方法定义在哪呢？下面找一下，如图 2-18 所示。

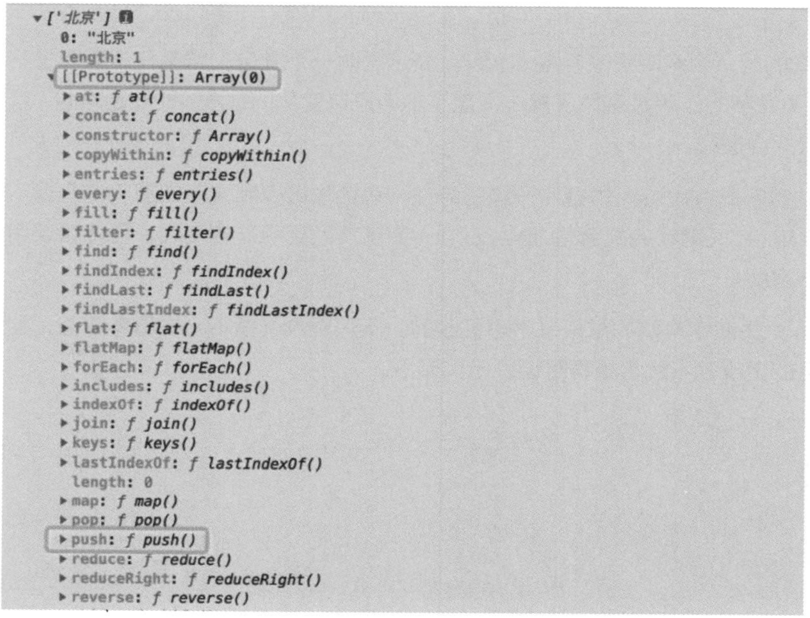

图 2-18

在图 2-18 中，数组下有一个[[Prototype]]属性，这个属性下定义了很多方法，可以使用的数组方法都定义在这里，push()方法就是其中之一。事实上，[[Prototype]]是一个内部属性，不可以显式访问，但是这个属性指向的就是一个原型对象（有 constructor 属性）。

为了方便访问，浏览器厂商使用__proto__属性来指向这个原型对象。__proto__属性和内部属性[[Prototype]]的指向一致，但该属性可以直接访问。因此，push()方法的调用逻辑如下：

```
arr.push('北京')
// 等同于
arr.__proto__.push('北京')
```

这个原型对象从何而来呢？为什么会出现在 arr 变量上？由图 2-18 可知，[[Prototype]]属性的后面是 Array(0)，表示这个内部属性实际上是属于 Array 构造函数的。Array 构造函数有一个 prototype 属性指向它的原型对象，如图 2-19 所示。

```
> Array.prototype
< ▼[constructor: f, concat: f, copyWithin: f, fill: f, find: f, …] 🔖
    ▶ at: f at()
    ▶ concat: f concat()
    ▶ constructor: f Array()
    ▶ copyWithin: f copyWithin()
    ▶ entries: f entries()
    ▶ every: f every()
    ▶ fill: f fill()
    ▶ filter: f filter()
    ▶ find: f find()
    ▶ findIndex: f findIndex()
    ▶ findLast: f findLast()
    ▶ findLastIndex: f findLastIndex()
    ▶ flat: f flat()
    ▶ flatMap: f flatMap()
```

图 2-19

原来 arr.__proto__ 指向的就是 Array.prototype，也就是它的构造函数 Array 的原型对象。上面提到，原型对象有 constructor 属性，由图 2-19 可知，constructor 属性又指回构造函数 Array 本身。下面在控制台上进行演示：

```
Array.prototype.constructor === Array
// true
arr.__proto__ === Array.prototype
// true
```

综上可以得出以下 3 条规律。

（1）构造函数有 prototype 属性，并且指向它的原型对象。

（2）原型对象有 constructor 属性，并且指回构造函数。

（3）实例有 __proto__ 属性，并且指向构造函数的原型对象。

这几点结论是理解 JavaScript 面向对象的关键。除此之外，还需要特别声明一点：实例本身没有原型对象，只有构造函数才有原型对象，但是实例可以访问它的构造函数的原型对象。

原型链又是什么呢？

还是接着上面的那个例子进行演示，再引用一个方法读者就能明白：

```
arr.valueOf() // ['北京']
```

细查构造函数 Array 的原型对象 Array.prototype，发现并没有 valueOf() 方法，这里为什么可以执行呢？这个方法在哪里呢？其实可以把 Array.prototype 也看成一个实例对象，这个实例对象和 arr 一样，也有一个 __proto__ 属性，并且该属性指向它自己的构造函数的原型对象。

数组原型对象的__proto__是什么呢，如图 2-20 所示。

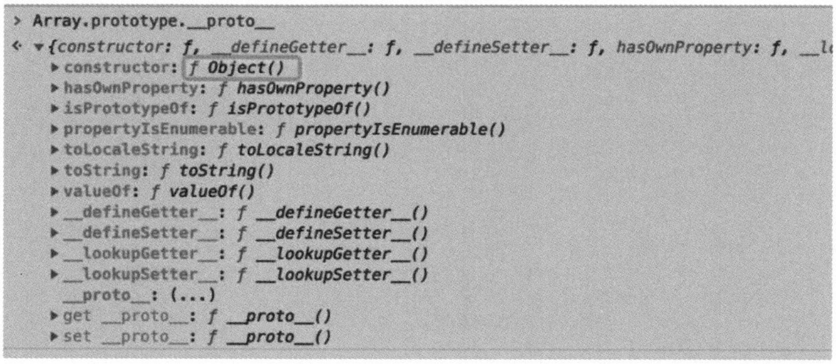

```
> Array.prototype.__proto__
< ▾{constructor: f, __defineGetter__: f, __defineSetter__: f, hasOwnProperty: f, __l
    ▸ constructor: f Object()
    ▸ hasOwnProperty: f hasOwnProperty()
    ▸ isPrototypeOf: f isPrototypeOf()
    ▸ propertyIsEnumerable: f propertyIsEnumerable()
    ▸ toLocaleString: f toLocaleString()
    ▸ toString: f toString()
    ▸ valueOf: f valueOf()
    ▸ __defineGetter__: f __defineGetter__()
    ▸ __defineSetter__: f __defineSetter__()
    ▸ __lookupGetter__: f __lookupGetter__()
    ▸ __lookupSetter__: f __lookupSetter__()
      __proto__: (...)
    ▸ get __proto__: f __proto__()
    ▸ set __proto__: f __proto__()
```

图 2-20

Array.prototype 是数组的原型对象，也是 Object 的实例。当在 Array.prototype 上找不到 valueOf()方法时，会沿着__proto__属性继续向上找，直到在 Object.prototype 上找到为止。

这种在原型之间层层向上找的情况，就组成了一条原型链。根据原型链可以总结出第 4 条规律。

（4）原型对象也有__proto__属性，并且指向上层原型对象，直到原型对象为 null。

因为 Object.prototype.__proto__==null，而 null 没有原型，所以这是原型链中的最后一个环节。如果所用的方法到这里还没有找到，就会抛出错误 TypeError。

综上可知，当访问一个 JavaScript 实例的属性/方法时，先搜索这个实例本身，如果找不到，就会转而搜索实例的原型对象，如果还找不到，就搜索原型对象的原型对象，一直往上找，这个搜索的轨迹就叫作原型链。

在掌握了原型与原型链之后，读者可以自己动手实现一条原型链。假设小帅有两只小猫，其中西西是白色的，兜兜是灰色的。这两只猫有一个共同的特征——喜欢喵喵叫。

下面创建一个构造函数 MyCat()来表示猫仔：

```javascript
function MyCat(name, color) {
  this.name = name
  this.color = color
}
var xixi = new MyCat('西西', '白色')
var doudou = new MyCat('兜兜', '灰色')
console.log(xixi.name)              // 西西
console.log(doudou.color)           // 灰色
```

两只猫的名字和颜色都已经设置好，但是叫（call）这个方法是猫的共同特征，如果定义在函数

内部,那么在实例化时会重复创建。根据原型链原理,在构造函数 MyCat() 的原型对象上定义一次即可:

```
MyCat.prototype.call = function () {
  console.log('喵喵喵喵')
}
console.log(xixi.call())              // 喵喵喵喵
console.log(doudou.call())            // 喵喵喵喵
```

现在两只猫都会叫了。假设小帅还准备养一只狗,或者一只乌龟,这些都是小帅的宠物。如果要给它们都做一个标识——主人是小帅,为了避免重复定义,还要再定义一个函数:

```
function MyPets() {
  this.owner = '小帅'
}
```

让小帅的宠物加上 owner 这个标签其实非常简单:

```
MyCat.prototype.__proto__ = MyPets.prototype
console.log(xixi.owner)               // 小帅
console.log(doudou.owner)             // 小帅
```

这样就实现了原型链的继承。ES6 新增的 class 可以代替构造函数,从而更直观地实现继承。但 class 是构造函数的语法糖,只是让原型的写法更加清晰,更像面向对象编程。上述例子可以用 class 尝试来改造:

```
// 宠物类
class MyPets {
  owner = '小帅'
}
// 猫仔类
class MyCat extends MyPets {
  constructor(name, color) {
    super()
    this.name = name
    this.color = color
  }
  call() {
    console.log('喵喵喵喵')
  }
}
var xixi = new MyCat('西西', '白色')
var doudou = new MyCat('兜兜', '灰色')
```

2.3.4 事件循环

如果读者想了解 JavaScript 的异步执行机制，那么事件循环一定是绕不开的话题。事件循环也就是 Event-Loop。下面是一段经典的异步执行的代码：

```
console.log(1)
setTimeout(function () {
  console.log(2)
})
new Promise(function (resolve) {
  console.log(3)
  resolve()
})
  .then(function () {
    console.log(4)
  })
  .then(function () {
    console.log(5)
  })
console.log(6)
```

上述代码的打印顺序是什么样的呢？读者可以先在脑子里跑一遍代码，并记住结果，再带着问题解析事件循环。

要了解事件循环，需要先了解 JavaScript 是如何执行的。这里涉及如下 3 个重要角色。

- 函数调用栈。
- 宏任务（Macro-Task）队列。
- 微任务（Micro-Task）队列。

JavaScript 代码是分块执行的。每个需要执行的代码块会被放到一个栈中，按照"后进先出"的顺序执行，这个栈就是函数调用栈。在第一次执行 JavaScript 代码时，全局代码会被推入函数调用栈执行。后面每调用一次函数，就会在栈中推一个新的函数并执行。执行完毕，函数会从栈中弹出。

下面引入一段简单的代码：

```
console.log('开始')
function test() {
  console.log('执行')
}
test()
```

可以用图表示这段代码在函数调用栈中是如何执行的，如图 2-21 所示。

函数调用栈

图 2-21

也就是说，代码只有在进入函数调用栈之后才能被执行。在一系列函数被推入函数调用栈之后，JavaScript 先从栈顶开始执行函数，执行完一个立刻出栈再执行下一个，这个过程非常快。

还有一种特殊情况，就是异步任务。一个函数（或全局代码）内包含异步任务时，如 setTimeout 的回调函数和 promise.then 的回调函数，这些函数是不能立刻被推入函数调用栈执行的，需要等到某个时间点后才能决定是否执行。不能立刻执行怎么办呢？只能排队等待。

于是这些等待执行的任务按照一定的规则排队，等待被推到函数调用栈中。这个由异步任务组成的队列就叫作任务队列。

所谓的宏任务与微任务，是对任务队列中任务的进一步细分。JavaScript 中的宏任务队列和微任务队列如图 2-22 所示。

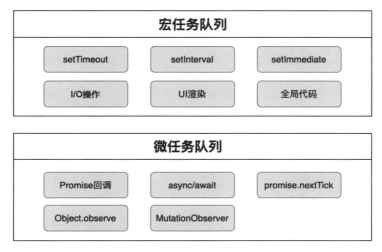

图 2-22

📣 提示 script 脚本（全局代码）也是一个宏任务。此外，宏任务队列中的 setImmediate、微任务队列中的 process.nextTick 都是 Node.js 独有的。

至此，读者就能解析本节开头的异步代码了。在初始情况下，函数调用栈为空，微任务队列为空，宏任务队列中有且只有一个 script 脚本（全局代码），如图 2-23 所示。

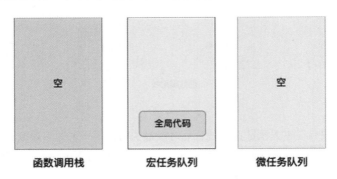

图 2-23

当第一次运行 JavaScript 代码时，宏任务队列中的全局代码率先出列并进入函数调用栈执行，同步代码会按照顺序执行完毕，因此控制台先打印 1、3、6。

为什么也会打印 3 呢？因为构造函数 Promise 的参数是一个同步函数，会立即执行。后面的 .then 和 .catch 才是真正的异步任务。

在执行同步代码时，会产生新的宏任务和微任务进入各自的队列，此时的函数调用栈和队列的情况如图 2-24 所示。

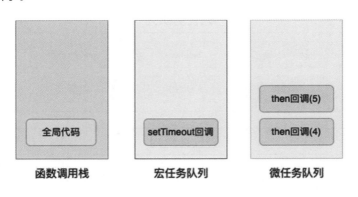

图 2-24

📣 提示 如图 2-24 所示，全局代码执行后会一直保存在栈中，不会出栈，否则一些全局变量就访问不到。

接下来由构造函数 Promise 产生的微任务按照队列先后顺序依次被推入函数调用栈执行，直到清空微任务队列。此环节执行完毕，控制台会打印 4 和 5。

微任务队列被清空后，会执行一次 UI 渲染操作，这样第一轮任务就完成了。接下来检查宏任务队列，如果宏任务队列不为空，就提取一个宏任务进入函数调用栈执行，开始执行第二轮任务。在执行这个宏任务的过程中可能又会产生新的宏任务和微任务，此时继续执行微任务，并检查宏任务，直到两个任务队列彻底被清空，这个循环检查和执行任务的过程就是事件循环。

宏任务和微任务的区别体现在以下两方面。

- 宏任务先执行，第一个宏任务就是全局代码，宏任务与微任务交替执行。
- 宏任务是一个一个地执行，微任务是一整列一次执行完毕。

当 Promise.then 的回调函数都执行完毕，才执行 setTimeout 的回调函数，并打印 2。因此，开头的实例代码的打印顺序如下：

```
1, 3, 6, 4, 5, 2
```

综上所述，事件循环的大体流程为一个宏任务→一组微任务→一个宏任务→一组微任务……

2.3.5　执行上下文与 this

2.3.4 节在介绍事件循环时提到，若想执行代码，则需要将全局代码或函数推入函数调用栈。为什么要将代码推入函数调用栈后就能执行呢？

这是因为代码被推入函数调用栈后创建了执行上下文环境，上下文才是真正执行代码的地方——任何代码都在执行上下文环境中运行。

执行上下文主要分为 3 种。

- 全局上下文：全局代码所处的环境。
- 函数上下文：函数调用时创建的上下文。
- Eval 上下文（几乎已经被废弃，读者只需要知道即可）。

在全局代码作为第一个宏任务进入函数调用栈后，就创建了全局上下文环境。全局上下文有两个明显的标志：一是全局对象（Window 或 Global）；二是 this，指向全局对象。

> 📌 提示　在浏览器环境下全局对象是 Window，在 Node.js 环境下全局对象是 Global

前面提到，全局代码执行后并不会出栈。按照执行上下文的解释，就是全局上下文一直存在，因此能在代码中一直访问全局变量和 this。

如果全局代码中还声明了变量和函数，那么这些变量和函数会一直随着全局上下文存在。请运行下面这段代码，查看全局上下文究竟是什么样子的：

```js
// test.js
var city = '北京'
var area = '海淀区'
function getAdress() {
  return city + area
}
getAdress()
```

上述代码声明了两个变量和一个函数，在全局上下文创建时会被添加到全局对象 Window 下。虽然我们看不到，但是创建过程是分阶段的。执行上下文的生命周期分为以下两个阶段。

- 创建阶段：初始化变量和函数等。
- 执行阶段：逐行执行脚本中的代码。

创建阶段做的事情分为以下几个步骤。

第 1 步：创建全局对象（Window 或 Global）。

第 2 步：创建 this，并指向全局对象。

第 3 步：将变量和函数放到内存中，为变量赋值 undefined。

第 4 步：创建作用域链。

第 3 步在创建变量后并不是直接赋值，而是先赋值 undefined。因为这一步还没有读取变量值，只是为变量开辟内存空间，并为其赋予一个默认值而已。

这也解释了前面介绍的变量提升。为什么会出现变量提升呢？从本质上来说，在执行上下文的创建阶段已经将变量赋值为 undefined，此时代码还未执行，在代码执行时变量已经存在，这才出现了变量提升的错觉。

第 4 步也非常重要，这一步直接影响闭包（后面介绍）。

当创建阶段的准备工作完成后，接下来进入执行阶段。执行阶段是按照先后顺序执行代码的，遇到变量赋值时就赋值，遇到函数调用时就调用，在这个阶段正式开始事件循环。

再看上面那段简单的代码，可以按照上下文的两个阶段进行拆分：

```js
// 1. 创建阶段
var city = undefined
var area = undefined
function getAdress() {
  var country = '中国'
  return country + city + area
}
// 2. 执行阶段
```

```
city = '北京'
area = '海淀区'
getAdress()
```

在全局上下文的执行阶段如果遇到函数，那么函数会被推入函数调用栈执行，此时创建了函数上下文。函数上下文也分为创建阶段和执行阶段，与全局上下文基本一致。但二者也是有区别的，具体如下。

- 创建时机：全局上下文是在运行脚本时创建的，函数上下文是在函数调用时创建的。
- 创建频率：全局上下文仅在第一次运行时创建一次，函数上下文则是调用一次创建一次。
- 创建参数：全局上下文创建全局对象（Window），函数上下文创建参数对象（argument）。
- this 指向：全局上下文指向全局对象，函数上下文取决于函数如何被调用。

函数调用栈在执行完成后会立刻出栈，函数上下文同时被销毁，函数上下文所包含的变量自然也不能再被访问，这也是 JavaScript 访问变量只能访问父级作用域而不能访问子函数的原因。因为此时子函数要么没有被调用，要么调用完被销毁，函数作用域已经不存在，自然不能访问到里面的变量。

这里提到的作用域，其实就是指变量所处的执行上下文。

在介绍完函数调用栈的创建/销毁逻辑，就不得不提一个特殊的场景——闭包。下面直接引入代码：

```
function funout(a) {
  return function funin(b) {
    return a + b
  }
}
var funadd = funout(10)
funadd(20) // 30
```

在上述代码中，funout()函数执行后返回一个新函数，在新函数中使用了 funout()函数的参数（可看作变量）a。当调用新函数 funadd()时，funout()函数已经调用完毕，按理说函数上下文已经销毁。然而，还可以在新函数 funadd()中使用已经销毁的变量 a，这是为什么呢？难道 funout()函数的上下文并未销毁？

并不是这样，funout()函数调用完毕函数上下文已经销毁。然而，在执行上下文的创建阶段还创建了作用域链，正是作用域链将可能用到的父级函数上下文中的变量保存下来。所以，之后虽然父级函数上下文已经销毁，但是依然能够从作用域链中找到变量。

前面提到，作用域就是变量所处的执行上下文。因此，函数执行上下文在函数调用后必然会销毁，但是作用域可能会被缓存。

至此，JavaScript 的核心原理部分就介绍完毕。将执行上下文和事件循环的内容相结合，绘制一张简易的 JavaScript 执行流程图，如图 2-25 所示。

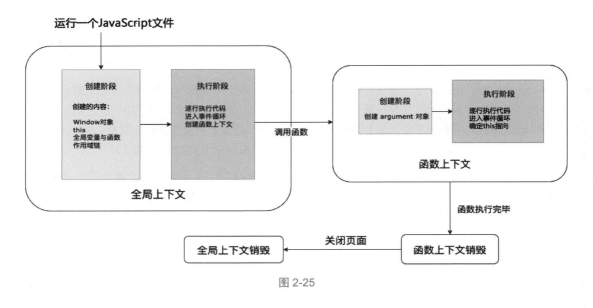

图 2-25

2.4 本章小结

本章从更深的角度重新梳理和总结了 HTML、CSS 和 JavaScript 的核心内容。通过学习本章，读者可以更深刻地认识"三驾马车"。基础是进阶的前提，只有夯实基础才能使后面的学习更顺利。

本章的 JavaScript 部分只介绍了核心原理，第 3 章会全面展开介绍，带领读者了解 ES6+、Node.js、TypeScript 等新时代 JavaScript 的强大能力。

第 3 章
新时代的 JavaScript

从 1995 年发布的第一个标准版本 JavaScript，到现在的 ES6+，一共经历了 20 多年。在这段时间内，JavaScript 一直在推陈出新，尤其是最近几年，正在加速淘汰一些不合理的旧设计和旧语法，逐步推出了更简单、更合理的新标准语法。

目前，三大框架已经全部使用 ES6+语法开发，并且新语法显然更受开发者的欢迎。此外，Node.js 也成为前端开发者必知必会的技术点，不管是在工程上还是工具上，掌握了 Node.js 可以解决很多问题。

最重要的是，目前的 TypeScript 已经成为前端开发必备的工具。之前 TypeScript 还只是在第三方类库中应用得比较广泛的工具，但现在已经全面融合到整个前端体系中。在项目中利用 TypeScript 发现潜在的问题，以及提高编码质量和效率，已经成为大多数前端开发者的首选。

ES6+、Node.js 和 TypeScript 已经成为现代前端技术的基础。在使用框架之前，需要掌握这三部分知识的关键点和常用功能，至少要做到"对高频语法点不陌生"，这样才能保证后续在框架中编码做到游刃有余。

3.1 ES6+：下一代语法标准

ES6+是指从 ECMAScript 标准的第 6 个版本开始到目前为止所有的更新。ES6 是 JavaScript 语法的一个分水岭，从 ES6 开始，几乎每年都会推出一个新版本，新增更多功能以应对前端的变化。笔者在撰写本书时 ES2022（ES13）已经出现，JavaScript 还在高速发展中。

ES6 是最重要的，因为 JavaScript 中创造性的更新都来源于这个版本，如 Promise、class 和模块化等，所以建议读者从 ES6 开始学习。

3.1.1 变量与字符串的扩展

1. 变量解构赋值

ES6 中新增了声明关键字 let 和 const。关于这两个关键字和 var 关键字的用法及区别请参考第 2 章。其实，总结起来就是，const 关键字用于声明常量，let 关键字用于声明局部变量。

与之前的版本相比，除了声明方式有变化，ES6 中变量/常量的读取方式也有了较大的简化，示例如下：

```
var foods = {
  best: '小龙虾',
  good: '火锅',
  normal: '快餐',
  bad: '方便面',
}
// 获取 best 和 bad
var best = foods.best
var bad = foods.bad
```

ES6 提供了解构赋值这种高效操作，可以用更少的代码实现一样的效果：

```
var { best, bad } = foods
console.log('best', best)               // 小龙虾
```

解构赋值相当于批量声明并读取某个对象的属性，编写更简洁。如果出现属性重名的情况，那么可以为属性设置别名，示例如下：

```
var { best: best1, bad: bed1, hate } = foods
console.log('best', best1)              // 小龙虾
console.log('bed', bed1)                // 方便面
console.log('hate', hate)               // undefined
```

使用冒号 ":" 设置别名后，原来的属性名就不可以再使用了。如果结构的属性不存在（如上面代码中的 hate 属性），那么默认值为 undefined。

解构赋值还可以对多层嵌套对象起作用，示例如下：

```
var address = {
  city: {
    name: '北京市',
    area: {
      name: '海淀区',
      school: {
```

```
      name: '北京大学',
    },
  },
},
}
// 分别取出城市、区和学校
console.log(address.city.name)             // 北京市
console.log(address.city.area.name)        // 海淀区
console.log(address.city.area.school.name) // 北京大学
```

这个三层对象看起来比较复杂，但实际上根据对象的层级结构以相同的层级就能解构出内层的属性，代码如下：

```
let {
  city: {
    name: city_name,
    area: {
      name: area_name,
      school: { name: school_name },
    },
  },
} = address
console.log(city_name)              // 北京市
console.log(area_name)              // 海淀区
console.log(school_name)            // 北京大学
```

除了对象，数组也可以被解构。二者的区别在于：对象解构根据属性，数组解构则根据位置。示例如下：

```
var foods = ['炸鸡', '啤酒', '烧烤']
let [a, b, c] = foods
console.log(a)                     // 炸鸡
console.log(b)                     // 啤酒
console.log(c)                     // 烧烤
```

数组解构比对象简单许多，因为数组解构不存在属性，所以也不需要指定别名。但是数组存在层级，在层级解构数组时也是完全按照位置匹配的，示例如下：

```
var foods = ['小龙虾', ['羊肉串', '板筋', ['烤鸡翅', '烤鸡爪']]]
let [a, [b1, b2, [c1, c2]]] = foods
console.log(a)                     // 小龙虾
console.log(b1, b2)                // 羊肉串、板筋
console.log(c1, c2)                // 烤鸡翅、烤鸡爪
```

2. 字符串的扩展

在项目开发中字符串是使用得最多的数据类型之一。字符串操作包括但不限于拼接、截取、获取某个位置的值等。ES6 提供了许多字符串操作方法。

例如，要想知道某个字符串中是否包含某个字符片段，通常只能用 indexOf()方法来判断。示例如下：

```
var str = 'You are best engineer'
str.indexOf('best')                        // 8
str.indexOf('bst')                         // -1
```

ES6 提供的 3 个新方法可以更便捷地判断包含关系，并且这 3 个新方法都返回布尔值。

- includes()：判断字符串中是否包含某个字符。
- startsWith()：判断字符串是否以某个字符开头。
- endsWith()：判断字符串是否以某个字符结尾。

示例如下：

```
var str = 'You are best engineer'
str.includes('best')                       // true
str.startsWith('You')                      // true，这里是区分大小写的
str.endsWith('neer')                       // true
```

使用 repeat()方法可以将字符串重复 N 次。当前端测试元素内容过多时，repeat()方法的滚动效果非常好用。示例如下：

```
var str = '测试内容'
str = str.repeat(100)
console.log(str)
```

另一个常见的场景如下：将字符串中的字符 A 全部替换为字符 B，而旧语法提供的 replace()方法只能替换第一个匹配的值。ES6 新增了 replaceAll()方法，利用该方法可以快速替换所有内容。示例如下：

```
var str = 'I love you, superstar is you'
str = str.replaceAll('you', 'me')
console.log(str) // 'I love me, superstar is me'
```

ES6 提供的最强大的字符串功能当属模板字符串。模板字符串用反引号（``）标识，这不仅大大简化了字符串与变量的拼接，还提供了格式保留（如换行、缩进等），使字符串的使用和展示都非常友好。

```
var title = '块级元素'
```

```
var divstr =
<div>
  <span>${title}</span>
</div>
```

在上述代码中，用字符串表示一个元素结构，换行和缩进都能保留，同时可以指定变量。在字符串模板中，使用符号"${}"嵌入变量，这使得使用加号"+"拼接字符串成为过去式。

3.1.2　对象的扩展

在 JavaScript 中，对象无处不在。ES6 新增的属性、方法、特性不仅简化了数据操作的方式，还增强了数据操作的能力。

ES5 要求在对象中定义属性和方法时必须采用 key:value 的方式。ES6 则允许在 key == value 时只使用一个属性，这是一种简化用法。示例如下：

```
var city = '北京市'
function getCity() {
  return city
}
var object = { city, getCity }
// 等同于 var object = { city: city, getCity: getCity }
console.log(object.city)              // '北京市'
console.log(object.getCity())         // '北京市'
```

除了定义对象可以简化，读取对象的属性/方法也可以简化，而简化的方式就是前面介绍的解构赋值。示例如下：

```
var { city, getCity } = object
```

1. 扩展运算符

ES6 为对象新增了一个好用且功能强大的符号——扩展运算符（用"..."表示），使用该运算符可以将对象中的"剩余属性"另存到一个新对象中。剩余属性是指原对象中未显式解构的属性/方法。示例如下：

```
var obj = { a: 1, b: 2, c: 3, d: 4, e: 5 }
let { a, b, ...other } = obj
console.log(other) // {c: 3, d: 4, e: 5}
```

在上述代码中，先用解构赋值的方式取值，再用"..."将 c、d、e 这 3 个属性放到新对象 other 中，other 对象中包含除 a 和 b 之外的剩余属性。

> ✍ 提示　扩展运算符必须在对象的所有属性之后，否则 JavaScript 会解析错误。

既然扩展运算符可以取剩余参数，那么也可以取全部参数。在一个对象未显示解构任意属性，只提供了扩展运算符时，新对象会包含原对象的所有属性，这样就实现了对象的"复制"。示例如下：

```
var obj = { a: 1, b: 2 }
let { ...copy } = obj
console.log(copy) // {a: 1, b: 2}
// 等同于
let copy = { ...obj }
console.log(copy) // {a: 1, b: 2}
```

上面介绍的两种解构方式都可以用来实现对象复制，但这种复制方式是一种浅拷贝。

2. 描述对象

对象是由多个属性组成的。在项目开发中会频繁地执行属性操作。JavaScript 的对象很灵活，属性可以任意添加、删除和遍历。但有时我们希望可以控制属性的操作，如强制某个属性不可以被删除。

实现这个需求的方式是设置描述对象。对象的每个属性都有一个描述对象（Descriptor）用来控制该属性的行为。使用 Object.getOwnPropertyDescriptor()方法可以获取描述对象：

```
let obj = { city: '北京' }
let desc = Object.getOwnPropertyDescriptor(obj, 'city')
console.log(desc)
// {
//   value: city,
//   writable: true,
//   enumerable: true,
//   configurable: true
//   get: undefined
//   set: undefined
// }
```

描述对象中包含以下 6 个常用属性。

- value：属性值。
- writable：属性值是否可以修改。
- enumerable：属性是否可以遍历。
- configurable：描述对象是否可以修改。
- get：取值函数（getter）。
- set：存值函数（setter）。

既然可以获取属性的描述对象，那么必然可以修改描述对象。修改描述对象用 Object.

defineProperty()方法来实现。示例如下：

```
let obj = { city: '北京' }
// 设置描述符，是否可以修改值
Object.defineProperty(obj, 'city', {
  writable: false,
})
obj.city = '上海'
console.log(obj) // { city: '北京' }
```

在上述代码中，先修改属性 city 的描述对象，将其可修改性 writable 改为 false。接着修改 city 的属性值，若修改不成功，则说明设置 city 属性不可修改性已生效。

描述对象中的 setter()方法和 getter()方法，在设置后会分别在属性的赋值和读取时触发。值得一提的是，Vue.js 就是通过设置描述对象的 setter()方法和 getter()方法来实现响应式系统的。

3. 对象遍历

对象的一项比较重要的功能是对象遍历。遍历数组很好理解——分别读取数组的元素。但是应该如何遍历对象呢？其实很简单，只要将对象的属性和值分别转化为数组即可。

ES6 提供了以下几个便捷的方法来实现这些功能。

- Object.keys()：获取对象的属性数组。
- Object.values()：获取对象的值数组。
- Object.entries()：获取对象的属性和值数组。

这几个方法的用法非常简单，读者通过下面一个例子就会明白：

```
var obj = {
  name: '李小龙',
  position: '香港',
  skill: '中国武术',
}
console.log(Object.keys(obj))
// ['name', 'position', 'skill']
console.log(Object.values(obj))
// ['李小龙', '香港', '中国武术']
console.log(Object.entries(obj))
// [['name','李小龙'], ['position','香港'], ['skill','中国武术']]
```

如果要判断对象的所有属性是否都不为空，这些方法就可以派上用场。上述对象的属性遍历也可以通过描述对象来控制。属性描述对象的 enumerable 选项表示属性是否可遍历，当该选项为 true 时才能被以上 3 个方法遍历。

下面修改 enumerable 选项：

```
Object.defineProperty(obj, 'skill', {
  enumerable: false,
})
console.log(Object.keys(obj))
// ['name', 'position']
```

此时，skill 属性已经不可以被遍历。

4. 对象拷贝

1）浅拷贝

第 2 章提到，JavaScript 中的引用类型保存在堆内存中，栈内存只保存一个引用，当复制一个对象时默认会复制其引用。这会导致两个对象的值互相影响，示例如下：

```
var a = { name: '前端' }
var b = a
b.name = '端'
console.log(b) // { name: '后端' }
console.log(a) // { name: '后端' }
```

在上述代码中，变量 b 只复制了变量 a 的引用，因此，在修改变量 b 时变量 a 也会改变，这种复制方式就叫作浅拷贝。

上面提到，使用扩展运算符也可以实现对象复制，这种复制同样是一种浅拷贝。示例如下：

```
var a = { name: '前端' }
var b = { ...a }
```

ES6 还有第 3 种实现对象浅拷贝的方法，即对象合并。对象合并是指将多个目标对象的可枚举属性（enumerable 选项为 true 的属性）合并到一个新对象中，通过 Object.assign()方法来实现。示例如下：

```
var obj = {}
var obj2 = { b: 2 }
var obj3 = { c: 3 }
Object.assign(obj, obj2, obj3)
console.log(obj) // { b: 2, c: 3 }
```

Object.assign()方法与扩展运算符都能实现对象的浅拷贝。二者的区别如下：前者是对对象属性的扩增；后者是对对象属性的缩减，两者最终处理后的属性都被赋值给一个新对象。

2）深拷贝

上面介绍了对象浅拷贝的 3 种方式，在很多场景下还需要深拷贝。深拷贝是指对复制后的对象修改属性/方法时不会影响原对象。

要实现所有数据类型的深拷贝很复杂。这里介绍常用的 JSON 数据的深拷贝，实现方法很简单：

```
var obj = {
  name: '电影',
  category: {
    cartoon: '动漫',
    kungfu: '武侠',
    love: '爱情',
  },
  platform: ['腾讯视频', '爱奇艺', '优酷'],
}
var obj2 = JSON.parse(JSON.stringify(obj))
obj2.category.kungfu = '仙侠'
obj2.platform[2] = '哔哩哔哩'
console.log(obj2.category.kungfu, obj2.platform[2])      // 仙侠，哔哩哔哩
console.log(obj.category.kungfu, obj.platform[2])        // 武侠，优酷
```

在上述代码中，先将对象序列化（JSON.stringify()）为字符串，再将字符串反序列化（JSON.parse()）为对象，最终实现一个深拷贝后的对象。

3.1.3　数组的扩展

数组常常与对象结合使用，二者组成了复杂的 JSON 数据。数组的扩展主要表现在查询、过滤、遍历和转换 4 个方面。

1. 数组查询

数组查询分为元素查询和索引查询两类，是指在一个数组中查询满足某个条件的数组或索引并返回。ES6 中的数组查询包括 4 个方法，分别为 find()、findLast()、findIndex()和 findLastIndex()。

find()方法和 findLast()方法的作用是从数组中查找元素，前者查找匹配的第一个元素，后者查找匹配的最后一个元素。方法执行后会返回查找到的元素，示例如下：

```
var arrs = [
  { name: '赛罗', color: '红蓝' },
  { name: '捷德', color: '红黑' },
  { name: '维克特利', color: '红黑' },
  { name: '迪迦', color: '红蓝' },
]
var row = arrs.find(row => row.color == '红蓝')
console.log(row.name) // 赛罗
```

```
var row2 = arrs.findLast(row => row.color == '红蓝')
console.log(row2.name) // 迪迦
```

在上述代码中，如果查找到就会返回匹配的元素，否则返回 null。

findIndex()方法和 findLastIndex()方法与前两个方法的逻辑一致，只不过返回的是索引。示例如下：

```
var index = arrs.findIndex(row => row.color == '红黑')
console.log(index) // 1
var index2 = arrs.findLastIndex(row => row.color == '红黑')
console.log(index2) // 2
var index3 = arrs.findIndex(row => row.color == '红白')
console.log(index3) // -1
```

在上述代码中，如果查找到元素就返回匹配元素的索引，否则返回-1。

2. 数组过滤

数组过滤是指从数组中筛选出我们想要的元素并返回新数组。常用的数组过滤方法包括 filter()方法和 slice()方法。

filter()方法按照条件筛选数组，筛选出的数组长度小于或等于原数组长度。示例如下：

```
var generals = [
  { id: 1, name: '吕布' },
  { id: 2, name: '关羽' },
  { id: 3, name: '马超' },
  { id: 4, name: '邢道荣' },
]
var flarr = generals.filter(row => row.id >= 3)
console.log(flarr)
// [ { id: 3, name: '马超' }, { id: 4, name: '邢道荣' } ]
```

slice()方法同样用于过滤数组，只不过该方法的过滤方式并不是依据条件，而是依据下标。slice()方法有两个参数，分别指定开始下标和结束下标，区间规则是左闭右开（包含左边不包含右边）。示例如下：

```
var flarr = generals.slice(1, 3)
console.log(flarr)
// [{ id: 2, name: '关羽' }, { id: 3, name: '马超' }]
```

通常需要判断一个元素是否在数组中，传统的方法是用 indexOf()方法来获取索引位置，若大于-1 则表示存在，否则不存在。

　　ES6 提供了更快捷的方式——includes()方法，可以更简单直观地判断包含关系。includes()方法的第 2 个参数表示从数组的哪个位置开始判断，示例如下：

```
var arrs = ['张环', '李朗', '杨方', '任阔']
arrs.includes('张环')                    // true
arrs.includes('魔灵')                    // false
arrs.includes('李朗')                    // true
arrs.includes('李朗', 2)                 // false
// 等同于
arrs.slice(2).includes('李朗')           // false
```

3. 数组遍历

　　数组遍历是指按照元素顺序依次执行函数。JavaScript 原始的遍历方式是 for 循环，ES6 为数组新增了有遍历功能的便捷方法，主要包括 forEach()方法和 map()方法。

　　使用这两个方法都能实现遍历，区别在于：forEach()方法单纯执行遍历，无返回值；map()方法可以在回调函数内返回一个值，方法执行后会返回一个新数组。示例如下：

```
var arrs = [1, 2, 3, 4, 5]
arrs.forEach(n => {
  console.log(n) // 分别打印出1,2,3,4,5
})
let res = arrs.map(n => {
  return n * 2
})
console.log(res) // [2,4,6,8,10]
```

4. 数组转换

　　数组转换表示将原数组根据需要转换成另一种格式，一般是指修改数组的组织方式。数组转换包括 from()方法、flat()方法和 sort()方法。

　　from()方法用于将类数组转换为数组。类数组是指具有数组的专有特性（数字下标和 length 属性）。下面用对象来模拟一个类数组：

```
var like_arr = {
  0: 'a',
  1: 'b',
  length: 2,
}
var arr = Array.from(like_arr)
// arr: [a,b]
```

from()方法常用于将 Set 转换为数组，从而实现数组去重：

```
var arr = [1, 2, 3, 2, 1]
var set = new Set(arr)
Array.from(set) // [1,2,3]
```

flat()是数组扁平化的快捷方法，常常在面试中见到。示例如下：

```
var arr = ['a', 'b', ['c', 'd', ['e']]]
arr.flat()                          // ['a', 'b', 'c', 'd', ['e']]
arr.flat(2)                         // ['a', 'b', 'c', 'd', 'e']
```

如上述代码所示，flat()方法用于将多层嵌套数组合并，默认只合并一层。如果需要合并多层，就需要显式传参（如代码中参数为 2 表示合并 2 层）。如果要合并所有层，那么 flat()方法的参数为 Infinity 关键字。

sort()方法用于排序，这也是比较常用的功能。下面列举一个首字母排序的例子：

```
var arrs = ['萧炎', '美杜莎', '云韵', '海波东']
arrs.sort((row1, row2) => {
  return row1.localeCompare(row2) ? 1 : -1
})
```

如上述代码所示，数组元素 row1 和 row2 两两比较，若返回 1 则向后排，若返回-1 则向前排。

3.1.4 函数的扩展

函数是 JavaScript 的"一等公民"，这表明了代码运行时函数的重要性。函数的扩展主要表现在格式、上下文和参数上。

ES6 提供了函数的最新格式，即箭头函数，使函数的编写更加简洁：

```
// ES5 中的用法
function getName(name) {
  return name
}
// 箭头函数的用法
const getName = name => name
```

可以看到，箭头函数省略了 function 关键字，函数体中只有返回值时可以使用简写形式。

与普通函数相比，除了语法上的简化，箭头函数更大的不同在于上下文的变化。上下文就是 this 的指向，下面通过示例查看其变化：

```
var obj = {
  fun1() {
```

```
    console.log('fun1: ', this)
  },
  fun2: () => {
    console.log('fun2: ', this)
  },
}
obj.fun1() // { fun1: xx, fun2: xx}
obj.fun2() // Window
```

上述代码将两个函数放到 obj 对象下。二者的 this 指向不同，前者指向 obj 对象，后者指向 Window 对象。

这是因为，普通函数的 this 指向规则如下：谁调用函数，this 就指向谁。箭头函数的 this 指向与谁调用无关，而是永远指向父作用域的 this。

obj.fun1()方法的调用者是 obj，因此 fun1()函数的 this 指向 obj；fun2()函数的父作用域就是全局作用域，因此函数内的 this 指向 Window。

在 ES6 之前函数的参数不能指定默认值，但是 ES6 支持指定默认值：

```
function eat(food = '苹果') {
  console.log(food)
}
eat()                              // 苹果
eat('香蕉')                         // 香蕉
```

函数的参数不仅可以指定默认值，还支持指定 rest 参数。rest 参数与前面的扩展运算符的用法基本一致。如果一个函数的参数是动态的，并且数量不固定，那么使用 rest 参数可以很方便地取到剩余参数。

```
const myLog = (tag, ...args) => {
  console.log(${tag}: , args)
}
myLog('水果', '火龙果')                    // 水果: ['火龙果']
myLog('零食', '坚果', '杧果干', '辣条')      // 零食: ['坚果', '杧果干', '辣条']
```

上述代码使用"..."声明 rest 参数，并将剩余参数放在一个数组中。

3.1.5　异步编程方案

Promise 是一种应用广泛的现代异步方案，比传统的回调函数更简洁。下面用代码演示如何使用 Promise：

```
const promise = new Promise((resolve, reject) => {
```

```
  Request({
    url: 'http://xxx',
    onSuccess(data) {
      resolve(data)
    },
    onError(err) {
      reject(err)
    },
  })
})
```

在上述代码中，用构造函数 Promise()包裹了一个异步请求方法。当请求成功时，执行 resolve()方法；当请求失败时，执行 reject()方法。

在使用 Promise 实例时，会根据异步任务的执行结果触发以下方法。

- then()：Promise 内部的 resolve()方法执行时触发。
- catch()：Promise 内部的 reject()方法执行时触发。
- finally()：异步任务完成即触发，无论成败。

示例如下：

```
// 使用 Promise
promise
  .then(data => {
    console.log(data)
  })
  .catch(err => {
    console.log(err)
  })
  .finally(() => {
    console.log('完成')
  })
```

这是 Promise 最基本的用法，在前端请求接口时经常能见到。

除此之外，还可以让一组 Promise 并行请求，主要用到如下两个方法。

- Promise.all()：全部请求完成触发 then()方法。
- Promise.race()：最快的一个请求完成触发 then()方法。

Promise 并行请求的代码如下：

```
var promise1, promise2 = new Promise(...)
```

```
Promise.all([
  promise1, promise2
]).then([res1, res2]=> {
  console.log(res1, res2)
})
Promise.race([
  promise1, promise2
]).then(res => {
  console.log(res)
})
```

Promise 方案的升级版是 async/await，它们是 Promise 的语法糖，但编写起来是完全同步的感觉。

```
const getRes = async () => {
  try {
    let res = await fetch('http://xxxxx.json')
    console.log(res)
  } catch (error) {
    console.log(error)
  }
}
```

在上述代码中，fetch()方法是一个 Promise，加上关键字 async 和 await 后就可以像同步代码一样编写。它的返回值 res 是执行成功后的返回值，如果发生异常就会被 catch 捕获到。

因此，使用 async/await 代替 Promise 时，务必要包裹一条 try...catch 语句。

3.1.6　模块体系

早期的 JavaScript 中并没有模块化的功能，所以代码难以分块隔离，更不能实现导入/导出。最早大规模引入模块系统的是 Node.js。

```
const path = require('path')
var json = {
  path: path.resolve(__dirname),
}
module.export = json
```

在上述代码中，开头用 require 导入一个模块，结尾用 module.export 导出一个模块。这样的模块之间相互隔离，导入和导出支持模块间的复用。这套模块方案被称为 CommonJS。

ES6 并没有沿用 CommonJS，而是创造了自己的模块方案，即 ESModule（以下简称 ESM），实现方式如下：

```
import util from './util.js'
var json = {
  path: util.getPath(),
}
export default json
```

从代码来看，ESM 与 CommonJS 并无二致，只是关键字不一样。实际上，ESM 还有许多功能，如可以导出模块的变量：

```
// a.js
export const name = '大闸蟹'
export const getAttr = () => {
  return name
}
// b.js
import { name, getAttr } from './a.js'
console.log(name)                    // 大闸蟹
console.log(getAttr())               // 大闸蟹
```

在上述代码中，并没有直接导出模块，而是导出模块内的变量。使用时可以直接导入这些变量。

上述代码中的 a.js 可以换一种写法，以实现完全相同的效果，并且 b.js 也可以为变量指定别名。代码如下：

```
// a.js
const name = '大闸蟹'
const getAttr = () => {
  return name
}
export default { name, getAttr }
// b.js
import { name as my_name, getAttr as myFun } from './a.js'
console.log(my_name)                 // 大闸蟹
console.log(myFun())                 // 大闸蟹
```

■ 提示　ESM 已经成为 JavaScript 模块化主流方案，会逐渐取代 CommonJS，成为浏览器和服务器通用的模块解决方案。

上述所有 import 关键字都会在编译时确定模块的依赖关系，因此 import 模块导入必须放在顶层。

在实际场景中，有时希望可以根据条件动态导入模块。例如，在单击按钮时动态导入一个 JSON 文件，此时使用 import 关键字就做不到。

为了解决这个问题，ES2020 引入了 import() 函数，支持动态加载模块。示例如下：

```
if (true) {
  import('./xx.json').then(json => {
    console.log(json)
  })
}
```

后续在介绍框架路由时，路由组件就是用 import() 函数动态导入的。

3.2　Node.js：服务端的 JavaScript

Node.js 诞生于 2009 年，是基于 Chrome V8 引擎的 JavaScript 运行时。

> **提示**　所谓运行时，其实是一种运行环境。JavaScript 目前有两种运行环境，一种是浏览器环境，另一种是 Node.js 环境。

在浏览器环境中，JavaScript 可以操作 DOM，具有 Document、Window 等浏览器对象。而在 Node.js 环境中，JavaScript 具有系统访问权限（如操作文件、执行 shell 命令），可以提供后端服务（如操作数据库、运行 Web 服务器），这些实现起来非常容易。

3.2.1　Node.js 基础

简单来说，Node.js 就是服务端的 JavaScript。下面从安装到使用逐一介绍 Node.js 的基本功能。

1. 安装 Node.js

可以通过多种方式安装 Node.js，最简单的方式是在官网上下载安装包。

打开 Node.js 官网的下载页面，选择长期支持版本，下载对应的平台安装包即可，如图 3-1 所示。

图 3-1

Node.js 的版本升级比较快，所以不建议使用老版本。截至 2023 年 7 月，最新稳定版是 Node.js 18，实际使用中至少需要 Node.js 16 及以上的版本。如果已安装低于 Node.js 16 的版本，那么建议升级到最新稳定版。

在安装 Node.js 之后，打开命令行界面，输入"node -v"，控制台会打印出版本号：

```
$ node -v
v18.17.0
```

此时，Node.js 已经安装好。安装完成后 Node.js 会作为系统命令（node）存在，该命令的作用就是创建 Node.js 运行环境。

2. node 命令

学习 Node.js 的第一步就是了解 node 命令。

使用 node 命令创建 Node.js 环境有以下两种方式。

- 运行脚本文件。
- 使用命令行交互（REPL）。

最常用的是运行脚本文件。创建一个 app.js 文件，编写如下代码：

```
// app.js
const path = require('path')
console.log(path.resolve(__filename))
```

打开命令行工具，切换到 app.js 文件所在的文件夹下，执行如下命令：

```
$ node app.js
/usr/local/var/app.js  # app.js 文件的地址
```

可以看到，在 node 命令后面跟一个文件名并执行，首先会创建一个 Node.js 运行环境，然后在这个环境中执行对应的文件。上述 app.js 文件被执行，打印出文件的绝对路径。

能否将创建 Node.js 环境和运行代码这两步分开呢？当然可以，命令行交互（REPL）就是一种先创建 Node.js 环境，再在该环境中编写和执行代码的方式。在终端中直接运行 node 命令，不加任何参数，即可进入 REPL 模式，如下所示：

```
$ node
>
```

上面的符号 ">" 表示已经进入 REPL 模式，等待输入内容。此时可以输入任意 Node.js 代码，输入完成后按 Enter 键，代码会自动执行，与浏览器开发者工具中的控制台基本一致。

在 REPL 模式下编写一个全局对象 global，结果如下：

```
$ node
> global
<ref *1> Object [global] {
  global: [Circular *1],
  clearInterval: [Function: clearInterval],
  clearTimeout: [Function: clearTimeout],
  setInterval: [Function: setInterval],
}
```

这里会列出全局对象下的所有属性。REPL 模式对于学习和测试 Node.js 代码非常有用，不仅可以快速查看某个对象或执行某个函数，还支持智能提示和 Tab 键自动补全。

3. 命令参数

使用 node 命令运行脚本文件还可以传递参数，以及在文件中接收参数，脚手架的很多功能就是基于此特性实现的。

Node.js 中有一个内置的 process 对象表示当前运行的进程，还有一个 argv 属性专门用来接收参数。先将 app.js 文件中的内容修改为如下形式：

```
// app.js
var argv = process.argv
console.log('参数：', argv)
```

再通过以下命令执行文件并传递参数：

```
$ node app.js tag=test name=node
参数：['/usr/local/bin/node', '/usr/local/var/app.js', 'tag=test', 'name=node']
```

由上述打印结果可以看出，process.argv 的值是一个数组。数组的第 1 项是 node 命令的路径，第 2 项是所执行文件的路线，从第 3 项开始才是真正的参数。因此，获取参数的代码可以修改为如下形式：

```
// app.js
var argv = process.argv.slice(2)
console.log('参数：', argv)
```

4. 模块系统

Node.js 自带模块系统，一个文件就是一个单独的模块，通过 CommonJS 规范可以实现模块之间的导入和导出。

CommonJS 规范使用 require()方法导入模块，使用 module.exports 对象暴露模块中的变量和方法。假设现在有两个文件（a.js 和 b.js），它们之间的引用方式如下：

```
// a.js
var config = {
  name: '西兰花',
}
module.exports = config
// b.js
var config = require('./a.js')
console.log(config) // 西兰花
```

先在 a.js 文件中显式地用 module.exports 导出一个对象，再在 b.js 文件中导入模块并获取该对象。如果在 a.js 文件中没有显式地导出，那么当 a.js 文件被引入时，只会执行 a.js 文件中的代码逻辑，如下所示：

```
// a.js
var tag = 'a.js'
console.log(tag)
// b.js
var amd = require('./a.js')
console.log('导入内容:', amd)
```

执行 b.js 文件，查看输出：

```
> node b.js
a.js
导入内容: {}
```

由上述代码可知，在被导入的模块没有显式导出内容时，导入的结果是一个空对象，但模块中的代码正常执行（打印 a.js 文件）。

在模块中，全局作用域下的 this 指向会发生变化。下面对比在控制台（REPL）和模块中 this 指向的区别，代码如下：

```
// REPL 模式
$ node
> this
<ref *1> Object [global] {...}
```

```
// app.js
this.name = "app";
console.log(module.exports);
// 执行 app.js 文件
$ node app.js
{ name: 'app' }
```

可以看出，在控制台（REPL）中 this 指向全局对象 global，而在模块中 this 指向 module.exports 对象。

3.2.2　Node.js 的内置模块

Node.js 由各种各样的软件包组成，这些软件包统称为模块。Node.js 中的模块分为以下两大类。

- 内置模块。
- 第三方模块。

内置模块不需要单独安装，直接导入即可使用。Node.js 的系统能力几乎都被封装在一个个的内置模块中，如前面使用的 path 模块就是一个典型代表。

下面介绍常用的内置模块。

1. path 模块

path 模块用于对路径和文件进行处理。在 macOS、Linux 和 Windows 3 种系统中，路径的表示方法并不一致。在 Windows 系统中使用"\"作为分隔符，而在 Linux 系统中使用"/"作为分隔符。

path 模块就是为了屏蔽它们之间的差异，提供统一的路径处理，并支持路径拼接等功能。

path 模块常用的 API 如下。

- path.join()：将多条路径连接起来，生成一条规范化的路径。
- path.resolve()：将一条或多条路径解析成规范化的绝对路径。

这里的规范化指的是对于符合当前平台的路径，path 模块会自动识别并处理，示例如下：

```
const path = require('path')
path.join('./', 'test.js')           // test.js
path.resolve('./', 'test.js')        // /usr/local/var/test.js
```

在前端工程化项目的配置中，经常使用 path.resolve()方法解析绝对路径。

2. fs 模块

fs 模块是文件系统模块，封装了文件操作的能力。使用 fs 模块可以实现文件的创建、修改和删除。

使用脚手架生成代码的底层原理就是用 fs 模块实现文件夹和文件的创建。下面演示如何读取文件：

```
const fs = require('fs')
fs.readFile('/Users/local/test.txt', 'utf8', (err, data) => {
  console.log('文件内容: ', data)
  // data 就是文件内容（字符串）
})
```

上述代码通过 readFile()方法读取一个文件，第 1 个参数用于表示文件地址，第 2 个参数用于指定文件编码，第 3 个参数用于表示执行结果的回调函数。

文件操作是典型的异步操作，所以需要在回调函数中获取文件数据。其实，fs 模块还提供了对应的同步操作 API，示例如下：

```
try {
  const data = fs.readFileSync('/Users/local/test.txt', 'utf8')
  console.log('文件内容: ', data)
} catch (err) {
  console.error(err)
}
```

fs 模块的每个异步操作 API 都有对应的同步操作 API，下面统一用同步操作 API 来编写代码示例。fs 模块写入文件的方法如下：

```
const fs = require('fs')
try {
  let content = '我是文件内容'
  fs.writeFileSync('/Users/local/test2.txt', content)
} catch (err) {
  console.error(err)
}
```

在默认情况下，此 API 会替换文件的内容。若文件不存在，则创建新文件。

除了读取文件和写入文件，还有一个常用的操作，即检查文件状态。检查某个文件是否存在、获取文件大小都可以通过 fs.stat()方法来实现，如下所示：

```
const fs = require('fs')
try {
  let stats = fs.statSync('/Users/joe/test.txt')
  stats.isFile()                    // 是否是文件
  stats.isDirectory()               // 是否是文件夹
  stats.size                        // 文件大小
} catch (err) {
  console.error(err)
}
```

3. http 模块

http 模块提供了极其简单的方式来创建 HTTP Web 服务器，示例如下：

```
const http = require('http')
const server = http.createServer((request, response) => {
  response.statusCode = 200
  response.end('hello world')
})
server.listen(3000, () => {
  console.log('server address: http://localhost:3000')
})
```

上述代码通过 http.createServer()方法创建了 http 服务器，设置的响应码为 200，响应数据为 "helloworld"，并且通过监听 3000 端口来访问该服务器。

先把代码放到 index.js 文件中，再把 index.js 文件运行起来：

```
$ node index.js
server address: http://localhost:3000
```

此时打开浏览器，输入 "http://localhost:3000"，可以看到网页中显示的是 "hello world"，如图 3-2 所示。

图 3-2

http.createServer()方法的回调函数有 2 个参数，第 1 个参数是请求对象 request，第 2 个参数是响应对象 response，它们是 http 服务器的核心。

请求对象 request 包含详细的请求数据，即前端调用接口传递过来的数据。通过 request 对象可以获取请求头、请求地址和请求方法等，代码如下：

```
const { method, url, headers } = request
// method：请求方法
// url：请求地址
// headers：请求头
```

响应对象 response 主要用于响应相关的设置和操作。响应是指在处理完客户端的请求后，如何给客户端返回结果，主要包括设置响应状态码和响应数据，代码如下：

```
// 设置状态码
response.statusCode = 200
// 设置响应头
response.setHeader('Content-Type', 'text/plain')
// 发送响应数据
response.end('这是服务器的响应数据')
```

为了更好地处理请求和响应，很多成熟的框架基于 http 模块进行改造（如 Express），由此可以提供更强大的 Web 服务器功能。

3.2.3 Npm 包管理

前面介绍了内置模块，本节主要介绍 Node.js 的第三方模块，即 Npm 软件包。

Npm 是全世界最大的包管理器，托管了超过 35 万个第三方软件包。对于 JavaScript 开发者来说，几乎所有需求都有合适的 Npm 包解决方案。

在安装 Node.js 之后，除了可以生成 node 命令，还可以生成 npm 命令。在控制台上检测 npm 命令：

```
$ npm -v
9.1.6
```

npm 命令用于便捷地管理 Npm 托管的第三方软件包，并且使用不同的参数实现不同的功能。Npm 包的依赖信息记录在 package.json 文件中。

> 📖 提示　软件包是一些较为独立的代码库。当在项目中使用时，它们也被称为依赖包。项目需要的依赖包定义在 package.json 文件中，大量的依赖包以模块的形式存在，允许在项目中导入使用。

因此，在安装一个第三方软件包之前，需要先初始化一个 package.json 文件。初始化文件只需要使用如下命令：

```
$ npm init
```

使用该命令会启动 REPL 模式，提示输入必要的信息，最终会生成 package.json 文件。

1. Npm 包的基础命令

npm 命令主要用于添加、安装和删除模块。假设要在一个 Node.js 项目中安装第三方软件包 axios，可以使用如下命令：

```
$ npm install axios
```

执行上述命令后，在 package.json 文件中会加入以下依赖标识：

```
{
  "dependencies": {
    "axios": "^0.27.2"
  }
}
```

与此同时，在当前目录下还会生成 node_modules 文件夹，这个文件夹中存放的是所有的第三方软件包，安装的 axios 包也在这个目录下。

另一个自动生成的文件是 package-lock.json，这个文件用于依赖包的版本锁定，开发者无须关注。

安装 axios 包后，在项目中导入该模块并使用：

```
const axios = require('axios')
axios.get('...')
```

每个 Npm 软件包都有确定的版本，在软件包更新时会升级版本号，此时使用者也可以将 Npm 软件包升级到最新的版本。同样使用 npm 命令来升级：

```
$ npm update axios
```

假设现在不再需要 axios 包，开发者也可以快速将其移除：

```
$ npm uninstall axios
```

上面提到的添加、更新和删除依赖包只针对当前项目，因此属于本地安装。npm 命令还支持全局安装依赖包，安装完成后可以在任意位置使用。全局安装只需要加上一个参数-g 即可。示例如下：

```
$ npm install -g axios
```

全局安装的依赖包不会存储在当前目录的 node_modules 文件夹下，那么会安装到哪里呢？可以使用 npm 命令获取全局依赖包的安装位置：

```
$ npm root -g
/usr/local/lib/node_modules
```

更新和删除全局依赖包与上面的原理相同，只需要加上参数-g 即可。

其他常见的 npm 命令如下。

- npm update：更新所有依赖包。
- npm list：查看安装的依赖包。
- npm install：安装所有依赖包。
- npm install [pkgname]:[version]：安装某个固定版本的模块。

2. package.json 文件解析

package.json 文件是项目的清单，不仅可以记录第三方软件包的依赖，还包括很多项目配置信息，以及一些命令的定义。下面介绍几个重要的配置项。

- name：应用程序/软件包的名称。
- version：当前版本号。
- description：应用程序/软件包的描述。
- main：应用程序的入口点。
- scripts：定义一组命令。
- dependencies：第三方依赖列表。
- devDependencies：第三方开发依赖列表。

通过 npm init 命令初始化生成的 package.json 文件中的内容，具体如下：

```
{
  "name": "node-demo",
  "version": "1.0.0",
  "author": "you",
  "description": "Node.js项目小样",
  "main": "app.js",
  "scripts": {
    "test": "echo \"this is test command\""
  },
  "dependencies": {
    "axios": "^0.27.2"
  },
  "devDependencies": {},
```

```
    "license": "ISC"
}
```

dependencies 字段和 devDependencies 字段的区别如下：dependencies 字段定义的是项目的第三方依赖，是项目本身运行所需要的模块；devDependencies 字段定义的是开发环境中需要的依赖，一般都是编译构建工具、类型工具（如 Webpack、TypeScript 等），这些工具不会在生产环境中使用。

安装模块时默认会作为 dependencies 字段安装，如果要安装到 devDependencies 字段中，只需要加上参数-D，具体如下：

```
$ npm install axios -D
```

scripts 字段定义了一组命令供 npm 命令调用。例如，上面的代码定义了 test 命令，在控制台中即可按照如下形式使用：

```
$ npm run test
this is test command
```

然而大多数脚手架中最常见的用法是将执行命令的逻辑（Node.js 代码）放到一个 JavaScript 文件中。例如，创建一个 dev.js 文件，并编写以下代码：

```
// dev.js
console.log('执行打包逻辑')
```

在 scripts 字段中配置一条 dev 命令，具体如下：

```
{
  "scripts": {
    "dev": "node dev.js"
  }
}
```

在项目目录下打开控制台就可以执行 dev 命令：

```
$ npm run dev
// 执行打包逻辑
```

脚手架中那些耳熟能详的命令（如 npm run dev 和 npm run build）都是通过这种方式来实现的。

3. npx 命令

npx 是 npm:5.2 之后新增的命令，用于运行 Npm 托管的第三方软件包提供的命令。

假设安装了一个 typescript 依赖包，这个包的内部提供了一条 tsc 命令。此时在终端执行 tsc 命令，结果这条命令不存在，应该怎么办呢？

这时 npx 命令就可以派上用场。在项目目录下打开终端，并执行如下命令：

```
$ npx tsc --version
Version 4.6.2
```

执行 tsc 命令，并打印出 typescript 依赖包的版本。

npx 命令是如何找到 tsc 命令并执行的呢？其实，在安装 typescript 依赖包之后，会在 node_modules/.bin 目录下生成一个与命令同名的 tsc 脚本文件，npx 命令找到该命令后执行。因此，以下两条命令的执行效果是一致的：

```
$ npx tsc --version
# 等同于
$ npm node_modules/.bin/tsc --version
# 两条命令都输出版本号
Version 4.6.2
```

此时的 node_modules/.bin/tsc 文件其实是 node_modules/typescript/bin/tsc 脚本文件的一个软链接（可以理解为引用），可以用以下命令查看：

```
$ ls -al node_modules/.bin/tsc
lrwxr-xr-x ... node_modules/.bin/tsc -> ../typescript/bin/tsc
```

因此，通过 npx 命令可以便捷地执行 node_modules/.bin 目录下的命令。

3.2.4　环境与环境变量

Node.js 中一个非常重要的知识点是环境变量。环境变量表示在 Node.js 进程中存储的，可供运行时全局设置和全局访问的特殊变量。

在了解环境变量之前，需要先了解环境是什么。

1. 环境是什么

这里的环境不是大自然的秀丽山川，而是指一种应用程序的运行环境。JavaScript 只能在浏览器和 Node.js 两种环境下运行。事实上，任何编程语言都必须在某种环境下才能运行——环境就是执行代码的地方。

环境由某种应用程序创建，从本质上来说操作系统是一个巨大的应用程序，因此环境一般分为两大类。

- 系统环境：在操作系统（如 linux、macOS）启动后创建。
- 应用环境：在应用程序（如 Node.js）启动后创建。

无论在哪种环境下，都会有一些能在整个环境中访问的值，这些值就是环境变量。因此，环境变量分为系统环境变量和应用环境变量。

在前端工程化项目中，被大量应用的 Node.js 环境变量就属于应用环境变量。

Node.js 环境变量存储在 process.env 对象中。最常用的一个环境变量是 NODE_ENV，表示当前环境，其判断规则如下：

```
process.env.NODE_ENV == 'development'  // 开发环境
process.env.NODE_ENV == 'production'   // 生产环境
```

应用环境变量可以设置，也可以获取，变量值能在整个应用程序中访问。

2. 设置环境变量

当 Node.js 应用程序启动后，就可以自定义当前应用的环境变量，示例如下：

```
process.env.baseURL = 'https://api.***.com'
console.log(process.env.baseURL) // 'https://api. ***.com'
```

之后，环境变量 baseURL 就可以在整个应用程序中访问。

在一些特殊场景下，环境变量需要是动态的，但是源码不可修改。例如，一个打包好的应用程序在运行时才会指定环境变量，这时需要借助系统环境变量。Node.js 可以读取系统环境变量，但不能设置。

系统环境变量定义在当前系统用户的配置文件中，不同的计算机系统（Windows 或 Mac）有不同的设置方式。假设添加了一个名为 BASE_URL 的系统环境变量，保存后即可在 Node.js 中通过 process.env.BASE_URL 进行访问。

3.3　TypeScript：支持类型的 JavaScript

TypeScript 是 JavaScript 的超集，在 JavaScript 已有功能上扩展了类型系统，可以说 TypeScript 是支持静态类型的 JavaScript。

TypeScript 由微软公司开发，首次出现于前端框架 Angular.js 中，随后成为风靡前端的热门技术。到目前为止，TypeScript 已经广泛应用于现代前端应用开发中。尤其是开源项目，几乎都在用 TypeScript 开发或重写。

TypeScript 可以在浏览器和 Node.js 环境中运行，可以被编译成纯 JavaScript，常与现代编译工具结合使用。因此，TypeScript 还有除类型之外更强大的扩展能力。

3.3.1　应该使用 TypeScript 吗

大多数人在了解 TypeScript 之后，可能会产生一个疑问：我应该使用 TypeScript 吗？在回答这个问题之前，下面先介绍 TypeScript 带来了什么。

1. 静态类型

静态类型是 TypeScript 最关键、最核心的功能，下面先列举一个普通 JavaScript 变量的例子：

```
var name = '奥特家族'
name = false
```

在上述代码中，变量 name 是一个字符串，在 JavaScript 中允许将其修改为布尔值 false。下面将上述代码片段修改为 TypeScript，结果如下：

```
var name: string = '奥特家族'
name = false  // 错误：不能将 boolean 类型分配给 string 类型
```

因为变量 name 指定了类型为 string，也就限定了这个变量的值只能是 string 类型的。如果将变量 name 修改为非 string 类型的值，TypeScript 就会在代码执行前抛出异常，这就是静态类型检测。

静态类型检测大大避免了在开发中因为编写不严谨导致的错误，保证了前端应用的健壮性。

2. 快捷提示

在使用一些第三方软件包时，经常能看到快捷提示。例如，在对象（软件包的实例）后输入符号"."，编辑器会自动将对象下的属性和方法全部列出来，如图 3-3 所示。

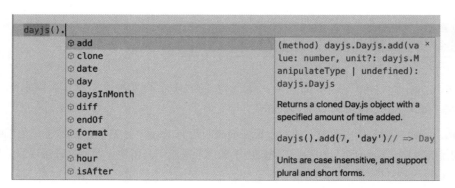

图 3-3

由图 3-3 可以看出，快捷提示不仅列出了所有方法名，还列出了方法的具体用法和作用，这极大地提高了前端开发效率，省去了查阅文档的麻烦。另外，当输入的属性或方法名有错误时，快捷提示会及时发现错误并提示如何修复，这也是 TypeScript 最主要的特性之一。

当然，TypeScript 的快捷提示是否合理、友好，主要在于 TypeScript 类型文件是如何编写的。如果类型文件编写得糟糕，大量使用 any 就会使快捷提示的优势发挥不出来。

3.3.2　常用类型全览

TypeScript 提供了丰富的类型以应对不同的场景。其中最常用的 8 个类型如下。

- string：字符串。
- number：数值。
- boolean：布尔值。
- null：Null。
- undefined：Undefined。
- symbol：Symbol。
- type[]：数组。
- object：对象。

这 8 个类型分别对应 JavaScript 不同的数据类型，其中的 string、number 和 boolean 是最基本且使用得最多的类型，下面以这 3 个类型举例。

1. 基本类型

为变量指定类型非常简单，只需要在变量名后面添加 ":类型" 即可，代码如下：

```
var name: string = '孙悟空'
var age: number = 100
var isgod: boolean = true
```

null 和 undefined 在 JavaScript 中是两个基本值，在 TypeScript 中又是两个类型。因此，null 和 undefined 既是类型又是值，它们的类型就是值本身，代码如下：

```
var age: null = null
var name: undefined = undefined
var isgod: boolean = null // 错误：不能将 null 类型分配给 boolean 类型
```

在 JavaScript 开发中，通常将一个对象的初始值设置为 null，因此可以将 null 作为任意数据类型的初始值使用。但 TypeScript 对类型有严格的限制，如果要将 null 赋值给其他类型，就需要在配置文件 tsconfig.json 中的 compilerOptions 选项下添加一条配置：

```
"strictNullChecks": false
```

ES6 新增了一个基本类型，即 Symbol，与 TypeScript 中的 symbol 类型对应，代码如下：

```
var smb: symbol = new Symbol('标志')
```

2. 引用类型

在 JavaScript 的数据类型中，除了基本类型，其他都是引用类型。引用类型使用得最多的是数组、对象和函数。

（1）数组是某个或多个类型的集合，有两种定义方式，示例如下：

```
let num1: number[] = [1, 2, 3]
let num2: Array<number> = [4, 5, 6]
```

以上两种定义数组的格式，在开发中推荐使用第一种。上述代码定义了一个由 number 组成的数组，因此数组类型是 number[]。如果数组项全部是字符串，数组类型就变成 string[]。

数组元素可以是任意类型的，也可以同时包含多个类型。

假设数组的数组项包含字符串和数字，那么数组类型可以使用 "number|string []"（这种用法叫联合类型，后面会介绍）。如果数组项包含任意类型，那么更直接的用法是 "any []"。不过非必要最好不要使用 any，因为这样会丢失一部分类型验证。示例如下：

```
let arr1: number | string[] = [1, 2, '3', '4']
let arr2: any[] = [1, '2', true, null]
```

（2）在 JavaScript 中，对象的概念非常广泛。在一般情况下，引用类型的数据都可以被称为对象。这些广义上的对象类型统一用 object 表示，示例如下：

```
var date: object = new Date()
var fun: object = () => {}
var arr: object = ['object']
```

object 类型虽然能表示对象，但不能区分对象（如区分函数和数组）。object 类型的作用仅仅是区分基本类型和引用类型。将变量设置为 object 类型，其值不可以是基本类型。示例如下：

```
var num: object = 2                // 错误：不能将 number 类型分配给 object 类型
var str: object = 'hello world'  // 错误：不能将 string 类型分配给 object 类型
```

3. 函数类型

函数是一个比较灵活的类型，因为它有参数和返回值。函数类型是由参数类型和返回值类型组成的。下面引入一个基本的无参数且无返回值的函数：

```
// 普通函数
function fun1(): void {
  console.log('这是一个函数')
}
// 箭头函数
```

```
var fun2 = (): void => {
  console.log('这是一个函数')
}
```

关键字 void 也是一个类型，表示函数无返回值。如果函数返回字符串，就用 string 代替 void，其他类型同理。示例如下：

```
var fun = (name: string): string => {
  return '姓名: ' + name
}
```

上述代码中的函数有一个参数 name，其类型为字符串，且函数执行的返回值为字符串。通过为函数添加一些"类型的限定"，就可以知道应该如何使用这个函数。

函数的参数可能是动态的。如果某个参数为必传，某个参数为非必传，此时就需要一个非必传标记。标记方法是在参数名后面加上"?"，示例如下：

```
var fun2 = (name: string, tag?: string): string => {
  return tag || '' + name
}
fun2('你好')
fun2('你好', '中国')
```

可选参数需要放在所有必传参数的后面，因为 JavaScript 的函数参数是按照顺序定位的，如果可选参数在前面就必须传一个占位符，这在 TypeScript 中是不被允许的。

采用上面的方式可以为已有函数指定类型，那么能不能在函数声明之前定义一个完整的函数类型呢？当然可以。下面为一个变量指定函数类型：

```
// 声明变量
var fun: (name: string, tag?: string) => string
// 赋值函数
fun = (arg1: string, arg2?: string) => arg1 + arg2 || ''
```

上述代码中的"(name: string, tag?: string) => string"就是一个完整的函数类型，这个类型与 string、number 并没有本质上的区别。在为某个变量指定该函数类型之后，这个变量就只能赋值为符合该类型的函数。

因为函数类型根据参数和返回值的不同而改变，所以也可以将常用的函数类型设置为一个自定义类型。自定义类型（也叫类型别名）用 type 关键字声明，一些复杂类型非常适合用自定义类型代替，使用时可以减少代码量，示例如下：

```
// 自定义类型
type myFunType = (name: string, tag?: string) => string
// 绑定类型
```

```
var fun: myFunType = (name, tag) => {
  return name + tag
}
```

4. 联合类型

前面介绍的所有类型都是单独类型，实际上某些值并不是只有一个类型，可能是多个类型的组合，如既可以是 string 又可以是 number，这时就需要使用联合类型。

联合类型用符号 "|" 将多个类型连接起来，使用非常简单，示例如下：

```
var val1: string | number = ' '
var val2: object | null = null
```

联合类型表示某个值可能有多个类型。在使用联合类型时，TypeScript 只会将多个类型的共有属性看作值的属性，如果不是共有属性，那么 TypeScript 会提示错误（方法与属性同理）。示例如下：

```
var val3: string | number = 'hello'
console.log(val3.toString())
console.log(val3.length) // 错误：number 类型不存在 length 属性
```

上述代码中的值是字符串，但是类型是字符串与数值的联合类型。toString()是字符串与数值共有的方法，因此不会报错。但是只有字符串有 length 属性，数值没有，因此 TypeScript 类型验证不通过。

然而变量值本来就是字符串，因此 length 属性一定存在。此时需要告诉 TypeScript，变量 val3 只能是 string 类型的，不会是 number 类型的。这种为变量"强制指定某个类型"的方式叫作类型断言。

类型断言是通过关键字 as 来实现的。在上面代码中报错的地方添加类型断言，具体的变化如下：

```
var val3: string | number = 'hello'
let length = (val3 as string).length
console.log(length) // 5
```

在添加类型断言之后，变量 val3 的类型被当作 string，代码正常运行。需要注意的是，只有在非常确定数据类型的情况下才使用类型断言，否则还是交由 TypeScript 判断。

3.3.3　接口与泛型

引用数据类型用 object 表示，是数组、对象和函数等所有非基本数据类型的统称。JavaScript 中狭义的对象是指 JSON 对象，JSON 对象的类型可以用 object 来表示。

实际上，需要通过类型来了解 JSON 对象有哪些属性，属性值的类型是什么，但 object 类型无法提供这些功能，因此还需要其他的类型。

1. 接口

TypeScript 提供了一个叫作"接口"的类型，用关键字 interface 表示，专门用来设置 JSON 对象的类型。通过 interface 可以定义对象的属性名、属性是否可选和属性值的类型等。示例如下：

```
interface studentType {
  id: number
  name: string
  desc?: string
}
var student: studentType = {
  id: 1,
  name: '小帅',
  desc: '三好学生',
}
```

上述代码中的接口类型 studentType 包含 3 个属性。id 和 name 是必需的，值类型分别是 number 和 string；desc 是可选的，值类型是 string。为变量 student 赋值时必须遵循 studentType 类型的规定，不规范的一律报错。示例如下：

```
var student: studentType = {
  name: '小帅',
} // 错误：缺少属性 id
var student: studentType = {
  id: 1,
  name: '小帅',
  age: 18,
} // 错误：age 不在接口类型 studentType 中
```

使用 interface 的好处在于，在使用一个对象时，可以很清楚地知道对象具有哪些属性。为一个变量指定 interface 类型，在使用这个变量时，编辑器就会自动提示，非常方便。

JSON 数据有可能是多层嵌套的，因此 interface 类型也支持多层嵌套以满足丰富的数据格式的需求。示例如下：

```
interface baseType = {
  value: number,
  label: string
}
interface listType = {
  tag: string,
```

```
  list: baseType[]
}
var citys: listType = {
  tag: '高校',
  list: [
    {
      value: 1,
      label: '清华大学'
    },
    {
      value: 2,
      label: '北京大学'
    },
  ]
}
```

interface 是复杂应用中最重要的类型，几乎可以包含 TypeScript 中的所有类型。因此，在一些公共函数、公共组件中，合理地编写 interface 类型不仅会让应用的健壮性更高，还会使快捷提示更加友好。

2. 泛型

前面介绍了函数的类型是如何定义的。但是在一些特殊的函数中，函数的类型可能并不是某个确定的类型。示例如下：

```
const repeat = value => {
  return value + value
}
repeat(1)                                  // 2
repeat('1')                                // 11
```

这个函数只接收一个参数，并且参数类型只能是 string 或 number。如果是 string 类型的，就将参数字符相连；如果是 number 类型的，就将参数相加。

下面为这个函数添加类型。因为函数的参数是 string 类型或 number 类型的，函数的返回值也是 string 类型或 number 类型的，所以可以使用联合类型来定义。示例如下：

```
const repeat = (value: string | number): string | number => {
  return value + value
}
```

这段代码看似没有问题，但联合类型与实际情况不符。我们期望的结果是函数的参数若为 string 类型则返回 string 类型，函数的参数若为 number 类型则返回 number 类型。代码中定义的类型允许参数为 string 类型时返回 number 类型，显然函数的返回类型不正确。

那怎么办呢？最合适的方案就是使用 TypeScript 中另一个特殊且强大的类型——泛型。

从字面上来看，泛型就是一种宽泛的类型。这么理解也不无道理，因为泛型并不是一个具体的类型，所以可以把它当作一个"类型变量"，或者一个占位符号。在声明泛型时它只是一个符号，表示任何可能的类型，在使用时才会指定具体的类型。

> ◤ 提示　虽然 TypeScript 中的 any 类型也表示任意类型，但它和泛型的区别很大。any 可以直接屏蔽 TypeScript 的类型验证；而泛型是一个类型变量，有严格的类型验证。

泛型一般用字母 T 来表示，下面用泛型代替具体的类型。示例如下：

```
const repeat = <T>(value: T): T => {
  return value + value
}
```

在函数中使用泛型，需要先在圆括号前面使用"<T>"声明一个泛型，然后才能在函数中将泛型当作普通类型来使用。此时泛型 T 的实际类型是未知的，只有在调用函数时才会指定。示例如下：

```
repeat<number>(1)
repeat<string>('1')
```

调用函数时如果将泛型 T 设置为 number 类型，那么函数中所有泛型 T 的部分都会替换为 number 类型，这样就可以实现最开始的需求：函数的参数若为 string 类型则返回 string 类型，函数的参数若为 number 类型则返回 number 类型。

在上面的代码中，repeat 函数使用泛型并没有语法问题，但是函数体内会报错。这是因为泛型可能是任意类型（如函数）的，不可以使用"+"相连。

但我们希望泛型 T 并不代表任意类型，只包含 string 类型和 number 类型就可以。此时需要使用"泛型约束"，将泛型可能的类型做约束，代码修改为如下形式：

```
const repeat = <T extends string | number>(value: T): T => {
  return value + value
}
```

泛型约束很简单，通过 extends 继承某几个类型即可将泛型可能的类型限制在这个范围内。

当然，泛型并不是只有一个，可以指定多个泛型实现更灵活的需求。示例如下：

```
const getArray = <T, U>(val1: T, val2: U): T | U[] => {
  return [val1 + val1, val2 + val2]
}
```

上述代码定义了 T 和 U 两个泛型，相当于两个类型变量，代码逻辑的扩展性更高。

3.3.4 装饰器的妙用

装饰器是一种高阶语法，可以装饰某个数据对象。但装饰器目前只是 ECMAScript 的提案，尚没有标准化，并且在 TypeScript 中也只是试验性功能，需要在配置中开启后才能使用。

开启装饰器的方法：在配置文件 tsconfig.json 中的 compilerOptions 对象下，添加属性 "experimentalDecorators":true 即可。

装饰器是通过"@函数名"定义的，这里的函数叫作"装饰函数"。装饰函数用一个 target 参数表示被装饰的对象，可以在函数内决定如何操作该对象。

> 📢 提示 装饰器不能装饰函数，因为函数存在变量提升。在大多数场景下装饰器被用于装饰类。

关于一个基本的装饰器的代码如下：

```
// 装饰函数
const addTag = target => {
  console.log(target.name)
}
@addTag
class Test {}
```

@addTag 就是一个装饰器，如果将它放在一个对象的前面，代码运行后就会打印出类的名称 "Test"，这就是装饰器的基本作用。

根据被装饰目标的不同，可以将装饰器分为以下两类。

- 类装饰器：用来装饰类。
- 类成员装饰器：用来装饰类的成员（类的属性、方法、方法的参数）。

1. 类装饰器

如果使用装饰器装饰类，就要把装饰器放在紧挨着类的上方，装饰器声明后装饰函数就会被调用。示例如下：

```
const getName = target => {
  target.prototype.nick = '雪球'
}
@getName
class Cat {
  name = '黑仔'
}
```

```
var cat = new Cat()
console.log(cat.name)                    // 黑仔
console.log(cat.nick)                    // 雪球
```

执行上述代码会在控制台上打印"雪球"两个字。这说明通过装饰器，在类的原型对象上创建了新的属性。当然，除了可以修改类本身，还可以基于目标对象做任何操作。

> **提示**　当装饰器装饰类时，装饰函数的 target 参数表示类本身，通过 target.prototype 可以访问类的原型对象。

装饰器的本质就是以被装饰者为参数调用一个装饰函数。装饰函数可以传递参数吗？答案是可以的，但并不是直接传递参数。因为装饰函数有自己的参数（target 或其他属性参数），不可以把自定义参数直接传递给装饰函数，但可以基于闭包用一个工厂函数来实现。

工厂函数是指在函数内部返回另一个函数。可以用工厂函数接收参数，返回一个装饰函数。示例如下：

```
// 工厂函数
const setName = (name: string) => {
  return target => {
    target.prototype.name = name
  }
}
@setName('工厂函数')
```

使用工厂函数接收参数，既不影响装饰函数的参数规则，又实现了装饰器传递参数。

2. 成员装饰器

成员装饰器包括对类的属性、方法和方法的参数等代码块内的元素进行装饰。下面先介绍类的属性应该如何装饰：

```
const setProp = (target, prop) => {
  console.log(target, prop)
}
class Info {
  @setProp
  name: string
}
```

上面的装饰函数有两个参数。

- target：装饰对象，此处是类的原型对象。
- prop：类的属性名。

属性装饰器只能用来判断属性名，不能修改属性，但是可以修改类的原型对象上的属性。

类的方法装饰器与属性装饰器的功能一致，但装饰函数多了一个参数，用来表示属性描述符。使用方法装饰器的示例如下：

```
const setFun = (target, prop, descriptor) => {
  // descriptor 是属性描述符
  descriptor.writable = false
  descriptor.value = () => {
    console.log('齐天大圣')
  }
}
class Info {
  @setFun
  getName() {
    console.log('孙悟空')
  }
}

var info = new Info()
info.getName() // 齐天大圣
```

在上述代码中，类方法 getName()用来打印字符 "孙悟空"，但因为在方法装饰器中修改了属性描述符的 value 属性，也就是修改了方法本身，所以执行 getName() 方法实际的打印结果是 "齐天大圣"。

> 📌 提示　在类中装饰不同的类成员时，装饰函数的 target 参数的含义不同。当装饰静态成员时，target 参数是类本身；当装饰实例成员时，target 参数是类的原型对象。

下面介绍参数装饰器。参数装饰器也有 3 个参数，第 1 个参数和第 2 个参数与方法装饰器的参数一致，第 3 个参数表示参数的索引位置。示例如下：

```
const required = (target, prop, index) => {
  console.log(target, prop, index)
}
class City {
  getAdress = (city: string, @required area: string) => {
    console.log(city + area)
  }
}
```

运行上述代码，required 函数被触发。该函数接收了 3 个参数，分别是类的原型对象、被装饰的方法名、被装饰参数的位置。因此，required 函数体内的打印结果如下：

```
target: {constructor: ƒ}
prop: 'getAdress'
index: 1
```

当然，可以同时指定多个装饰器。在为一个类同时指定多个装饰器时，装饰器按照 "从上到下" 的顺序依次执行。

3.3.5　吃透 tsconfig.json

前面提到了配置文件 tsconfig.json，其实 TypeScript 的所有规则都定义在这个配置文件中。

TypeScript 与其他高级语法一样，浏览器并不认识，需要通过编译器将 TypeScript 代码转换成 JavaScript 代码。TypeScript 的编译器就是 tsc 编译器。

tsconfig.json 文件中的几个主要配置项如下：

```
{
  "compileOnSave": true,
  "include": [],
  "exclude": [],
  "compilerOptions": {}
}
```

前 3 个配置项都是 tsc 编译器的选项，其含义如下。

- compileOnSave：是否在文件保存时自动编译。
- include：指定哪些目录/文件会被编译。
- exclude：指定哪些目录/文件不会被编译。

这 3 个配置项确定了 tsc 编译器需要编译哪些文件；第 4 个配置项 compilerOptions 表示详细的编译规则，并且是重中之重。compilerOptions 配置项包含的属性如下。

- target：编译后的 ES 版本，可选值有 ES3（默认值）、ES5、ES6 和 ESNEXT 等。
- module：编译后的模块标准，可选值有 CommonJS 和 ES6。
- baseUrl：重要，模块的基本路径。
- paths：重要，设置基于 baseUrl 的模块路径。
- allowJs：是否允许编译 JavaScript 文件，默认值为 false。
- checkJs：是否检查和报告 JavaScript 文件中的错误，默认值为 false。
- sourceMap：是否生成.map 文件。
- strictNullChecks：是否严格检查 null 和 undefined。

其中，比较重要且经常被修改的是 baseUrl 属性和 paths 属性。例如，在 Webpack 中配置了一个路径别名 "@/"，但 TypeScript 并不认识这个别名，所以需要在 paths 属性中配置这个别名。

要配置 paths 属性必须先配置 baseUrl 属性，因为 paths 配置的路径是基于 baseUrl 属性的，示例如下：

```
{
  "baseUrl": ".",
  "paths": {
    "@/*": ["src/*"]
  }
}
```

这个配置告诉 TypeScript，路径"@/*"实际指向的地址是"./src/*"，这样 TypeScript 就不会报错。

> 提示 更多关于 compilerOptions 配置项的配置请查阅官方文档。

3.4 本章小结

本章从面向未来 JavaScript 的角度，介绍了 ES6、Node.js 和 TypeScript 这 3 个至关重要的新时代的 JavaScript 高级技能。ES6、Node.js 和 TypeScript 是 JavaScript 的进阶，在现代 JavaScript 开发中已经成为不可或缺的基础技能。

只要掌握好本章的内容，读者就可以成为基础扎实、面向新时代的 JavaScript 开发者。第 4 章和第 5 章介绍一个主流前端框架，带领读者逐步解开框架的神秘面纱。

第 2 篇
掌握一个主流前端框架

第 4 章
Vue.js 3 的基础与核心

每个前端开发者都必须掌握一个应用广泛且功能强大的框架。当下非常流行的三大框架为 Vue.js、React 和 Angular，本章介绍应用非常广泛且容易入门的经典框架——Vue.js。

当前 Vue.js 的版本是 Vue.js 3（简称 Vue 3）。Vue.js 3 在兼容老版本语法的基础上，新增了更多面向未来的扩展性功能。在学习 Vue.js 3 时，读者可以完全使用现代 JavaScript 语法，因此需要先掌握第 2 章和第 3 章介绍的基础内容。如果读者的基础尚不扎实，建议先巩固第 2 章和第 3 章的内容。

如果读者已准备充分，就请开启 Vue.js 3 的学习之旅。

4.1 初识 Vue.js 3

Vue.js 3 是 Vue.js 的第 3 个版本。什么是 Vue.js？

Vue.js 是一款用于构建用户界面的 JavaScript 框架。它是基于标准 HTML、CSS 和 JavaScript 构建的，提供了一套声明式的、组件化的编程模型，可以帮助用户高效地开发用户界面。无论是简单的界面还是复杂的界面，使用 Vue.js 都可以完成。

由上述概念可以提取出两个关键词，分别为声明式和组件化。声明式和组件化是 Vue.js 的核心。Vue.js 使用最贴近 HTML、CSS 和 JavaScript 的语法，并且在此基础上扩展了一套简单的、数据与模板分离的响应式系统，使前端开发效率倍增。

与 jQuery 相比，Vue.js 几乎没有 DOM 操作，完全遵循"数据驱动视图"的思想。开发时只需关注如何定义数据和如何绑定数据，最终通过修改数据即可实现页面更新。另外，Vue.js 使用虚拟 DOM 这最大限度地避免了性能消耗，并且其模板语法与 HTML 相似度极高，学习成本很低。因此，Vue.js 受到很多开发者的欢迎。

Vue.js 3 集简单、好用、性能好、扩展性高等众多优点于一身，是现代框架的典型代表。

4.1.1　声明式渲染

上面提到，Vue.js 的核心之一是声明式。什么是声明式？

声明式是指可以像"声明变量"那样表示页面结构和绑定页面中的数据。Vue.js 基于标准 HTML 拓展了一套模板语法，因此可以声明式地描述最终输出的 HTML 和 JavaScript 状态之间的关系。

下面列举一个简单的例子，代码如下：

```
<div id="demo">{{ message }}</div>
```

上述代码声明了一个 <div> 元素，并用双花括号（{{ }}）包裹数据 message 表示元素内容。在默认情况下，"{{ message }}"只是普通文本，如果要将其变成真实数据，则需要使用 Vue.js 3 提供的 createApp() 方法创建一个 Vue.js 实例：

```
import { createApp } from 'vue'
createApp({
  data() {
    return {
      message: 'hello world',
    }
  },
}).mount('#demo')
```

在上述 Vue.js 实例中，不仅配置了数据，还挂载了元素，将数据和 DOM 关联起来，此时模板代码中的数据绑定就会生效，<div> 元素的内容变成"hello world"。通过这种方式，Vue.js 将视图和数据分离开。

分离是为了通过修改数据来更新视图。在 Vue.js 中，通常通过定义一个方法来修改数据。下面在 Vue.js 实例的配置中添加 update() 方法：

```
createApp({
  data() {
    return {
      message: 'hello world',
    }
  },
  methods: {
    update() {
      this.message = '你好全世界'
    },
  },
})
```

在模板上添加一个单击事件，触发上面定义的 update()方法，代码如下：

```
<div id="demo" @click="update">{{ message }}</div>
```

此时单击文字"hello world"就会变成"你好全世界"，效果如图 4-1 所示。

你好全世界

图 4-1

由上述结果可以看出，DOM 的内容是随着数据的变化而变化的，这一切都归功于 Vue.js 实例将元素和数据进行绑定，从而形成一套响应式系统。

4.1.2 组件系统

组件化是 Vue.js 的另一个核心。组件可以将庞大的项目工程拆分为独立的模块，从而降低代码的耦合性。一些公共的 UI 或逻辑也可以拆分为公共组件在多处复用。虽然组件之间默认互相隔离，但是可以在组件之间共享数据。

在不同类型的项目中，组件是以不同的形式存在的。Vue.js 的两种集成方式如下。

- 普通项目集成：在 HTML 中直接引入 vue.js 文件。
- 工程化项目集成：通过 npm 命令安装 Vue.js 模块。

在普通项目中，引入 vue.js 文件后会添加一个名为 Vue.js 的全局变量。使用该变量初始化 Vue.js 实例，并在配置中注册组件，代码如下：

```
<script src="https://unpkg.com/vue@3/dist/vue.global.js"></script>
<script>
  const { createApp } = Vue
  createApp({
    components: {
      TestCom: {
        template: '<h3>{{name}}</h3>',
```

```
        data() {
          return { name: '自定义组件' }
        },
      },
    },
  })
</script>
```

在上述代码中添加了一个 TestCom 组件，并在该组件中配置了模板和数据。在使用组件时，会将组件名转换成小写形式，驼峰处用 "−" 连接，变成一个自定义元素<test-com>添加在页面中，页面就会渲染出该组件的内容。

> 📢 提示　当组件复杂时，这种定义在一个对象内且用字符串表达模板的方式显然不够友好。

在工程化项目中，因为有编译能力，所以 Vue.js 选择了一种更友好的方案，即将组件提取到一个单独的文件中。该文件以.vue 为后缀，因此被称为单文件组件（简称 SFC）。单文件组件有利于组件的拆分和单独管理，可以采用更灵活的方式组合应用组件。

创建一个单文件组件 HelloWorld.vue，将 4.1.1 节中的实例代码修改为单文件组件，代码如下：

```
<template>
  <div id="demo" @click="update">{{ message }}</div>
</template>
<script>
export default {
  name: 'HelloWorld',
  data() {
    return {
      message: 'hello world',
    }
  },
  methods: {
    update() {
      this.message = '你好全世界'
    },
  },
}
</script>
<style>
#demo {
  font-size: 16px;
}
</style>
```

由上面的代码可以看出，组件的代码结构从整体上来看可以分为 3 个区域。

- <template></template>：模板区域。模板区域是前面介绍的基于 HTML 的模板代码。在模板中声明式地绑定数据，表示最终的页面结构。
- <script></script>：JavaScript 区域，主要负责导出一个 Vue.js 实例配置，提供模板中需要的数据和方法等。
- <style></style>：样式区域，是普通的 CSS 代码，用来修饰模板的样式。

这 3 个区域层次分明，有助于快速构建页面。

提示 在定义组件时，组件名一般都使用驼峰式写法。在 Vue.js 模板中为了保持格式统一，支持将组件名称自动转换为小写形式，多个单词之间用符号 "-" 分隔。以下两种写法在模板中都是一样的：

```
<HelloWorld msg="Hello Vue 3 " />
<hello-world msg="Hello Vue 3 " />
```

4.2 Vue.js 的基础概念

通过学习 4.1 节，读者可以基本了解 Vue.js 3，即了解它的响应式特性和组件系统。本节从基础概念和 API 入手，完整地介绍 Vue.js 3 框架。

4.2.1 状态与方法

Vue.js 基于"数据驱动视图"思想实现框架运行的基本逻辑。能够驱动视图变化的数据被称为状态。

在 Vue.js 中，状态被定义在 data()方法返回的对象中。常见的用法是在单文件组件中定义状态，此时的状态只对该组件有效，因此也被称为局部状态。局部状态是在组件初始化时创建的，并且将状态挂载到组件实例上，因此可以在组件实例中通过 this 访问状态。

下述代码中的 created()方法在组件初始化之后执行（后面会介绍）。在 created()方法中通过 this 访问状态的值。

```
export default {
  data() {
    return {
      count: 1,
      tag: '数量',
```

```
    }
  },
  created() {
    console.log(this.tag, this.count) //数量1
  },
}
```

状态可以直接被绑定到模板中，在模板中不需要使用 this，直接绑定状态名即可：

```
<template>
  <h2>{{ tag }}</h2>
  <h3>{{ count }}</h3>
</template>
```

当修改状态时，通常通过 methods 属性定义方法。methods 属性下包含组件的所有方法：

```
export default {
  data() {
    return {
      count: 1,
      tag: '数量',
    }
  },
  methods: {
    changeCount() {
      this.count = 2
    },
    changeTag() {
      this.tag = '长度'
    },
  },
}
```

与状态一样，方法也是通过 this 访问的。方法是修改状态的媒介。在定义好方法之后，可以在实例中调用它，也可以在模板中调用它：

```
export default {
  methods: {
    changeCount() {
      this.count = 2
    },
    change() {
      this.changeCount()
    },
```

```
  },
  created() {
    this.changeCount()
  },
}


<template>
  <button @click="changeCount">修改数量</button>
</template>
```

需要注意的是，Vue.js 将 methods 属性下所有方法内的 this 都指向组件实例，以确保 this 在任意情况下的指向都是正确的。因此，在 methods 属性下定义方法时不可以使用箭头函数（如以下代码所示），因为箭头函数的 this 会指向父元素，这可能会导致指向错误。

```
// 错误示例
export default {
  methods: {
    change: () => {
      this.count = 2
    },
  },
}
```

4.2.2 条件与列表

在模板的动态渲染中经常用到条件渲染和列表渲染，这就会涉及 Vue.js 的另一个知识点——指令。在 Vue.js 模板中，以 "v-" 开头的属性被称为指令。指令是一种特殊的属性，用于控制如何渲染元素。Vue.js 提供了许多内置指令来实现不同的功能。

1. 条件渲染

内置指令 v-if 用于按照条件渲染一部分内容。条件可以是一个状态，也可以是一个表达式，只有当表达式的值为 true 时才渲染内容，否则不渲染内容。示例如下：

```
<span v-if="bool">A</span>
<span v-if="tag == 'ok'">B</span>

data() {
return { bool: true, tag: 'ok' }
}
```

与 v-if 指令搭配使用的有 v-else、v-else-if，这些指令都对应 JavaScript 中的 if/else 表达式。示例如下：

```
<span v-if="status == 1">已成功</span>
<span v-else-if="status == 0">未成功</span>
<span v-else>出现异常</span>
```

这些指令的逻辑可以用 JavaScript 表达。示例如下：

```
var = status = 'xxx'
if(status==1) {
  return '已成功'
} else if(status==0) {
  return '未成功'
} else {
  return '出现异常'
}
```

与 v-if 指令非常相似的指令是 v-show。v-show 指令的作用是控制元素是否显示，当表达式的值为 true 时会显示元素。示例如下：

```
<span v-show="is_show">我已显示</span>
```

v-if 指令与 v-show 指令的区别如下。

- v-if 指令用于控制渲染。当表达式的值为 true 时，元素会被渲染到浏览器上；反之，元素不会被渲染。
- v-show 指令用于控制显示。不管表达式的值是什么，元素都会被渲染。但 v-show 指令会通过表达式的值来修改 CSS 的 display 属性。

📌提示　总的来说，v-if 指令具有更高的切换开销，而 v-show 指令具有更高的初始渲染开销。因此，如果绑定的状态需要频繁切换，那么使用 v-show 指令比较好；如果状态很少改变，那么使用 v-if 指令更合适。

2. 列表渲染

内置指令 v-for 用于将一个数组渲染成元素列表。v-for 指令与 JavaScript 中的 for 循环的逻辑基本一致。示例如下：

```
data() {
  return {
    lists: [
      { id: 1, name: '西瓜' },
      { id: 2, name: '香蕉' }
    ]
  }
}
```

```
<ul>
  <li v-for="(item,index) in lists">
    {{index}}: {{ item.name }}
  </li>
</ul>
```

v-for 指令的表达式格式为"(item,index) in lists"。其中，lists 表示源数组，item 和 index 分别表示数据项和对应的索引。上述代码渲染后的结果如下：

```
<ul>
  <li>0：西瓜</li>
  <li>1：香蕉</li>
</ul>
```

值得注意的是，v-for 指令还支持直接遍历对象。v-for 指令会自动调用 Object.keys()方法转换对象，得到属性名和属性值。示例如下：

```
var json = {
  name: 'sofa',
  seats: 5,
  color: 'orange',
}

<li v-for="(value,key) in json">
  {{key}}: {{ value }}
</li>
```

因为虚拟 DOM 的缘故，所以在使用 v-for 指令时必须指定一个唯一的 key 属性来保证最高效率的更新，示例如下：

```
<li v-for="(item,index) in lists" :key="item.id">
  {{index}}: {{ item.name }}
</li>
```

key 属性建议使用每个数组项中的唯一值，不建议使用索引。

4.2.3 模板语法

前面介绍了在模板中绑定数据、使用指令。模板中还有很多其他的语法，下面依次介绍。

1. 绑定 HTML

在模板中使用双花括号"{{}}"绑定数据，这种方式只能渲染文本，不能渲染 HTML。若想插入 HTML，则需要使用 v-html 指令：

```
return {
  content: '<span>文本内容</span>'
}
<div>{{content}}</div>                    // 渲染为字符串
<div v-html="content"></div>              // 渲染为 DOM 元素
```

2. 绑定属性

在模板中数据是动态的，我们希望属性（如 class）也可以动态指定。常见的需求是通过动态切换 class 类名来实现 UI 变化。

使用 v-bind 指令来实现属性的动态绑定，一般使用三目运算符，示例如下：

```
<div v-bind:class="active?'menu active':'menu'">菜单</div>
```

因为 v-bind 指令比较常用，所以 Vue.js 提供了特定的简写语法：

```
// 将 "v-bind:" 简写为 ":"
<div :class="active?'menu active':'menu'">菜单</div>
```

特殊情况是，当 v-bind 指令绑定的值为布尔类型时，会控制属性是否显示。如果值为假值（false、null、undefined），那么属性会被移除。示例如下：

```
return {
  disabled: false
}
<button :disabled="disabled">菜单</div>
```

如果元素上需要绑定的属性非常多，Vue.js 还提供了更便捷的方法，即绑定对象。将所有属性写在一个对象内，如以下代码所示，v-bind 指令会自动解析：

```
return {
  attrs: {
    id: 'main',
    class: 'content'
  }
}
<button v-bind="attrs">菜单</div>
```

3. 表达式

无论是双花括号语法还是指令，Vue.js 都支持绑定状态或表达式。表达式发挥了 JavaScript 的作用，使绑定更加灵活。表达式有以下几种常见的形式。

- 三目运算符。
- 数据处理函数。

- 自定义函数。

这几种形式必须返回一个值，否则表达式不成立。示例如下：

```
<div class="container">
  <p>{{msg.length>3?'标准':'偏少'}}</p>
  <p>{{msg.split(' ').join('-')}}</p>
  <p>{{showMsg(msg)}}</p>
</div>
data() {
  return {
    msg: 'you are brave'
  }
}
methods: {
  showMsg(str) {
    if(!str) {
      return 'no msg'
    } else {
      return 'msg: '+str
    }
  }
}
```

4.2.4　计算属性与监听器

在 Vue.js 中，经常需要在某些状态发生变化后处理一些其他事情，这时就需要使用计算属性和监听器来实现。

1. 计算属性

计算属性的本质是依据某个状态返回一个新值。当模板中需要使用较为复杂的表达式时，将表达式提取为一个计算属性非常合适。

假设现在有一个商品列表数据，如果需要展示商品列表的总价，可能会按照如下形式实现：

```
export default {
  data() {
    return {
      lists: [
        { name: '鸡蛋', price: 3.5 },
        { name: '西红柿', price: 5.5 },
        { name: '黄瓜', price: 6 },
```

```
    ]},
    totalPrice: 0
  }
}
methods: {
  getPrice() {
    this.totalPrice = this.lists.reduce((a,b)=> a+b.price, 0)
  }
}
```

在上述代码中，用状态 totalPrice 表示总价，并且在一个方法内计算总价。这样做的弊端是，当商品数据发生变化时，需要手动调用该方法重新计算总价。

因为总价是基于商品数据计算得到的，所以更适合用计算属性实现。将计算属性定义在 computed 对象下，并将上述获取总价的方法改为计算属性，示例如下：

```
<div>{{totalPrice}}</div>

computed: {
  totalPrice() {
    return this.lists.reduce((a,b)=> a+b.price, 0)
  }
}
```

计算属性必须有返回值，否则无效。当商品数据改变时，计算属性会自动更新。

在使用计算属性时需要注意以下两个问题。

- 计算属性不应有副作用（如请求 API）。
- 不能直接修改计算属性的值。

如果确实要在状态发生变化后执行一些有副作用的操作（请求 API），那么应该怎么做呢？这时就需要使用监听器。

2. 监听器

由于监听器与计算属性非常相似，因此两者常常被混用。计算属性是一个纯函数，只返回一个新值；监听器不需要有返回值，只监听数据变化并执行某些操作。

监听器定义在 watch 对象下，示例如下：

```
export default {
  data() {
    return {
      name: '朱元璋'
```

```
    }
  }
  watch: {
    name(val, oldval) {
      console.log(val, oldval)
      fetch('https://testapi/xxx', val)
    }
  }
}
```

上述代码定义并监听了状态 name。在修改状态 name 之后，监听器就会被触发。监听器的两个参数表示状态 name 修改前后的值：前者是新值，后者是旧值。在监听器内可以发起一个请求，也可以执行其他任意操作。

监听器默认是浅层监听，即只有在状态被重新赋值时才会被监听到。如果监听一个数组，数组项被修改，那么监听器默认是监听不到的。

为了解决这个问题，监听器提供了深层监听，示例如下：

```
export default {
  data() {
    return {
      lists: [
        { name: '朱元璋' },
        { name: '朱标' },
      ]
    }
  }
  watch: {
    lists: {
      handler(val) {
        console.log(val) // list 数组
      },
      deep: true,
    }
  }
}
```

由于深层监听的开销很大，因此优先使用浅层监听，只有在监听复杂数据时才使用深层监听。

4.2.5　事件处理

前面在模板中使用@click 语法来触发一个单击事件，"@"并不是新语法，只是 v-on 指令的简写。v-on 指令用于监听 DOM 事件。以下两种实现方法效果是一样的：

```
<button @click="test">单击</button>
<button v-on:click="test">单击</button>
```

v-on 指令的事件名对应 HTML 的原生事件名，具体规则如下。

- onclick（HTML）等同于@click（Vue.js）。
- onchange（HTML）等同于@change（Vue.js）。
- oninput（HTML）等同于@input（Vue.js）。

v-on 指令的值可以是一条简单的 JavaScript 语句，也可以是一个方法，示例如下：

```
<button @click="fun">方法名</button>
<button @click="fun('custom')">调用方法</button>
<button @click="count++">语句</button>

methods: {
  fun(e) {
    if(typeof e == 'string') {
      console.log(e)
    } else {
      console.log(e.target.tagName)
    }
  }
}
```

当 v-on 指令的值是方法时，方法会默认接收一个 event 参数。该参数是原生 DOM 事件对象，可以获取许多有用的信息，使用 event.target 可以获取触发原生 DOM 事件的元素。

在事件处理中还有一些特殊操作，如阻止事件冒泡和阻止默认事件分别通过 event.stopPropagation()方法和 event.preventDefault()方法来实现。为了简化这些操作，Vue.js 提供了事件修饰符。

事件修饰符在 v-on 指令后面，用符号"."表示修饰规则，示例如下：

```
<!--阻止事件冒泡-->
<a @click.stop="doThis"></a>

<!--阻止默认事件-->
<form @submit.prevent="onSubmit"></form>
```

4.2.6 表单双向绑定

表单是前端中操作最频繁且处理最复杂的部分。即便 Vue.js 提供了数据绑定，但普通的表单处理还需要事件监听的配合，因此操作起来略显烦琐。示例如下：

```
<input :value="text" @input="e=> text=e.target.value"/>
```

在上述代码中，<input>元素绑定了状态 text。在用户编辑文本框中输入内容时，为了保证状态与视图同步，还需要监听用户输入事件，将状态 text 的值手动更新为编辑后的内容。

为了简化这个操作，Vue.js 提供了 v-model 指令。使用 v-model 指令修改上述代码：

```
<input v-model="text" />
```

显然，v-model 指令的使用很简单，并且状态会自动更新。那么 v-model 指令是如何实现这项功能的呢？

v-model 指令只是一个语法糖，依然是通过事件监听来修改状态的。只不过它将数据绑定和事件监听封装在指令内部，对外只需要绑定状态。通过这种超简单的做法即可实现双向数据绑定。

v-model 指令不但对<input>元素有效，而且对其他表单元素（如<textarea>元素和<select>元素）有效。只不过不同的表单元素对应的事件可能不同，v-model 指令在内部做了兼容处理。

对于不同的表单元素，v-model 指令的处理规则如下：

```
//文本框
<input :value="value" @input="e=> value=e.target.value"/>
<input v-model="value" />

//多行文本框
<textarea :value="value" @input="e=> value=e.target.value"/>
<textarea v-model="value" />

//下拉框
<select :value="value" @change="e=> value=e.target.value"/>
<select v-model="value"/>

//多选框
<input type="checkbox" :checked="value" @change="e=> value=e.target.checked"/>
<input type="checkbox" v-model="value"/>

//单选框
<input type="radio" :checked="value" @change="e=> value=e.target.checked"/>
<input type="radio" v-model="value"/>
```

4.2.7 DOM 操作

Vue.js 的理念是数据驱动视图，因此在大多数情况下要避免直接操作 DOM 元素。但是在某些情况下仍然需要访问和操作 DOM 元素。

　　基于此情况，Vue.js 提供了 ref 属性来标记对某个元素的引用。在挂载组件之后，所有标记了 ref 属性的元素都可以通过 this.$refs 找到。

```
<input ref="dom"/>

mounted() {
  this.$refs.dom.focus()
}
```

　　上述代码为元素标记了名为 dom 的引用。在挂载组件之后，可以通过 this.$refs.dom 来访问这个元素。

　　使用 ref 属性需要注意以下两个问题，否则会引起错误。

- 只可以在挂载组件之后访问元素，否则引用不存在。
- ref 属性的值必须是唯一的，否则会导致引用被覆盖。

☛ 提示　只有在少数的特殊场景才需要操作 DOM 元素，对于绝大多数的逻辑建议使用数据驱动。

4.3　Vue.js 的组件体系

　　前面介绍了 Vue.js 的基本语法和组件的基础用法。组件的两大特性为独立性和可复用性。在一个项目中，往往由多个组件互相嵌套组成复杂的组件树，这就需要组件之间有数据传递和事件响应。

　　下面从组件复用的角度，结合组件原理深入地介绍组件。

4.3.1　组件状态：data 与 props

　　组件状态定义在 data 中，表示组件的内部状态。当一个组件需要复用时，必然会从外部传入状态，这类状态被称为 props。

　　组件允许接收哪些 props 需要在组件内部定义。示例如下：

```
// Demo.vue
export default {
  props: ['foot'],
  created() {
    console.log(this.foot)
  },
}
```

在上述代码中通过数组定义了一个名为 foot 的 props。与 data 一样，props 也通过 this 访问。

在定义了名为 foot 的 props 之后，当使用组件时，就可以像普通属性一样将 props 定义在组件上，示例如下：

```
<Demo foot="name"></Demo>
```

有时需要限制 props 必须为指定类型，不可以随意传递，这时采用数组定义的方式就无法满足需求。此时可以使用对象定义。将上面的组件代码修改为如下形式：

```
export default {
  props: {
    foot: {
      type: String,
    },
  },
}
```

使用对象定义 foot 的类型，在使用组件时就能规范 props 值的传递。对象定义不仅可以定义类型，还可以定义更多的验证规则，示例如下：

```
export default {
  props: {
    foot: {
      type: String,
      required: true,
      default: '',
      validator(value) {
        return ['val1', 'val2'].includes(value)
      },
    },
  },
}
```

在上述代码中，props 支持的属性如下。

- type：数据类型，值为 JavaScript 原生构造函数，如 String、Boolean。
- required：是否必传。
- default：默认值。
- validator：验证函数，自定义验证规则。

在一般情况下，为了保证组件的健壮性，推荐使用尽可能严格的验证规则。

在使用 props 时必须遵循单项数据流的原则。简单来说，单项数据流就是 props 必须自上而下传递，即只能由父组件传递给子组件。当父组件的状态更新时，子组件的 props 会自动更新。

不可以在组件内直接修改 props。props 必须在父组件中修改，直接修改 props 违反了单项数据流的原则。错误示例如下：

```
export default {
  props: {
    foot: {
      type: String,
    },
  },
  created() {
    this.foot = 'xxx' // 错误，不可以直接修改
  },
}
```

那么应该如何修改 props 呢？需要通过 Vue.js 提供的自定义事件来实现。

4.3.2　组件的自定义事件

Vue.js 的自定义事件由子组件触发，由父组件监听，从而实现自下而上的事件响应。

在子组件中，通过 this.$emit()方法触发一个自定义事件需要指定一个事件名：

```
// Child.vue
<button @click="$emit('updateMsg')">click me</button>
```

在父组件中，通过 v-on 指令来监听这个同名事件：

```
// Parent.vue
<div>
  <Child @update-msg="updateMsg"></Child>
</div>
export default {
  methods: {
    updateMsg() {
      console.log('自定义事件触发')
    }
  }
}
```

与 props 一样，事件名也支持自动格式转换。在上述代码中，子组件触发 updateMsg 事件，父组件可以用 update-msg 来监听该事件。

自定义事件还支持传递参数。子组件将参数传递给父组件，父组件在事件触发函数中收到：

```
// Child.vue
<button @click="$emit('updateMsg', 'hello')">click me</button>

// Parent.vue
<Child @update-msg="updateMsg"></Child>
methods: {
  updateMsg(msg) {
    console.log(msg)
  }
}
```

使用自定义事件修改 props 也很简单，下面列举一个完整的示例。

（1）子组件接收 userName 属性，并触发 updateName 事件，代码如下：

```
<template>
  <div class="child-component">
    <h2>{{ userName }}</h2>
    <button @click="changeName">修改</button>
  </div>
</template>
<script>
export default {
  props: {
    userName: {
      type: String,
      required: true,
    },
  },
  methods: {
    changeName() {
      this.$emit('updateName', '王小五')
    },
  },
}
</script>
```

（2）在父组件中导入子组件，使用时传入属性和事件，代码如下：

```
<template>
  <div class="parent-component">
    <Child :user-name="userName" @update-name="changeName" />
  </div>
```

```
</template>
<script>
import Child from './child.vue'
export default {
  data() {
    return {
      userName: '张小四',
    }
  },
  component: { Child },
  methods: {
    changeName(name) {
      this.userName = name
    },
  },
}
</script>
```

当单击子组件按钮时，会触发父组件的函数，并修改父组件的状态，此时子组件的状态也会自动改变。

4.3.3　组件的生命周期

Vue.js 中的每个组件从创建到销毁都有一个完整的过程，这个过程被称为生命周期。

组件的生命周期意义非凡。Vue.js 提供了许多生命周期函数，允许在组件的不同阶段做不同的事情。例如，在创建组件之后发起 API 请求就是一项常见的需求。

组件完整的生命周期如图 4-2 所示。

图 4-2 中的阶段较多，实际场景中常用的阶段只有 4 个。

- created()：在组件实例创建之后触发，此时未挂载 DOM。created()是组件实例创建之后最早触发的生命周期，因此这个阶段适合发起网络请求。
- mounted()：在组件被挂载并生成 DOM 之后触发。这个阶段稍晚于 created()，但是这个阶段可以操作 DOM，而 created()阶段不可以。
- updated()：在组件更新之后触发，可以获得更新后的状态和 DOM。该阶段不常用，监听状态变化用监听器来实现更精准。
- unmounted()：在组件卸载之前触发，很常用。清理定时器、关闭某种连接、重置全局状态等都可以在这个阶段操作。

其他的生命周期钩子可能在特殊情况下使用，但这 4 个阶段已经可以满足绝大部分需求。

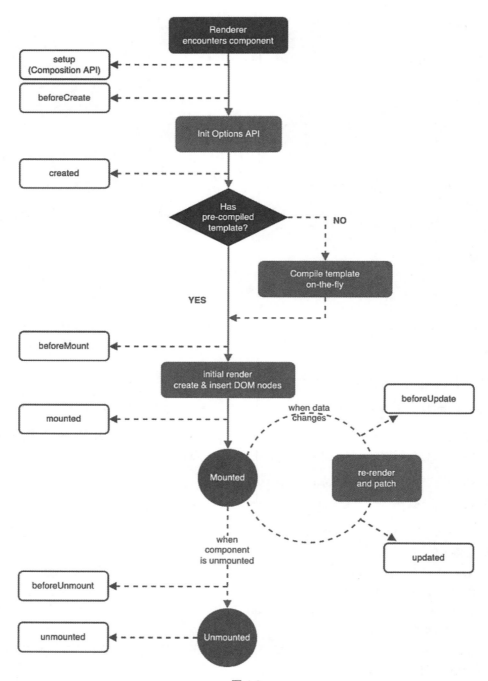

图 4-2

4.3.4　使用插槽动态渲染模板

组件可以通过 props 接收到任意类型的 JavaScript 数据，依据 props 可以动态渲染模板。

对于一些定制程度高、灵活性强的组件，开发者更希望直接接收一个模板，这样比先接收数据再渲染模板灵活。Vue.js 提供的"插槽"功能用于接收模板，插槽用<slot></slot>来表示。

假设有一个卡片组件 Card.vue，该组件用于定义卡片的通用外部样式，在卡片内可以填充任意内容。此类场景就非常适合使用插槽。示例如下：

```
// Card.vue
<div class="card-box">
  <h2>卡片</h2>
  <div>
    <slot></slot>
  </div>
</div>
```

在使用卡片组件时，用卡片组件包裹任意内容，这些内容会替换组件的插槽部分，最终被卡片组件渲染。示例如下：

```
// 使用组件
<Card>卡片内容</Card>
// 渲染后的 DOM
<div class="card-box">
  <h2>卡片</h2>
  <div>卡片内容</div>
</div>
```

对于一些复杂组件，可能不止一处需要插入模板。还是以上面的卡片组件为例，假设卡片头部需要自定义，卡片内容也需要自定义，这时就需要使用两个插槽。那么传入组件的模板应该替换哪个插槽呢？

为了在一个组件中区分多个插槽，Vue.js 提供了具名插槽。具体做法如下：为<slot>元素添加一个 name 属性，这样就能区分了。示例如下：

```
// Card.vue
<div class="card-box">
  <div class="header">
    <slot name="header"></slot>
  </div>
  <div class="content">
    <slot name="content"></slot>
```

```
      </div>
   </div>
```

在使用 Card 组件时，组件可包裹<template>元素并配合 v-slot 指令与组件中的具名插槽匹配，示例如下：

```
<Card>
  <template v-slot:header>
    <h2>卡片标题</h2>
  </template>
  <template v-slot:content>
    <div>卡片内容</div>
  </template>
</Card>
```

v-slot 指令可以用符号"#"简写，示例如下：

```
<template #header>
  <h2>卡片标题</h2>
</template>
```

在组件中也可以将默认插槽和具名插槽结合起来使用，如果只有一个插槽，则使用默认插槽。

4.3.5　使用异步组件提升性能

在大型项目中，组件庞大会导致页面加载缓慢，这是一次性加载所有组件带来的性能问题。如果希望组件可以按需加载，那么在进入页面时只加载需要的组件，这样会大大提升性能。

Vue.js 中按需加载的组件被称为异步组件。Vue.js 提供的 defineAsyncComponent()方法用来实现此功能，示例如下：

```
import { defineAsyncComponent } from 'vue'
const AsyncComp = defineAsyncComponent(() => {
  import('./TestComponent.vue')
})
```

异步加载组件时还需要配合使用 import()方法。加载完成后，这个组件就可以像普通组件一样使用：

```
<div>
  <AsyncComp></AsyncComp>
</div>
```

在单文件组件中，也可以用 defineAsyncComponent()方法来异步加载一个组件：

```
export default {
```

```
  components: {
    AsyncComp = defineAsyncComponent(() =>
      import('./TestComponent.vue')
    )
  }
}
```

4.3.6　在组件中自定义 v-model

前面介绍过，v-model 是一个语法糖，内部封装了值绑定和事件触发。很多时候自定义组件也需要双向绑定功能，这应该如何实现呢？

以 input 为例，如果绑定值的字段是 value，事件是 input，那么在组件中定义 v-model 的代码如下：

```
// input
export default {
  name: 'input',
  model: {
    prop: 'value', // 对应 props value
    event: 'input',
  },
  props: {
    value: String,
  },
}
```

由上述代码可知，在组件中可以使用 model 属性来指定 v-model 关联的状态和事件。

假设有组件 CusModal.vue，将其定义为如下形式：

```
// CusModal.vue
export default {
  name: 'CusModal',
  model: {
    prop: 'visible', // 对应 props value
    event: 'toggle',
  },
  props: {
    visible: Boolean,
  },
}
```

这个组件绑定的 prop 和 event 分别是 visible 和 toggle。使用这个组件时，以下两种方式的结果是一样的：

```
data() {
  return { value }
}
// 方式一
<CusModal :visible="value" @toggle="v=> value=v"></CusModal>
// 方式二
<CusModal v-model="value"></CusModal>
```

可见，v-model 在一些全局弹框类组件中非常适用。

4.4 Vue.js 3 的核心：组合式 API

前面介绍的所有 Vue.js 相关的知识点，大部分是 Vue.js 2 和 Vue.js 3 通用的。接下来介绍 Vue.js 3 的专有部分，即组合式 API，这也是 Vue.js 3 最大的亮点。

4.4.1 选项式 API 与组合式 API

在 Vue.js 2 中，可以在一个 JSON 对象下定义一系列功能，如 data 属性定义响应式状态、methods 属性定义方法，这种方式被称为选项式 API。

> 📖 提示　选项式 API 的局限性如下：不管组件需要状态、方法还是生命周期，都必须在当前组件中定义。因此，组件的功能单元无法单独抽取，会出现大量的重复定义。

组合式 API 是 Vue.js 3 提供的一种函数式的功能集合，每项功能都由一个单独的函数来实现。这样做有如下两方面好处：一是可以更好地与 TypeScript 集成；二是可以使功能独立于组件存在，更有利于组件的逻辑单元复用。

使用组合式 API 可以定义一组通用的状态和方法，并将其提取到一个单独的文件中。在多个组件中需要使用这些状态或方法时，可以直接导入复用，不需要在每个组件中单独定义。

下面使用组合式 API 实现一组这样的状态和方法，并保存在 utils.js 文件中：

```
// util.js
import { ref } from 'vue'

export function useMouse() {
  const x = ref(0)
  const y = ref(0)
```

```
  const setValue = () => {
    x.value++
    y.value++
  }
  return { x, y, setValue }
}
```

上述代码定义了一个工具函数 useMouse()，并且在函数中声明了响应式状态和修改状态的方法。下面在组件中导入该函数并使用：

```
<script setup>
import { useMouse } from './util.js'
const { x, y, setValue } = useMouse()
</script>

<!--模板-->
<template>
  <div class="box">
    <h1>{{ x + y }}</h1>
    <button @click="setValue">测试</button>
  </div>
</template>
```

从这段代码中可以看出，导入的状态和方法可以直接在模板中使用，不需要重新定义。显然，这样的代码更精简，更符合 JavaScript 语法风格，这也是组合式 API 可以提高代码逻辑可复用性的原因。

4.4.2　理解响应式状态

4.4.1 节用组合式 API 编写了一段代码，其中使用了响应式状态，本节深入介绍 Vue.js 3 中的响应式状态。

1. reactive()函数

组合式 API 使用 reactive()函数创建响应式对象或数组。在组件的<script>元素中，使用 setup 来标识该组件使用组合式 API。示例如下：

```
<script setup>
import { reactive } from 'vue'
const state = reactive({ count: 0 })
</script>
```

在定义好状态之后，就可以直接在模板中使用：

```
<template>
```

```
    <span>{{ state.count }}</span>
</template>
```

在使用组合式 API 时，JavaScript 代码中声明的变量、函数和导入的模块都可以直接在模板中使用。可以理解为，模板的表达式和<script setup>的代码处在同一个作用域中。

与选项式 API 相比，使用 reactive()函数创建的状态默认是深层响应式的。也就是说，即便状态是复杂的数组，在修改数组项时也能检测到状态变化，这是 Vue.js 2 的选项式 API 无法做到的。

采用深层响应式可以使用户放心地修改状态，不必担心在 Vue.js 2 中总能遇到的状态修改但视图不更新的麻烦。

reactive()函数返回的是一个 Proxy 代理对象，该对象代理了原始对象的值，Vue.js 3 的响应式状态正是通过代理对象实现的。如果直接更改原始对象，就不会触发视图更新。

尽管 reactive()函数的功能很强大，但它也有以下两方面的局限性。

- 仅对对象类型有效，对基本类型（如 String 和 Number）无效。
- 重新赋值会丢失引用，导致响应式失效。

可以通过下面的代码理解 reactive()函数的局限性：

```
// 响应失效案例
const state = reactive({ count: 0 })
let n = state.count
let { count } = state
// 变量 n 和 count 都不会有响应性，必须使用 state.count
```

2. ref()函数

reactive()函数的局限性决定了它难以被广泛应用。为了解决问题，Vue.js 3 提供了更好的替代方案，即 ref()函数。使用 ref()函数可以创建任意类型的响应式状态：

```
import { ref } from 'vue'
const count = ref(0)
const array = ref(['牛', '羊'])
```

使用 ref()函数创建状态的方式比较特别，并不是直接指向源数据，而是创建一个对象，让对象的.value 属性指向源数据，示例如下：

```
import { ref } from 'vue'
const count = ref('烤肉')
console.log(count) // { value: '烤肉' }
console.log(count.value) // 烤肉
```

这种看起来略显烦琐的方式，正是 ref()函数的妙处，因为 reactive()函数的根本问题是引用丢失。而 ref() 函数将所有值都挂载到状态的 .value 属性上，之后不管这个对象如何被传递、解构，源数据的引用都不会改变。

ref() 函数的功能虽然强大，但从使用体验的角度来看，频繁地通过 .value 属性获取状态不太友好。因此，Vue.js 3 提供了一个"响应性语法糖"，示例如下：

```
<script setup>
let count = $ref(0)
function increment() {
  count++
}
</script>
<template>
  <button @click="increment">{{ count }}</button>
</template>
```

上述代码中的 $ref 就是 ref() 函数的语法糖，由于免去了显式访问 .value 属性，因此可以假设它不存在，直接将变量当作普通状态使用。

4.4.3　生命周期钩子

在组合式 API 中，Vue.js 3 提供了许多生命周期钩子，每个钩子都代表一个生命周期阶段。组合式 API 的生命周期钩子与选项式 API 的生命周期函数作用一致。生命周期代表组件从创建到销毁的完整流程，详细过程如图 4-2 所示。

在众多的生命周期钩子中，最常用的有如下 3 个。

1. onMounted()

该钩子接收一个回调函数作为参数，回调函数在组件挂载完成后执行。它对应选项式 API 的 mounted() 函数。

```
import { onMounted } from 'vue'

onMounted(() => {
  console.log('组件初始化完成')
})
```

该阶段主要用于执行一些初始化操作，如发起 API 请求、获取页面参数等。

2. onUpdated()

该钩子接收一个回调函数作为参数，函数在响应式状态变化且组件的 DOM 元素更新之后调用。它对应选项式 API 的 updated() 函数。

该阶段主要用于组件更新后获取到最新的状态和 DOM 元素，示例如下：

```
import { ref, onMounted, onUpdated } from 'vue'

const text = ref('张三')
onMounted(() => {
  text.value = '李四'
})
onUpdated(() => {
  let dom = document.getElementById('text')
  console.log(dom.innerText) // 李四
})

<div id="text">{{text}}</div>
```

从上述代码中可以看到，回调函数执行后会获取最新的状态和 DOM 元素。

3. onUnmounted()

该钩子接收一个回调函数作为参数，该回调函数在组件实例被卸载后调用。它对应选项式 API 的 destroyed()函数。这很好理解，在组件全部卸载后需要做一些事情，如重置某个全局状态，实现方法如下：

```
import { onUnmounted } from 'vue'
import store from './store'

onUnmounted(() => {
  store.dispatch('reset')
})
```

Vue.js 3 提供的生命周期钩子都是指定一个回调函数，在特定时机执行这个回调函数。

4.4.4 计算属性与监听器

选项式 API 中分别使用 computed 属性和 watch 属性来定义计算属性和监听器，组合式 API 则提供了同名函数实现相同的功能。

Vue.js 3 抛出的 computed()函数用于定义计算属性，示例如下：

```
<script setup>
import { ref, computed } from 'vue'
const paper = ref({
  width: 123,
  height: 57,
```

```
})
const acreage = computed(() => {
  return paper.value.width * paper.value.height
})
</script>

<template>
  <span>{{ acreage }}</span>
</template>
```

在上述代码中，computed()函数返回一个 ref 对象，实际的值需要使用 acreage.value 获取，这和响应式状态是一样的。只不过在模板中 ref 对象会自动解包，因此无须显示指定的.value 属性。

监听器使用 watch()函数定义，示例如下：

```
<script setup>
import { ref, watch } from 'vue'
const text = ref('')

watch(text, (val, oldval) => {
  console.log(val, oldval)
})
</script>
<template>
  <input v-model="text" />
</template>
```

上述代码为文本框双向绑定一个响应式状态，并用 watch()函数监听这个状态。在状态改变时，会执行 watch()函数内的回调函数，可以在 watch()函数内执行一些副作用操作。

> 提示　监听器针对不同的数据有"深层监听"和"浅层监听"的区别。在监听一个响应式状态时，默认是深层监听，即如果监听一个数组，那么当数组项发生变化时，监听器也会被触发。

也可以手动指定需要深层监听还是浅层监听，通过 deep 属性来实现：

```
import { ref, watch } from 'vue'
const state = ref('bug')
watch(
  state,
  (val, oldval) => {
    console.log(val)
  },
  { deep: false }
)
```

监听器常常与初始化函数具有一样的操作。例如，要在组件初始化后请求一个 API，在监听到某个状态变化后再请求一次，这时请求 API 的逻辑就要编写两份。

如果有监听器可以在初始化时执行一次，则可以不必编写多余的逻辑。Vue.js 3 提供的 watchEffect()函数可以实现这项功能。示例如下：

```
import { ref, watchEffect } from 'vue'
const tag = ref('all')
watchEffect(async () => {
  let res = await fetch('http://xxx?tag=' + tag)
  console.log(res)
})
```

从上述代码中可以看出，watchEffect()函数并没有明确指定监听哪个状态，而是自动追踪响应式依赖，在依赖更新时自动执行回调函数（代码中的依赖为变量 tag）。

在监听一个响应式状态时，默认会在状态变更后立即触发监听器，此时 DOM 还未更新。如果想在监听器的回调函数中访问最新的 DOM，则需要手动配置 flush 属性：

```
watch(source, callback, {
  flush: 'post',
})
watchEffect(callback, {
  flush: 'post',
})
```

4.4.5 渲染方式：模板与 JSX

在大多数情况下，Vue.js 使用模板来创建页面。模板最接近 HTML 语法，并且支持灵活的数据绑定与交互。但在某些场景下，更需要 JavaScript 完全的编程能力，这时就需要用到渲染函数。

1. 渲染函数

渲染函数的作用是创建虚拟 DOM。在 Vue.js 中，模板也会被编译成渲染函数，只不过模板是自定义的一套语法规则，使用起来更方便，但创建虚拟 DOM 的核心能力还是由渲染函数实现的。

Vue.js 3 暴露了一个 h()函数表示渲染函数，允许直接使用函数创建页面，示例如下：

```
import { h } from 'vue'
const vnode = h('div', { id: 'foo', class: 'bar' }, ['哈哈哈'])
```

在上述代码中，使用渲染函数创建了虚拟 DOM。相同的虚拟 DOM 用模板表示为如下形式：

```
<template>
  <div id="foo" class="bar">哈哈哈</div>
```

```
</template>
```

显然，使用模板更直观。虽然渲染函数是纯粹的 JavaScript，但使用起来比较烦琐，可读性比较差。

在单文件组件中使用渲染函数，不可以用<script setup>语法糖来简化代码，必须导出组件选项，并在 setup()函数中返回虚拟 DOM，示例如下：

```
<script>
import { h, ref } from 'vue'
export default {
  setup() {
    // 组合式 API 必须在当前函数中
    let text = ref('哈利·波特')
    return () =>
      h('div', { class: 'wrap' }, [h('span', { class: 'text' }, [text.value])])
  },
}
</script>
```

为什么不能在<script setup>语法糖下使用渲染函数呢？这是因为使用<script setup>语法糖会自动返回顶层变量和函数，以便在模板中使用。但渲染函数需要返回虚拟 DOM，而不是返回数据，因此不适合使用渲染函数。

2. JSX

直接使用渲染函数不够友好，业界比较流行的替代方案是 JSX。JSX 允许在 JavaScript 中使用模板语法，并且集成了 JavaScript 的灵活性和模板的可读性，示例如下：

```
render() {
  return <div id="box">渲染内容</div>
}
```

在 Vue.js 3 中使用 JSX 需要单独安装插件：

```
$ yarn add -D @vitejs/plugin-vue-jsx
```

安装插件后，在配置文件 vite.config.ts 中导入该插件并添加如下配置：

```
import vue from '@vitejs/plugin-vue'
import vueJsx from '@vitejs/plugin-vue-jsx'

export default defineConfig({
  plugins: [vue(), vueJsx()],
})
```

配置完毕，就在组件目录（src/components）下新建 DemoText.jsx 文件。Vue.js 3 支持用.jsx 文件表示组件，在组件中可以直接使用 JSX 语法，示例如下：

```
import { ref } from 'vue'
export default {
  setup() {
    const text = ref('哈利·波特')
    return () => <div>{text.value}</div>
  },
}
```

在上述代码中，直接导出一个组件选项对象，这与声明式 API 的选项对象一致。在 setup()函数中可以使用组合式 API，并直接返回 JSX。

☛ 提示　**setup()函数不能直接返回 JSX，必须借助返回函数的方式返回 JSX，示例如下：**

```
// 正确
return () => <div>哈利·波特</div>
// 错误
return <div>哈利·波特</div>
```

4.4.6　与 TypeScript 集成

Vue.js 3 支持 TypeScript。在单文件组件中，使用 TypeScript 需要加标识 lang="ts"，示例如下：

```
<script lang="ts">
var name: string = '哈利·波特'
</script>
```

当然，为了使项目支持 TypeScript 需要安装相关的依赖。这些依赖在使用 create-vue 脚手架创建项目时已经安装好。

在添加标识 lang="ts"之后，JavaScript 和模板表达式都会执行严格的类型验证。组合式 API 对 TypeScript 有更可靠的支持，因此，要使用 TypeScript，建议首选组合式 API。

在使用 ref()函数定义响应式状态时，TypeScript 会根据默认值自动推导出类型。当然，也可以指定类型，示例如下（这在定义一个对象时非常有用）：

```
<script setup lang="ts">
import { ref } from 'vue'
interface JsonType {
  id: number
  name: string
```

```
}
const info = ref<JsonType | null>(null)
</script>
<template>
  <div>
    <span v-if="info">{{ info.name }}</span>
  </div>
</template>
```

1. props 类型

组件中比较重要的是 props 类型的定义。在不使用<script setup>语法糖时，通常用 defineComponent()函数包裹组件选项对象，此时会根据 props 选项的定义自动推导出 props 的类型，示例如下：

```
<script lang="ts">
import { ref, defineComponent } from 'vue'
export default defineComponent({
  props: {
    user_id: Number,
    user_name: String,
  },
  setup(props) {
    console.log(props.user_name)
  },
})
</script>
<template>
  <div>{{ user_name }}</div>
</template>
```

在 setup()函数中，或者被外部组件导入使用时，组件的 props 会有类型提示和类型验证。

在使用 JSX 组件时，同样在组件内用 defineComponent()函数包裹组件选项对象，此时会自动推导出 props 的类型，示例如下：

```
// DemoText.jsx
import { ref } from 'vue'
export default defineComponent({
  props: {
    user_id: Number,
    user_name: String,
  },
```

```
  setup(props, ctx) {
    const text = ref('哈利·波特')
    return () => <div>{text.value}</div>
  },
})
```

在使用<script setup>语法糖时，代码中无处可用 defineComponent()函数，此时需要专门定义 props 的函数（defineProps()宏函数）来实现。

所谓宏函数，就是不需要导入可以直接使用的函数。下面定义一组 props：

```
<script setup lang="ts">
defineProps({
  user_id: Number,
  user_name: String,
})
</script>
<template>
  <div>{{ user_name }}</div>
</template>
```

定义的 props 无须导出，可以直接在模板中使用。除了可以使用 Vue.js 的方式定义 props，defineProps()函数更常用的方式是使用泛型定义。泛型定义更符合 TypeScript 标准，示例如下：

```
<script setup lang="ts">
const props = defineProps<{
  user_id: number
  user_name: string
}>()
console.log(props.user_name)
</script>
```

2. emits 类型

与 props 一样，自定义事件也需要定义类型。在不使用<script setup>语法糖时，defineComponent()函数同样能推导出自定义事件的类型，示例如下：

```
import { defineComponent } from 'vue'
export default defineComponent({
  emits: ['change'],
  setup(props, { emit }) {
    let params = { id: 1 }
    emit('change', params) // 调用事件并传递参数
  },
})
```

在使用<script setup>语法糖时，事件类型通过宏函数 defineEmits()定义，示例如下：

```
<script setup lang="ts">
var emit = defineEmits('change', 'update')
</script>
<template>
  <div>{{ user_name }}</div>
</template>
```

在使用 Vue.js 的方式定义自定义事件时，只能指定一个事件名称。如果需要更加严格的类型定义（如指定参数类型、返回类型），则需要使用泛型来定义事件类型：

```
<script setup lang="ts">
const emit = defineEmits<{
  (e: 'fun1', id: number): void
  (e: 'fun2', value?: string): string
}>()
emit('fun1', (id: number) => {
  console.log(id)
})
emit('fun2', (value?: string) => {
  if (value) {
    return '没有值'
  } else {
    return value
  }
})
</script>
```

Vue.js 3 中大部分的函数都会自动推导出参数和返回值的类型，而编辑器会根据上下文自动提供类型提示。

4.5　Vue 全家桶指南

在一个中型或大型的 Vue.js 工程化项目中，只有 Vue.js 是不够的，还要有周边的配套工具，我们将其称为 Vue 全家桶。其中，以下 3 个工具比较重要。

- 路由管理。
- 状态管理。
- 统一请求管理。

接下来分别介绍这 3 个工具。

4.5.1 路由管理——Vue Router

在单页面应用中只有一个 HTML 文件，所有的页面都是以组件切换的方式出现的。在页面组件切换时，可能会伴随着浏览器刷新，此时需要有特定的 URL 路径与组件匹配，以确保页面的正确展示。在前端中，此类 URL 被称为路由，处理路由与组件的关联被称为路由管理。

Vue.js 提供了官方路由管理框架 Vue Router。Vue Router 通过一个配置文件配置路由与组件的绑定关系，并提供页面的前进、后退、重定向等导航 API。

1. 注册路由

下面创建两个简单的函数组件，并创建一个路由配置：

```
const Home = () => {
  return <div>首页</div>
}
const About = () => {
  return <div>关于我们</div>
}
const routes = [
  { path: '/', component: Home },
  { path: '/about', component: About },
]
```

路由配置是一个数组，每个数组项定义一条路由规则。Vue Router 提供的 createRouter()函数用于创建路由对象，并在该函数中传入定义好的路由配置：

```
import Vue from 'vue'
import VueRouter from 'vue-router'
const router = VueRouter.createRouter({
  routes,
})
// 创建Vue.js实例并注册路由
const app = Vue.createApp({})
app.use(router)
```

路由配置中支持的对象属性如下。

- name：路由名称，必须是唯一的，可用于跳转路由。
- component：路由组件，从外部导入。
- path：路由地址。
- meta：路由源数据。

- children：嵌套子路由、数组。

包含嵌套子路由的路由配置如下：

```
const routes = [
  {
    path: '/users',
    meta: { tag: 'teacher' },
    name: 'user'
    component: xxx,
    children: [
      {
        path: '/info/:id',
        component: xxx,
      }
    ]
  }
]
```

嵌套子路由可以通过 path 连接的方式访问，上述代码中子路由的地址为 "/users/info/:id"。这里的 ":id" 表示路径参数，实际访问时可以动态替换，如可以替换为 "/users/info/6"。

2. 路由对象

在注册路由之后，在整个 Vue.js 中可以通过以下两种方式访问路由对象。

- this.$router：全局路由对象，指向用 createRouter()函数创建的路由对象，是访问全局路由的快捷方式。
- this.$route：当前路由对象，包含当前页面的路由数据，如路径、地址和参数等。

全局路由对象 this.$router 常用于页面导航控制，示例如下：

```
// 页面跳转（字符串参数）
this.$router.push('/about')
// 页面跳转带参数（对象参数）/about?id=1
this.$router.push({ path: '/about', query: { id: 1 } })
// 替换当前页面
this.$router.replace('/about')
// 返回上一页
this.$router.back()
```

页面跳转函数 router.push()和 router.replace()的区别如下：前者会创建新路由，可以返回上一页；后者用于替换当前路由，不可以返回上一页。

> 💡 提示　在登录页中就非常适合使用 router.replace()函数。在登录成功之后，要跳转到首页，且不能再返回登录页，使用 router.replace()函数替换登录页后，浏览器的"返回上一页"按钮就不可再单击。

假设一个页面的路由配置如下，使用 this.$route 获取该页面的路由信息：

```
// 路由配置
{
  path: '/detail/:id',
  meta: { tag: 'teacher' },
  name: 'user_detail'
  component: xxx,
}


// 页面地址
http://api.test.com/detail/5?name=王小五

// 在组件内获取路由信息
console.log(this.$route)
{
  name: 'user_detail',
  path: '/detail/5',
  query: { name: '王小五' },
  params: { id: '5' },
  meta: { tag: 'teacher' }
}
```

在大多数场景下，this.$route 用于获取页面参数，一些特定数据可以在定义路由时放到 meta 源数据中。

3. 路由组件

Vue.js 只会加载根组件 app.vue，其他需要渲染的组件要在根组件中导入。但在使用 Vue Router 之后，组件要根据路由地址动态渲染，因此需要一个入口来展示在 Vue Router 中匹配的组件。

Vue Router 提供了一个<router-view/>组件，用于展示动态匹配到的组件。将该组件加入 app.vue 中，路由匹配到的组件就能渲染到这里。

```
// app.vue
<div class="mian">
  <h2>XX 应用</h2>
  <router-view/>
</div>
```

除在 JavaScript 中使用 this.$router 切换路由外，Vue Router 还提供了一个<router-link>
组件用于在模板中跳转路由：

```
<div>
  <router-link to="/">去首页</router-link>
  <router-link to="/list">去列表页</router-link>
</div>
```

如果某个组件拥有子路由，则需要在该组件中添加<router-view/>组件用于展示匹配到的子
组件。

4. 组合式 API

组合式 API 不能通过 this 访问组件，因此，路由对象 this.$router 和 this.$route 也都失效。
但 Vue Router 提供了更便捷的方式，示例如下：

```
<script setup>
import { useRouter, useRoute } from 'vue-router'
const router = useRouter()            // 全局路由对象
const route = useRoute()              // 当前路由对象
const fun = () => {
  console.log(route.path)
  router.push('/')
}
</script>
```

从 vue-router 模块中导出 useRouter()函数和 useRoute()函数，调用这两个函数即可分别获
取全局路由对象和当前路由对象，操作非常方便。

> 📷 提示　如果使用了模板语法，尽管在 JavaScript 中不能访问 this.$router 和 this.$route，但在模板
> 中是可以的。

4.5.2　状态管理——Pinia

组件内定义的响应式状态只对当前组件生效，如果需要在多个组件内共享状态，则优先考虑使
用 props 传递状态：

```
// Parent.vue
setup() {
  const list = ref([])
  return <Children list={list}/>
}
```

```
// Children.vue
setup() {
  const props = defineProps<{
    list: any[]
  }>()
  console.log(props.list)
}
```

使用 props 必须遵循"单向数据流"的原则，即状态只能由父组件向子组件传递。如果多个需要共享状态的组件并不是父子关系，则需要将状态提取到离它们最近的父元素上。

如果共享状态跨越了多个层级的组件，此时使用 props 可能就没有那么友好了，因为状态必须层层传递。也许某个中间的组件并不需要该状态，但是它的子组件需要，因此不可省略。

为了解决这种错综复杂的状态共享问题，"状态管理"应运而生。状态管理用于将一些响应式状态单独抽取出来，变成任何组件都可以访问的全局状态。在组件需要使用时直接导入全局状态，不需要由父组件层层传递。

1. 使用状态管理

在 Vue.js 2 中，官方推荐的状态管理方案是 Vuex；在 Vue.js 3 中，官方推荐的是一个全新的解决方案，即 Pinia。Pinia 支持组合式 API，并且对服务端渲染有更好的支持。

在使用 Pinia 之前，需要先安装 Pinia 模块：

```
$ yarn add pinia
```

在入口文件中，使用 createPinia()函数创建一个 Pinia 实例，并将其绑定到 Vue.js 实例上：

```
import { createApp } from 'vue'
import { createPinia } from 'pinia'

const app = createApp({})
const pinia = createPinia()

app.use(pinia)
```

此时 Pinia 初始化已经完成，下面介绍 Pinia 中的基本概念。

2. Pinia 中的基本概念

Pinia 是如何管理状态的呢？在 Pinia 中有以下几个基本概念。

- Store：仓库，其中包含状态和修改状态的方法。
- State：仓库中定义的状态，组件中真正需要的数据。

- Action：用于修改仓库中的状态。
- Getter：状态的计算值，可以作为计算属性。

Store 相当于全局状态的"模块化"——将全局状态拆分到不同的仓库中，这与在项目中拆分组件是一个道理。这些仓库互相独立，仓库中的状态互不影响。

为什么这么做呢？因为状态管理主要用于定义全局可访问的状态。如果将所有状态定义在同一个作用域中，那么当这些状态的数量变得庞大后，一定会出现管理混乱的问题。而将状态拆分成小模块后，这些问题就不存在了。

可以使用 defineStore()函数定义 Store，第 1 个参数是仓库名，要求必须是唯一的，仓库名不可重复，示例如下：

```
import { defineStore } from 'pinia'
const userStore = defineStore('users')
```

第 2 个参数是用选项的方式定义仓库中的 State、Action 和 Getter，示例如下：

```
// store.js
import { defineStore } from 'pinia'
const userStore = defineStore('users', {
  state: () => ({
    user_name: '王大拿',
    user_id: 423,
    sex: 1,
    phone: '18855556666',
  }),
  actions: {
    changeName(name) {
      this.user_name = name
    },
  },
  getters: {
    sexStr: state => (state.sex == 1 ? '男' : '女'),
  },
})
export default { userStore }
```

在上述代码中，使用 defineStore()函数定义了一个名为 users 的仓库，并在仓库中定义了状态和方法。可以看出，这种定义方式与 Vue.js 组件定义的状态和方法基本一致，只是属性名称不同。

State、Action 和 Getter 分别对应组件中的 data、methods 和 computed。在 Action 中也能通过 this 访问状态。在 Getter 中定义的计算状态，参数为状态 state，这里可避免使用 this。

在定义好仓库及其状态之后，接下来在组件中使用仓库：

```
<template>
  <div>
    <span>{{ store.user_name }}</span>
    <span>{{ store.sexStr }}</span>
  </div>
  <button @click="store.changeName('李二')">测试</button>
</template>
<script setup lang="ts">
import { userStore } from './store.js'
const store = userStore()
</script>
```

使用方式很简单，只要导入定义好的仓库并实例化，返回的 store 就是该仓库的实例。可以使用 "store.*" 的方式访问 State、Action 和 Getter，并且可以将其绑定到模板上。

另外，还可以将 store 通过解构赋值的方式单独取出需要的 State、Action 或 Getter，这样更清晰明确，示例如下：

```
<template>
  <div>{{ user_name }}、{{ sexStr }}</div>
</template>
<script setup lang="ts">
import { userStore } from './store.js'
const store = userStore()
const { user_name, sexStr, changeName } = store
</script>
```

这样看起来没有问题，但其实有一个隐藏的 Bug，即 user_name 和 sexStr 丢失了响应性。这是为什么呢？因为 store 是一个用 reactive()函数包装的对象。前面介绍过，reactive()函数的弊端就是会丢失响应性。

那怎么办呢？Pinia 提供的 storeToRefs()方法可以包裹被解构的状态，此时就可以让解构出来的 State 和 Getter 保持响应性。storeToRefs()方法不能应用于 Action。

因此，正确使用解构赋值的方式如下：

```
<script setup lang="ts">
import { userStore } from './store.js'
import { storeToRefs } from 'pinia'
const store = userStore()
const { user_name, sexStr } = storeToRefs(store) //解构 State 和 Getter
```

```
const { changeName } = store //解构 Action
</script>
```

4.5.3　统一请求管理——Axios

在前后端分离的单页面中，获取数据都是通过 AJAX 发起接口请求的。在大多数情况下不会直接用 XMLHttpRequests API 发起网络请求，而是选择功能强大、使用简单的第三方库。

Axios 是一个基于 Promise 的网络请求库，几乎一半以上的前端应用都在使用 Axios。Axios 支持配置基础 URL、统一错误处理等，可以满足各种网络请求的需求。

在应用中安装 Axios：

```
$ yarn add axios
```

1. Axios 基本使用

Axios 可以直接发起请求并返回 Promise，其基本用法如下：

```
import axios from 'axios'
// 发起一个post请求
axios({
  method: 'post',
  url: '/user',
  params: {
    id: 4455,
  },
  data: {
    firstName: 'Fred',
    lastName: 'Flintstone',
  },
}).then(res => {
  console.log(res.data)
})
```

axios()函数的参数是一个请求配置对象，常用的可配置项如下。

- method：请求方法，包括 GET、POST、PUT 和 DELETE。
- url：请求地址，字符串类型。
- query：GET 请求参数，对象类型。
- data：POST 请求参数，对象类型。
- params：URL 参数，对象类型。
- timeout：请求超时时间，单位为毫秒。

更多可配置项请在 Axios 官网中查阅。

直接使用 axios()函数略微有些烦琐。Axios 提供了各类请求的快捷方式（这是常用的方式），示例如下：

```
import axios from 'axios'
// GET 请求
axios.get('http://api.test.com', { params: { id: 1 } })
// POST 请求
axios.post('http://api.test.com', { name: '数据' })
// PUT 请求
axios.put('http://api.test.com', { name: '数据' })
// DELETE 请求
axios.delete('http://api.test.com')
```

获取请求结果、捕获异常可以通过 Promise 方式实现，但使用 async/await 方式更直观，示例如下：

```
// Promise 方式
axios.get('xxx').then(res=> {
  console.log(res)
}).catch(err=> {
  console.log(err)
})

// async/await 方式
async ()=> {
  try {
    let res = await axios.get('xxx')
  } catch(err)=> {
    console.log(err)
  }
}
```

2. Axios 实例

在实际的前端项目中，发起接口请求的基础 URL、异常响应的处理应该是通用的。如果每次请求都要编写一遍，则会造成大量的冗余，并且难以统一修改。

Axios 提供的 create()方法用于创建一个实例，在实例中可以配置统一的请求 URL、请求头等。下面创建 request.js 文件，在该文件中创建并导出 Axios 实例：

```
// request.js
import axios from 'axios'
```

```
const instance = axios.create({
  baseURL: 'http://api.test.com',
  timeout: 10000,
  headers: {
    'Content-Type': 'application/json',
  },
})
export default instance
```

上述代码创建的 Axios 实例可以在任意 JavaScript 文件中导入使用，使用方式和 Axios 本身一样，示例如下：

```
// a.js
import http from './request.js'
http.get('/home').then(res => {})
http.post('/insert', { name: '数据' }).then(res => {})
```

在使用 Axios 实例发起请求时，默认会拼接实例中定义的 baseURL。在实例中定义的请求头、超时时间等设置对所有请求生效。因此，封装统一的请求规则非常容易。

若要在每个请求上加一个请求头，则直接在实例中定义；若某个请求要覆盖实例中的配置，则只需要在请求中指定一个同名参数即可：

```
// 实例
const instance = axios.create({
  headers: {
    'Content-Type': 'application/json',
  },
})
instance.get('/getone', {
  params: { id: 1 },
  headers: { role: 'student' },
})
instance.post('/insert', { name: '数据' }, {
  headers: { role: 'student' },
})
```

3. 请求拦截器

Axios 中功能最强大的是拦截器。拦截器，顾名思义，就是用来拦截请求的。

使用 Axios 可以轻松发起请求。如果能在每次请求前做一些事情，如打印请求的时间，则会使请求操作更灵活。Axios 提供了请求拦截器的功能，在请求拦截器中可以访问请求对象，在请求执行前可以操作该对象。

请求拦截器是通过 interceptors.request 属性定义的，示例如下：

```
const instance = axios.create({})

// 添加请求拦截器
instance.interceptors.request.use(config => {
  config.headers['token'] = 'xxx'
  return config
})
```

在上述代码中，在请求拦截器中修改请求头 token 并返回配置对象，这样一项基本的拦截功能就实现了。

在实际的场景中，请求拦截器的主要作用就是添加/修改请求头，总之自定义请求对象都可以在这里实现。

4. 响应拦截器

有请求拦截器，自然也有响应拦截器。响应拦截器的主要作用是在接口数据或异常返回之前做一些统一处理，包括重组响应数据、判断响应状态码、统一错误处理等。

响应拦截器是通过 interceptors.response 属性定义的，示例如下：

```
const instance = axios.create({})

// 添加响应拦截器
instance.interceptors.response.use(
  result => {
    // 若请求成功，则返回数据
    return result
  },
  error => {
    // 若请求失败，则返回异常
    return Promise.reject(res)
  }
)
```

响应拦截器的使用场景之一是重组响应数据。假设请求接口返回的数据格式如下：

```
{
  code: 200,
  data: {
    data: [], total: 10, current: 1
  }
}
```

在上面的响应结构中，data 属性下包含分页数据 total、current，以及列表数据 data，如果希望分页数据和列表数据平行展示，减少嵌套，则要将响应数据格式修改为如下形式：

```
{
  code: 200,
  data: [],
  page: {
    total: 10,
    current: 1
  }
}
```

此时可以在响应拦截器中操作，将修改后的格式应用到所有请求中，示例如下：

```
const instance = axios.create({})

// 添加响应拦截器
instance.interceptors.response.use(result => {
  let resdata = result.data
  let { data } = resdata
  resdata.page = {
    total: data.total,
    current: data.current,
  }
  resdata.data = data.data
  return resdata
})
```

在上述代码中，统一修改了响应返回的数据格式。除此之外，响应拦截器还可以拦截异常响应，并做统一的错误处理。

错误处理是根据返回的 HTTP 状态码判断错误类型的，如 200 表示正常，500 表示服务器错误，并针对不同类型的错误做不同的处理。示例如下：

```
const instance = axios.create({})
instance.interceptors.response.use(
  result => {
    return result.data
  },
  error => {
    let res = error.response
    if (res && res.status) {
      // 有状态码
```

```
    switch (res.status) {
      case 404:  return alert('请求的网址不存在');
      case 401:  return location.href = '/login';
      case 400:  return alert(res.data.message);
      default:   return alert('服务器异常');
    }
  } else {
    alert('服务器无响应')
  }
  return Promise.reject(error)
  }
)
```

在上述代码中，针对不同的错误码弹框提示错误信息，这样的用户体验非常友好。比较特别的是状态码 401，一般用于表示登录失效，要求重新登录，因此要跳转到登录页。

在响应拦截器中判断响应状态时，可以依据 HTTP 状态码，也可以依据业务状态码，实际的响应情况根据接口规则而定。

4.6　本章小结

本章由浅入深一步步剖析了 Vue.js 3 的知识点。先介绍 Vue.js 的基础概念，再介绍 Vue.js 的组件体系，最后介绍 Vue.js 3 新增的组合式 API。Vue.js 3 其实是在旧版 Vue.js 的基础上，用一套更接近 JavaScript 的语法实现功能的重写。但这种重写不是强制性的，可以很自然地与选项式 API 结合使用，因此被叫作组合式 API。

在响应系统方面，Vue.js 3 用更先进的 Proxy 代理器替换了之前的 getter/setter，使状态的深层监听不再是问题；在组件方面，Vue.js 3 直接支持.jsx/.tsx 文件，函数式的 JavaScript 语法获得了更好的 TypeScript 支持。

得益于组合式 API 的更新，Vue.js 周边生态也发生了变化。Vue Router 4 支持在组合式 API 中使用，Pinia 代替 Vuex 成为官方推荐的状态管理方案。

在工程方面，Vue.js 3 最大的变化是使用 Vite 代替 Webpack 使构建速度飞速提升，一些常用小工具都变成 Vite 插件。这些变化在后面几章会逐步展开介绍。

第 5 章

【实战】使用 Vue.js 3 编写一个
备忘录应用

本章通过实战深入讲解 Vue.js 3。备忘录的逻辑简单，结构清晰，并且能涵盖第 4 章 80% 的
Vue.js 3 的知识点，因此用这个项目来帮助读者巩固第 4 章的内容非常合适。

本项目的源码在本书的配套资源包中。读者可以一边阅读本章内容一边对照着源码学习，这样
的学习效果会更好。

5.1 需求：备忘录需求分析

本项目参考 MacBook 的备忘录 App，做一个类似的网页版备忘录。

使用备忘录的目的是快速记录信息。在备忘录主页面中，左侧区域是文件夹列表，用来归类不
同的备忘录。中间区域是选中文件夹中的备忘录列表。在用户单击某条备忘录时，右侧区域会出现
一个富文本编辑器，此时便可以编辑这条备忘录的内容。

备忘录是个人私有信息，只有本人才能看到备忘录的内容，因此需要具有登录功能。在登录成
功后，用户既可以在自己的账号下创建备忘录，又可以看到已经创建的备忘录和文件夹。

本章主要依据上述需求开发备忘录项目。本项目包含首页和登录页两个页面，这两个页面如
图 5-1 和图 5-2 所示。

图 5-1

图 5-2

5.1.1 分析首页

图 5-1 所示的首页采用上下布局模式，由头部区域和主区域构成。主区域又分为左、中、右 3 个部分，分别展示文件夹列表、备忘录列表和备忘录内容。

可以将首页拆分为 4 个组件，具体如下。

1. 头部组件

头部组件是一个通用组件，用于展示应用标题和用户信息。头部组件需要根据用户的登录情况选择性地展示用户信息：若已登录，则展示用户名和"退出登录"按钮；若未登录，则不处理（未登录时不会进入首页）。

2. 文件夹列表组件

顾名思义，文件夹列表组件用于展示文件夹列表数据。另外，还要有一个"新建文件夹"按钮，并且支持文件夹切换的逻辑。文件夹列表数据存储在 localStorage 中，并且与状态管理中的数据同步。

3. 备忘录列表组件

备忘录列表组件用于展示某个文件夹下的备忘录列表数据。该组件中不仅要有一个"新建备忘录"的按钮，还要有选中和删除某条备忘录的功能。在选中某条备忘录时，可以在编辑器中填充备忘录内容，并且可以随时编辑。

4. 备忘录内容组件

备忘录内容组件是本项目的重心，是最主要的内容编辑区域。该组件的核心是富文本编辑器。另外，还需要做一个公共的编辑器组件，用来同时编辑备忘录的标题和内容。

打开项目时默认进入首页，此时还要检测用户是否已登录。若用户未登录，则立即跳转到登录页，只有登录成功后才会自动跳转到首页，显示当前登录用户的备忘录。

5.1.2 分析登录页

在如图 5-2 所示的登录页中，可以看到只有一个表单区域，表单底部可以切换登录和注册模式。

- 在登录模式下，有手机号文本框和密码文本框，单击"登录"按钮就会执行登录逻辑。
- 在注册模式下，除手机号文本框和密码文本框外，还有用户名文本框和确认密码文本框。在用户注册成功之后，该注册信息就会被存储到 localStorage 中。

若用户已经登录，则不允许通过 URL 再次进入登录页，用户必须手动退出登录才可以再次登录。若在已登录状态下访问登录页，则会被重定向到首页。

5.2 设计：搭建项目的基础结构

在确认需求之后，就要动手搭建应用框架。首先使用脚手架生成默认项目，然后在此基础上添加需要的配置。

5.2.1 使用脚手架创建项目

打开命令行工具，先切换到存储项目的文件夹，再执行以下命令：

```
$ npm create vue@3
```

使用此命令不仅会拉取 Vue.js 3 项目模板，还会在终端提示用户选择生成项目的选项。可供选择的选项如下。

- 项目名称：vue3-memo。
- 选择集成的包：TypeScript、JSX、Vue Router 和 Pinia。

稍等几分钟，终端会提示项目创建成功。

先使用 VSCode 编辑器打开项目，再在该编辑器的终端执行以下命令安装依赖：

```
$ yarn && yarn run start
```

安装依赖后会自动运行项目。运行成功后，打开浏览器即可看到项目默认的页面。

5.2.2 接入 UI 框架 Element Plus

得益于前端的快速发展，以及组件的高度标准化，很多基础页面内容不需要从 0 开始编写，可以选择一个好用且功能强大的 UI 框架迅速开发页面。

Element Plus 是 Element UI 的 Vue.js 3 升级版，组件丰富，应用范围广，社区也有很多的案例，是非常优秀的解决方案。接下来安装并使用 Element Plus。

（1）在项目目录下使用 yarn 命令安装 Element Plus：

```
$ yarn add element-plus
```

（2）在入口文件 main.ts 中全局注册 Element Plus：

```
// main.ts
import ElementPlus from 'element-plus'
import './styles/main.less'
app.use(ElementPlus)
```

在上述代码中引入了全局样式 styles/main.less。在默认情况下，用 Vue.js 3 创建的项目不支持 Less，所以还需要安装 Less 模块：

```
$ yarn add less
```

在安装 Less 模块之后，Vue.js 3 即可自动解析 Less 语法。

（3）创建 main.less 文件，并在头部直接引入 Element Plus 的样式：

```less
// main.less
@import 'element-plus/dist/index.css';
```

（4）在 App.vue 中添加一个 Element Plus 的按钮组件：

```html
<el-button type="primary">按钮</el-button>
```

（5）通过在终端执行 yarn dev 命令启动项目，可以发现 Element Plus 组件生效。

5.2.3 使用 Vue Router 配置页面路由

前端路由系统是由 "一个根组件 + 多个配置组件" 组成的。根组件是 App.vue，在入口文件中可以直接渲染这个组件。而配置组件则是在 Vue Router 中配置的，这些组件都有一个特定的路由地址，在访问这些地址时，地址匹配的组件就会被渲染到屏幕上。

接下来基于首页和登录页配置页面路由。

（1）在 views 文件夹下新建两个组件，分别是 Home.vue 和 Login.vue。这两个组件分别代表项目的首页和登录页（注意：首字母要用大写形式）。

（2）先创建 router/index.ts 文件，再创建路由对象。

目录 router 是路由目录，router/index.ts 是路由入口文件。在这个文件中，不仅要创建全局路由对象，还要为页面添加路由配置，代码如下：

```typescript
import { createRouter, createWebHistory } from 'vue-router'
import HomeView from '@/views/Home.vue'
import LoginView from '@/views/Home.vue'

const router = createRouter({
  history: createWebHistory(),          // 不带 "#" 的路由模式
  routes: [
    { path: '/', component: HomeView },
    { path: '/login', component: LoginView },
  ],
})
export default router
```

上面的代码为首页和登录页配置了一级路由。当在浏览器中访问这些配置好的 path 时，就能匹配到对应的组件。

（3）将创建好的路由对象导入入口文件 main.ts，并在 Vue.js 实例中注册：

```typescript
import { createApp } from 'vue'
```

```
import App from "./App.vue";
import router from './router'
const app = createApp(App)
app.use(router)
```

（4）将根组件 App.vue 的代码修改为如下形式：

```
<template>
  <router-view />
</template>
<script setup lang="ts">
import { RouterView } from 'vue-router'
</script>
```

根组件只需要一个<router-view />渲染容器。当一级路由匹配到某个组件时，该组件就会被渲染到这里。

5.2.4   使用 Pinia 做全局状态管理

在传统的 Vue.js 组件编写方法中，在一个组件内可以同时定义模板、数据、逻辑和样式。这样虽然可以使组件最大限度地独立，但是组件内的逻辑的复用非常麻烦。使用 Pinia 可以轻松实现跨组件的状态共享。

Pinia 是 Vue.js 3 官方推荐的状态管理库。集成 Pinia 只需要完成如下两步。

（1）安装 Pinia。在终端执行以下命令：

```
$ yarn add pinia
```

（2）全局配置。在入口文件 main.ts 中加载 Pinia 模块，配置如下：

```
import { createPinia } from 'pinia'
const app = createApp()
app.use(createPinia())
```

全局配置生效后，就可以使用 Pinia 创建 Store 并在组件中使用。之后会为首页和登录页分别创建一个 Store 存储各自页面用到的状态。

5.2.5   编写公共组件和公共函数

项目中的公共资源是在所有页面中都可以使用的通用资源。公共资源包括公共组件、公共函数和公共样式等。公共资源的封装是为了提高页面通用内容的可复用性，降低代码冗余，以及简化更新步骤。接下来编写一部分基础的公共资源。

1. 公共头部组件

头部组件会在除登录页外的所有页面中展示，展示的内容包括已登录用户的信息和标题等。公共组件的名称统一以"Cus"开头，并且保存在 components 目录下，因此头部组件可命名为 CusHeader。

创建 components/CusHeader.vue 文件，用来表示公共头部组件。公共头部组件的内容比较简单，具体实现请参考本书的配套代码。

2. 公共工具函数

公共函数统一定义在 utils/index.ts 文件中。在定义函数之后必须通过 export 关键字导出，以保证在组件中可以导入函数使用。

（1）编写一个时间处理函数，将时间处理为特定格式的字符串在页面中展示。时间处理需要借助第三方包 dayjs 实现。安装 dayjs 包的代码如下：

```
$ yarn add dayjs
```

编写 FormatTime()函数，接收时间参数并处理格式，返回最终格式，代码如下：

```
import datjs from 'dayjs'
export const FormatTime = (date: Date | string) => {
  return datjs(date).format('YYYY/MM/DD hh:mm')
}
```

当页面组件中需要展示时间时，应使用 FormatTime()函数转换时间格式：

```
import { FormatTime } from '@/utils'
var time = FormatTime(new Date())
```

（2）分别编写从 localStorage 中获取和设置数据的函数，在函数内自动处理序列化/反序列化，方便在组件中与 localStorage 交互：

```
// 获取 localStorage
export const localGetItem = (key: string): any => {
  let data_str = localStorage.getItem(key)
  if (data_str) {
    return JSON.parse(data_str)
  }
  return null
}
// 设置 localStorage
export const localSetItem = (key: string, value: any): void => {
```

```
    localStorage.setItem(key, JSON.stringify(value))
}
```

（3）编写一个生成随机数的函数，以便在创建备忘录和文件夹数据时生成唯一的 ID：

```
// 生成随机 ID
export const geneId = (): number => {
  return Math.floor(Math.random() * 939874)
}
```

5.3 开发：业务功能编码

上面已经完成项目基础结构的搭建，接下来正式进入业务开发环节。

5.3.1 开发登录页

5.2.3 节已经创建了登录页组件 Login.vue。登录页的功能包括登录和注册，若没有账号则先注册，若已有账号则直接登录。我们需要使用表单功能来接收用户的输入，并且可以切换登录模式和注册模式。

（1）编写登录页面组件模板代码：

```
<template>
  <div class="login-page">
    <el-form class="login-form">
      <h2 class="title">{{ is_login ? '登录' : '注册' }}</h2>
      <el-form-item v-if="!is_login">
        <el-input placeholder="用户名" size="large" v-model="form.user_name" />
      </el-form-item>
      <el-form-item>
        <el-input placeholder="手机号" size="large" v-model="form.phone" />
      </el-form-item>
      <el-form-item>
        <el-input placeholder="密码" size="large" v-model="form.password"/>
      </el-form-item>
      <el-form-item>
        <el-button @click="submitForm">{{ is_login ? '提交' : '注册' }}</el-button>
        <div class="text-row">
          <span class="text-wrap" @click="is_login = !is_login">
            <span>{{
```

```
            is_login ? '没有账号? 去注册' : '已有账号? 去登录'
          }}</span>
        </span>
      </div>
    </el-form-item>
  </el-form>
</div>
</template>
```

上面的代码用到了表单组件 el-form 和 el-form-item，这两个组件由 Element Plus 提供。表单中一共包括 3 个元素，分别为用户名文本框、手机号文本框和密码文本框，并且与对应的状态双向绑定。此外，状态 is_login 用来判断当前是登录还是注册，并展示不同的内容。

表单底部可以切换登录模式与注册模式。当切换到注册模式时，表单中会多出用户名文本框和确认密码文本框，在不同的模式下单击"提交"按钮会执行不同的操作。

（2）添加基础样式代码，使用 Less 语法：

```
<style lang="less">
.login-form {
  width: 360px;
  background: #fff;
  padding: 30px 50px 10px 50px;
  border-radius: 7px;
  margin: 20px auto;
  box-shadow: var(--el-box-shadow);
  .title {
    text-align: center;
    margin-bottom: 18px;
  }
}
</style>
```

上面的代码修饰了表单区域的样式，并且使用了 Element Plus 提供的 CSS 变量，即--el-box-shadow。该变量定义了一个阴影效果，可以直接用 val() 来加载这个变量。

最终的登录和注册的页面效果分别如图 5-3 和图 5-4 所示。

（3）定义组件状态。在 script 部分分别定义状态 is_login、form 和 loading，loading 表示按钮是否有加载中动画，代码如下：

```
<script setup lang="ts">
import { ref } from 'vue'
const is_login = ref(true)
```

```
const loading = ref(false)
const form = ref({
  phone: '', user_name: '', password: '',
})
</script>
```

图 5-3

图 5-4

（4）单击"提交"按钮会触发 submitForm()方法，执行登录或注册的逻辑。该方法的具体实现请参考本书的配套代码。

因为登录和注册都需要与接口交换数据，所以其代码实现细节都定义在用户 Store 下，接下来编写这个仓库的代码。

5.3.2 编写用户 Store

用户 Store 主要用于定义用户状态和修改用户状态。下面创建用户仓库并实现状态的定义和操作。

（1）新建 stores/user 文件夹，创建 types.ts 文件编写用户数据类型：

```
export interface UserType {
  user_id?: number
  user_name: string
  phone: string
  password?: string
}
```

上面的代码定义并导出了 UserType 类型，该类型会在创建状态时使用。

（2）在 stores/user 文件夹下创建 index.ts 文件，并在该文件中创建 Store：

```
import { defineStore } from "pinia";
import type { UserType } from "./types";
const userStore = defineStore("user", {
  state: () => ({
    userInfo: null as UserType | null,
  }),
})
export default userStore;
```

上面的代码创建了 userStore 仓库，并定义了状态 userInfo 表示当前已登录的用户。userInfo 使用 as 关键字为其指定 UserType 类型。

（3）创建修改用户的方法。在 actions 选项下定义 setUser()方法：

```
actions: {
  setUser(user: UserType) {
    this.userInfo = user;
    localStorage.setItem("login_user", JSON.stringify(user));
  }
}
```

在上面的代码中，在为 userInfo 赋值后，还将用户数据存储在 localStorage 中，这是为了实现数据的持久化。

> 📌提示　因为在 Pinia 仓库中存储的所有状态在刷新浏览器时都会被销毁重置，所以需要将这些状态存储在 localStorage 中避免数据丢失。同时，因为本项目使用 localStorage 代替数据库存储数据，所以要保持 Pinia 和 localStorage 中的数据同步。

（4）在 utils/index.ts 文件中定义 ImitateHttp()方法，其含义为模拟 HTTP 请求，代码如下：

```
export const ImitateHttp = (
  fun: (s: Function, f: Function) => void,
  timer = 1000
) => {
  return new Promise((resolve, reject) => {
    setTimeout(() => fun(resolve, reject), timer)
  })
}
```

（5）创建注册方法 register()，该方法用来接收用户信息并生成 user_id，代码如下：

```
actions: {
  register(form: UserType) {
```

```
    return ImitateHttp((s, f) => {
      form.user_id = parseInt(form.phone.slice(-4));
      localStorage.setItem("regis_user", JSON.stringify(form));
      s('ok');
    })
  }
}
```

register()方法使用工具函数 ImitateHttp()模拟请求，在延迟 1 秒后执行注册逻辑。延迟的目的是模拟调用注册接口时的耗时，使用户体验更逼真。

（6）创建登录方法 login()。登录方法有两重验证，一是是否已注册，二是账号密码是否正确。两重验证通过后即可为 userInfo 赋值，表示登录成功。代码如下：

```
actions: {
  login(form: UserType) {
    let regis = localStorage.getItem("regis_user");
    return ImitateHttp((s, f) => {
      if (!regis) {
        f("用户未注册");
      } else {
        let user: UserType = JSON.parse(regis);
        if (user.phone == form.phone && user.password == form.password) {
          this.setUser(user);
          s("登录成功");
        } else {
          s("手机号或密码错误");
        }
      }
    });
  }
}
```

（7）在文件末尾将 userStore 仓库导出，在外部使用时就可以直接导入，代码如下：

```
// stores/user/index.ts
import { defineStore } from "pinia";
const userStore = defineStore("user", {...})
export default userStore;
```

但是有的页面可能会导入多个仓库，为了减少多次导入，创建了 stores/index.ts 文件，在这里将仓库全局导出：

```
// stores/index.ts
```

```
export { default as userStore } from "./user";
```

之后便可以在任意页面中快速导入该仓库并使用：

```
import { userStore } from '@/stores'
const store = userStore()
```

5.3.3　开发首页

首页是本项目的主要操作页面，该页面包含文件夹列表、备忘录列表和备忘录编辑等功能。因为首页的内容比较多，所以将文件夹列表和备忘录列表单独提取为组件，页面中只保留编辑器的部分。

（1）编辑首页根组件 Home.vue，代码如下：

```
<!-- Home.vue -->
<template>
  <main class="home-point">
    <cus-header></cus-header>
    <router-view></router-view>
  </main>
</template>
<script setup lang="ts">
import CusHeader from '@/components/CusHeader.vue'
</script>
```

上面代码的模板中只用了两个组件：公共头部组件和路由视图组件。

- 公共头部组件：只会加载一次，对除登录页外的所有页面生效。
- 路由视图组件：用于匹配定义在首页组件下动态切换的所有子路由组件。

（2）新建 views/index/index.vue 文件表示首页组件，并为该组件配置路由：

```
// router/index.ts
routes: [
  {
    path: '/',
    component: HomeView,
    redirect: '/index',
    children: [
      {
        path: 'index',
        component: () => import('@/views/index/index.vue'),
      },
    ],
```

```
    },
  ]
```

在上面的代码中，首页被配置为首页根组件 Home.vue 的二级路由，同时添加了"redirect: '/index'"配置来保证打开网址时自动重定向到首页。

（3）按照左、中、右三栏布局结构编写模板代码：

```
<template>
  <div class="index-page">
    <div class="catalogs">
      <!--文件夹区域-->
      <Cataloge></Cataloge>
    </div>
    <div class="memos">
      <!--备忘录列表区域-->
      <Menos></Menos>
    </div>
    <div class="detail">
      <!--编辑器区域-->
    </div>
  </div>
</template>
```

上述代码使用了 Cataloge 组件和 Menos 组件，即单独提取的文件夹列表组件和备忘录列表组件。编辑器区域的内容会在 5.3.8 节展开介绍。

（4）编写 JavaScript 代码引入 Cataloge 组件和 Menos 组件，并初始化首页 Store：

```
<script setup lang="ts">
import { indexStore } from "@/stores";
import Cataloge from "./catalogs.vue";
import Menos from "./menos.vue";
const store = indexStore();
</script>
```

上述代码在同级目录下导入两个子组件，5.3.5 节和 5.3.6 节会详细介绍这两个组件。

（5）使用 Flex 布局实现页面结构的排版：

```
<style lang="less">
.index-page {
  display: flex;
  align-items: stretch;
  height: calc(100vh - 55px);
```

```
  .catalogs {
    width: 20%;
    background: #f9f9f9;
  }
  .memos {
    width: 25%;
  }
  .detail {
    flex: 1;
  }
}
</style>
```

至此，完成首页的基本结构。

5.3.4 编写首页 Store

在首页中引入首页 Store，该 Store 会存储很多状态用于在首页和其子组件中使用。下面编写首页 Store 的代码。

（1）新建 stores/index 文件夹，并添加 index.ts 文件和 type.ts 文件。在 index.ts 文件中创建首页 Store：

```
import { defineStore } from "pinia";
const indexStore = defineStore("index", {
    state: () => ({})
})
export default indexStore;
```

（2）在 type.ts 文件中定义文件夹和备忘录的类型：

```
export interface CatalogType {
  cata_id: number;                    // 文件夹 ID
  user_id: number;                    // 用户 ID
  cata_name: string;                  // 文件夹名称
}
export interface MemoType {
  memo_id: number;                    // 备忘录 ID
  cata_id: number;                    // 文件夹 ID
  title: string;                      // 备忘录标题
  content: string;                    // 备忘录内容
  update_at: number;                  // 更新时间
}
```

在上述代码中，CatalogType 表示文件夹类型，MemoType 表示备忘录类型。文件夹数据和备忘录数据的字段必须严格匹配类型文件中的定义。

（3）在首页 Store 中添加 4 个状态，分别是文件夹列表、备忘录列表、当前文件夹 ID 和当前备忘录 ID。各状态的定义如下：

```
state: () => ({
  catalogs: [] as CatalogType[],          // 文件夹列表
  memos: [] as MemoType[],                // 备忘录列表
  active_cataid: null as number | null,   // 当前文件夹 ID
  active_memoid: null as number | null,   // 当前备忘录 ID
}),
```

在首页和子组件中读取这些状态，可以渲染出文件夹和备忘录的数据。

（4）添加设置状态的方法。从 localStorage 中获取数据并为 catalogs 状态和 memos 状态赋值，同时添加设置 active_cataid 和 active_memoid 的方法，编写 Action：

```
actions: {
  // 获取目录列表
  getCatalogs() {
    let data = localGetItem("catalogs");
    if (data) {
      this.catalogs = data;
    }
  },
  // 获取备忘录列表
  getMemos() {
    let data = localGetItem("memos");
    if (data) {
      this.memos = data;
    }
  },
  // 设置备忘录 ID
  setMemoId(id: number | null) {
    this.active_memoid = id;
    localSetItem("active_memoid", id);
  },
  setCateId(id: number | null) {
    this.active_cataid = id;
    localSetItem("active_cataid", id);
  }
}
```

（5）在 stores/index.ts 文件中将首页 Store 全局导出：

```
export { default as indexStore } from "./index/index";
```

至此，可以在首页组件中导入并使用这些在首页 Store 中定义的状态和方法。

5.3.5 开发文件夹列表组件

文件夹列表组件可以将首页左侧的文件夹区域提取到单独的组件中，主要用来展示文件夹列表，对文件夹数据进行增、查、改、删。

（1）在 views/index 目录下创建 catalogs.vue 组件，并添加模板代码：

```
<template>
  <div class="catalogs-comp">
    <div class="handel">
      <el-button round @click="toCreate">新建文件夹</el-button>
    </div>
    <div class="catas-list">
      <div v-for="item in store.catalogs" :key="item.cata_id"
        :class="store.active_cataid == item.cata_id ? 'cata-item active' :
'cata-item'"
        @click="store.setCateId(item.cata_id)" >
        <el-icon :size="17">
          <FolderOpened v-if="store.active_cataid == item.cata_id" />
          <FolderRemove v-else />
        </el-icon>
        <span class="text">{{ item.cata_name }}</span>
      </div>
    </div>
  </div>
</template>
```

上述代码遍历了仓库中的文件夹列表状态 catalogs，并通过 active_cataid 状态来判断当前文件夹是否被选中，从而展示不同的图标与样式。

（2）模板中有"新建文件夹"按钮，在首页 Store 中添加 createCata()方法实现新建文件夹的功能：

```
import { geneId, localSetItem, localGetItem } from "@/utils";
actions: {
  // 新建文件夹
  createCata(val: CatalogType) {
    let curcata = Object.assign({}, val, {
```

```
    cata_id: geneId();
  });
  this.catalogs.push(curcata);
  localSetItem("catalogs", this.catalogs);
  },
}
```

新建文件夹时会自动生成 ID 标识，这里使用的是工具函数 geneId()。文件夹有"增、查、改、删"的功能，这里只介绍新建文件夹的函数，其他的函数与其类似。

（3）编写 JavaScript 代码，导入首页 Store 并添加新建文件夹的函数：

```
<script setup lang="ts">
import { indexStore } from '@/stores'
import { ElMessageBox } from 'element-plus'
const store = indexStore()
// 新建文件夹
const toCreate = () => {
  ElMessageBox.prompt('输入文件夹名称', {
    confirmButtonText: '确认',
    cancelButtonText: '取消',
  }).then(res => {
    if (res.value) {
      store.createCata({
        user_id: 'xxx',
        cata_name: res.value,
      })
    }
  })
}
</script>
```

最终的文件夹的页面展示效果如图 5-5 所示。

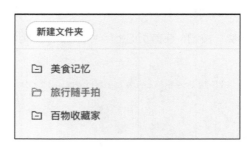

图 5-5

5.3.6　开发备忘录列表组件

备忘录列表组件与文件夹列表组件的实现原理相同，都将页面单独提取为组件，并把状态定义在首页 Store 中。

（1）在 views/index 目录下创建 menos.vue 组件，并添加模板代码：

```
<template>
  <div class="menos-comp">
    <div class="handel">
      <span>共{{ store.activeMemos.length }}条备忘录</span>
      <el-button :icon="Plus" circle @click="toCreate"/>
    </div>
    <div class="menos-list">
      <div
        v-for="item in store.activeMemos"
        :key="item.memo_id"
        :class="
          store.active_memoid == item.memo_id ? 'meno-item active' : 'meno-item'
        "
        @click="store.setMemoId(item.memo_id)"
      >
        <div class="meno-item-inner">
          <h3>{{ item.title }}</h3>
          <span class="text">{{ FormatTime(item.update_at) }}</span>
        </div>
      </div>
    </div>
  </div>
</template>
```

上述代码的头部用来展示备忘录数量和添加按钮，下部用来遍历 activeMemos 状态，以及展示当前的备忘录列表。备忘录的时间用工具函数 FormatTime()处理，并且通过 active 类名来表示选中状态。

（2）在首页 Store 中定义 createMemo()方法用于创建备忘录，定义 getMemos()方法用于获取备忘录列表，并定义 activeMemos 表示当前的备忘录列表：

```
actions: {
  getMemos() {
    let data = localGetItem("memos");
    if (data) this.memos = data;
```

```
  },
  createMemo(val: Pick<MemoType, "title" | "cata_id" | "content">) {
    let memo = Object.assign({}, val, {
      memo_id: geneId(),
      update_at: new Date().valueOf(),
    });
    this.memos.push(memo);
    localSetItem("memos", this.memos);
  }
}
getters: {
  activeMemos: (state) => {
    return state.memos.filter((r) => r.cata_id == state.active_cataid);
  }, // 当前的备忘录列表
}
```

创建备忘录时自动生成备忘录ID，同时修改更新时间；activeMemos 的值会根据 active_cataid
状态的改变自动更新，这些状态刚好满足在模板中使用。

（3）编写 JavaScript 代码，创建备忘录弹框，输入标题并创建数据：

```
<script setup lang="ts">
import { indexStore } from '@/stores'
import { ElMessageBox } from 'element-plus'
import { FormatTime } from '@/utils'
const store = indexStore()
// 创建备忘录弹框
const toCreate = () => {
  ElMessageBox.prompt('输入备忘录标题', {
    confirmButtonText: '确认',
    cancelButtonText: '取消',
  }).then(res => {
    if (res.value && store.active_cataid) {
      store.createMemo({
        cata_id: store.active_cataid,
        title: res.value,
        content: '',
      })
    }
  })
}
</script>
```

最终备忘录列表的页面效果如图 5-6 所示。

图 5-6

5.3.7　开发编辑器组件

编辑备忘录内容需要一个富文本编辑器，可以借助开源第三方编辑器 wangEditor。wangEditor 对 Vue.js 3 支持友好，可定制程度高。下面按照步骤安装和使用该编辑器，并且封装一个名为 CusEditor.vue 的公共编辑器组件。

（1）执行如下命令安装 wangEditor：

```
$ yarn add @wangeditor/editor
$ yarn add @wangeditor/editor-for-vue@next
```

（2）创建 components/CusEditor.vue 组件，并编写如下代码：

```
<template>
  <div class="customcomp-editor">
    <toolbar :editor="editorRef" />
    <slot/> // 插槽
    <editor
      mode="simple"
      v-model="valueHtml"
      @onCreated="ref => (editorRef = ref)"
    />
  </div>
</template>
<script setup lang="ts">
import { ref, shallowRef } from 'vue'
import { Editor, Toolbar } from '@wangeditor/editor-for-vue'
const valueHtml = ref('<p>hello</p>')
```

```
const editorRef = shallowRef()
</script>
<style lang="less">
@import '@wangeditor/editor/dist/css/style.css';
.customcomp-editor {
  width: 100%;
}
</style>
```

上面的代码先引入 Editor 组件和 Toolbar 组件，分别表示编辑器和工具栏；再引入编辑器的 CSS 样式文件，并双向绑定一个状态。这样一个简单的编辑器就可以使用了。

> 📌 提示　在模板中的工具栏组件和编辑器组件之间有一个默认插槽<slot/>，该插槽的作用是将标题文本框插入此处。

（3）实现自定义 v-model 指令。

公共编辑器组件的内容要从外部传入，因此需要手动实现 v-model 指令供外部使用。将编辑器组件原本的 v-model 指令修改为如下形式：

```
<editor ... v-model="valueHtml"/>
// 修改为如下形式
<editor ... :modelValue="props.modelValue" @onChange="onChange"/>
```

修改之后，在 script 部分定义 props 和 onChange：

```
const props = defineProps<{
  modelValue: string;
}>();
const emits = defineEmits<{
  (e: "update:modelValue", html: string): void; // 自定义事件
}>();
const onChange = (editor)=> {
  // 触发自定义事件
  emits("update:modelValue", editor.getHtml());
}
```

经过上面的完善，这个编辑器组件在外部使用时即可用 v-model 指令绑定数据，使用方式如下：

```
<cus-editor v-model="valueHtml"/>
```

（4）自定义编辑器工具栏。

默认的编辑器工具的栏选项非常多，但很多是不常用到的，因此可以精简一下。在 Toolbar 组件的 defaultConfig 属性下可以自定义工具栏，代码如下：

```
<toolbar :defaultConfig="config"/>
// script
const config = {
  toolbarKeys: [
    "undo", "redo", "|",
"bold","italic", "through","color","bgColor","|",
    "fontSize", {
      key: "group-justify",
      menuKeys: [
        "justifyLeft",
        "justifyRight",
        "justifyCenter",
        "justifyJustify",
      ],
      title: "对齐",
    },
    "insertImage", "|",
    "clearStyle",
  ],
};
```

至此，编辑器组件开发完成，关于更多细节请查阅本章的配套代码。

5.3.8　实现备忘录编辑

5.3.7 节实现了编辑器组件，本节在首页中使用该组件编辑选中的备忘录内容。

（1）引入公共编辑器组件 CusEditor，并定义一个标题文本框，之后将其作为默认插槽插入编辑器内部：

```
<template>
  ...
  <div class="detail">
    <cus-editor v-model="content">
      <input placeholder="输入标题" class="memo-title" v-model="title" />
    </cus-editor>
  </div>
</template>
<script setup lang="ts">
import { ref } from 'vue'
import CusEditor from '@/components/CusEditor.vue'
const title = ref('')
```

```
const content = ref('')
</script>
```

上面的代码定义了 title 状态和 content 状态，分别表示备忘录的标题和内容。在默认情况下，这两个状态是空的，因此还要获取当前选中的备忘录并为其赋值。

（2）在首页 Store 中定义一个名为 activeMemo 的 Getter，用来动态获取当前选中的单条备忘录：

```
getters: {
  activeMemo(state): MemoType {
    return this.activeMemos.find((r) => r.memo_id == state.active_memoid);
  }, // 当前的单条备忘录
},
```

（3）在 JavaScript 代码中监听 active_memoid 状态并修改备忘录的标题和内容，这里需要使用计算属性和 watch 监听：

```
import { computed, watch, nextTick} from "vue";
import { indexStore } from "@/stores";
const store = indexStore();
const cur_memoid = computed(() => store.active_memoid);

const updateCtx = () => {
  if (store.activeMemo) {
    // 避免数据修改页面不更新
    nextTick(() => {
      title.value = store.activeMemo.title;
      content.value = store.activeMemo.content;
    });
  }
};
watch(cur_memoid, (val) => {
  if (val) {
    updateCtx();
  } else {
    title.value = content.value = "";
  }
});
```

Vue.js 3 不支持直接监听仓库中的状态，所以用计算属性 cur_memoid 将 active_memoid 状态包裹后监听，并根据监听结果修改编辑器中的内容。

至此，实现了编辑标题和富文本内容时的自动保存。请尝试编写一段文字并刷新浏览器，发现文本内容依然存在；或者直接查看控制台的 localStorage，发现本地数据已经更新。

最终的编辑器的页面效果如图 5-7 所示。

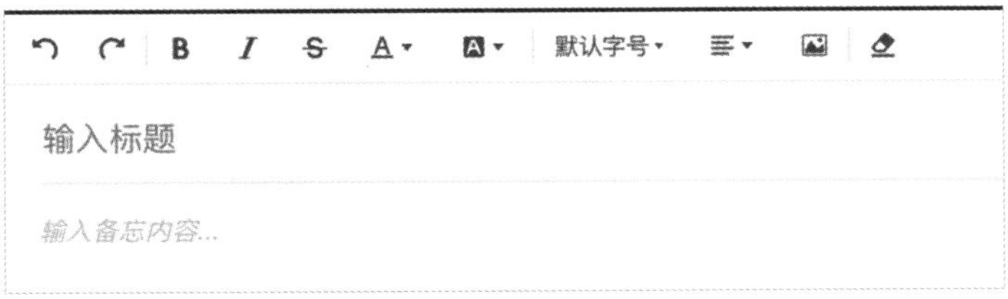

图 5-7

5.4　本章小结

本章从产品需求、框架设计到功能开发，从零开始实现了一个 Vue.js 3 版本的备忘录项目。这个项目用到了大部分在第 4 章介绍的 Vue.js 3 的相关技术。特别是该项目整体的框架设计比较成熟，可以扩展到任意大型项目。

本项目所有的代码和效果都是笔者亲手编写的，可以确保每个环节都没有未经验证的逻辑。关于本项目的代码，请查阅本章附属的代码包。

第 3 篇
从 3 个方向提升技术实力

第 6 章

构建工具 Vite——将新技术的代码转换为浏览器认识的语法

从本章开始，正式带领读者进入前端进阶部分。该部分不仅会介绍前端工作实际需要的技能，还会深入剖析框架、工程化的原理，提高前端开发者独有的竞争力。

本章主要介绍 Vue.js 3 配套的构建工具。目前广受欢迎且被称为下一代构建工具的是 Vite。因为 Vite 是使用 esbuild 构建的，打包速度比 Webpack 快了几十倍。Vite 不但适用于 Vue.js 3 项目，而且是前端通用的构建工具。传统项目及 React 同样可以接入 Vite。

读者在深入学习本章之后，就可以尝试使用 Vite 创建一个现代工程项目，从项目中感受 Vite 带来的极致的开发体验。

6.1　认识构建工具

如果你是一名有经验的前端开发者，一定听说过构建工具。什么是构建工具？构建工具有什么作用？本节主要探索这两个问题。

在前端传统的"三驾马车"中并没有"构建"这一说法，因为开发者编写的 HTML、CSS 和 JavaScript 代码"扔给"浏览器就可以直接运行。然而，一些新技术（如 Sass、TypeScript 和 ESM 等）虽然能解决各种问题，但浏览器并不认识它们的代码，只有将其转换为浏览器认识的语法才能被执行，这个转换过程就是"构建"，也可称为"打包"。

在一个现代前端项目中，几乎每处代码都要经过层层构建才能变成最终的产物，这个过程非常复杂。如果要修改一个组件，那么当这部分修改最终在页面上生效时，中间需要经过一系列的构建步骤。

- TypeScript 转换：将 TypeScript 代码编译成 JavaScript 代码。

- JavaScript 转换：将 ES6+代码编译成 ES5 代码。
- CSS 转换：将 Sass、Less 等编译成普通 CSS 代码。
- Vue.js 转换：解析并拆分.vue 文件，生成标准代码。
- ESLint 校验：检测代码是否有语法错误，以及是否符合规范等。
- 其他的构建任务。

如果每个构建任务都要手动执行，那么效率非常低，并且在大型项目中根本不现实。因此，开发者希望有一个工具，可以自动执行这一套构建任务，只需要提供一个触发时机，这样效率就会大大提高。"自动执行构建任务"的工具就是构建工具。

构建工具的作用可以概括为，简单、快速、高效地把源码转换成可执行的 HTML 代码、CSS 代码和 JavaScript 代码。

下面介绍 3 款主流的构建工具，即 Webpack、Rollup 和 Vite。

6.1.1 老牌工具——Webpack

Webpack 是前端静态资源的打包工具，可以将一切文件资源（包括 JavaScript 代码、CSS 代码和图片等）视为模块。因此，Webpack 是一款模块打包工具。Webpack 几乎支持市面上所有的模块系统（如 ESM、CommonJS 和 AMD），可以在绝大部分场景下使用。Webpack 专注于构建模块化的项目。

Webpack 官网绘制的 Webpack 的构建原理如图 6-1 所示。

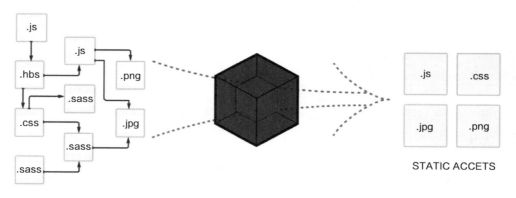

图 6-1

Webpack 会从一个或多个入口文件开始，依次查找依赖关系，最终构建一个依赖图，这个依赖图中包含应用程序所需的所有模块。在使用 Webpack 处理模块时会将一个入口文件的依赖图视为一个 chunk，处理后可能会输出一个或多个 bundle。通常只有一个 bundle 会被浏览器直接加载，其他的 bundle 可以按需加载。

当遇到不认识的模块时，Webpack 会通过 Loader 转换文件。例如，在使用 Vue.js 时会遇到以.vue 为后缀的单文件组件，虽然 Webpack 默认不认识这个组件，但是可以通过 vue-loader 来解析，并将其拆解为普通的 JavaScript 代码、CSS 代码，最终输出可运行的 bundle 文件。

如果想要自定义 Webpack 的构建过程，那么可以使用 Plugins 插件来实现。例如，要设置一组环境变量，可以先通过 DefinePlugin 插件定义，再在代码中使用该变量。当 Webpack 执行构建时，代码中的环境变量会被替换为插件中定义的环境变量值。

Webpack 具有很高的灵活性，可以通过丰富的配置来定义如何处理文件，示例如下：

```
module.exports = {
  entry: './app.js',            // 模块入口文件
  output: {
    filename: 'bundle.js',      // 打包后生成一个文件 bundle.js 输出
  },
  module: {
    rules: [],                  // 定义 Loader
  },
  plugins: [],                  // 定义 Plugin
}
```

6.1.2　轻量工具——Rollup

Rollup 是在 Webpack 流行之后出现的另一款打包工具。Rollup 只专注于 JavaScript 的模块打包，并且只针对 ESM 进行打包，不像 Webpack 可以兼容多种模块化方案。因此，Rollup 做到了"小而轻"。

> 📎提示　**Rollup 的亮点是 Tree Shaking，该方案可以去除那些已被定义但没有被使用的代码，减小了打包后的体积。Rollup 还具有丰富且功能强大的插件系统，在各种场景中都能找到合适的解决方案。**

Rollup 与 Webpack 的异同之处如下。

- 二者都是模块打包工具。Webpack 支持所有主流模块化方案，Rollup 仅支持 ESM。
- Webpack 中的一切皆为模块，通过 Loader 处理任何文件；Rollup 只专注于 JavaScript 的模块打包。
- Webpack 适用于项目打包，Rollup 主要适用于库文件打包。
- 虽然 Rollup 不支持 Code Spliting，但打包出的代码更精简。
- Webpack 的优势在于全面；Rollup 的优势在于精简，面向未来。

Rollup 的配置文件的格式如下：

```
module.exports = {
  // 入口
  input: './lib/index.js',
  // 打包为不同格式
  output: [
    {
      format: 'umd',
      file: './build/bundle.umd.js',
    },
    {
      format: 'cjs',
      file: './build/bundle.cjs.js',
    },
  ],
  plugins: [], // 插件目录
}
```

Rollup 允许使用新的 ESM 编写代码，并将其编译为现有支持的格式（如 CommonJS 模块、AMD 模块和 IIFE 风格的脚本）。这意味着，可以全面使用 ESM 进行开发，并且可以在任何地方使用编译后的库文件。

6.1.3　下一代工具——Vite

在不断的功能升级中 Webpack 变得越来越庞大，但其弊端也随之暴露出来，其中最主要的有以下两点。

- 复杂项目的打包速度太慢。
- 配置太复杂，插件加载器很多。

打包速度慢的根源是 Webpack 基于 Node.js 操作文件，性能瓶颈体现在语言上，因此，优化方案也只能是微小的改进，无法显著提高打包速度。因为 Webpack 需要构建的内容非常多，需要配置的内容也非常多，所以配置难度自然提高。

与 Webpack 完全不同，Vite 被称为下一代的前端工具链。何为下一代？必然是有根本上的改进。Vite 官网提供了六大功能。

（1）Vite 可以实现极速的服务启动。

（2）Vite 支持轻量快速的热重载。

（3）Vite 支持 TypeScript、JSX、CSS 等开箱即用。

（4）Vite 支持使用 Rollup 构建。

（5）Vite 具有高拓展性，与 Rollup 使用相同的插件机制。

（6）Vite 提供了完全类型化的 API。

如果读者使用过 Vite 构建项目，那么直观感受应该是快。在控制台运行项目后，几乎感受不到编译的过程，项目就已经运行起来，速度非常快。

为什么会这么快呢？这是因为 Vite 不再使用 Node.js 作为执行编译的语言，而是使用 Go 语言编写的 esbuild 执行构建操作，速度比使用 JavaScript 快 10～100 倍。

除了编译语言上的升级，Vite 直接面向现代浏览器，以原生 ESM 方式提供源码，这样做的好处是省去了大量的模块转换。在"编译加速+减少转换"的双重升级下，Vite 才有了如此不可思议的速度。

> 📎 提示　由于目前 esbuild 在打包方面尚不成熟，因此 Vite 仅在开发环境下使用 esbuild，在生产环境下则使用 Rollup。

6.2　在项目中使用 Vite

在了解了 Vite 的诞生背景及特点之后，读者可以尝试用 Vite 创建一个项目，从创建项目的过程中探索和学习如何使用 Vite。

6.2.1　使用脚手架创建项目

在确保正确安装 Node.js 之后，使用 Vite 脚手架 create-vite 创建项目。

（1）执行以下命令，自动安装 create-vite 并提示创建项目：

```
$ yarn create vite
```

（2）输入项目名称"vite-demo"，并选择需要使用的框架。Vite 几乎支持所有的主流框架，常见的框架有 Vue.js、React、Preact 和 Svelte，笔者选择的是 Vue.js。

（3）选择项目模板，模板包括 JavaScript 模板和 TypeScript 模板。当然，也可以直接在命令行中指定项目名称，并通过--template 参数指定模板：

```
$ yarn create vite vite-demo --template vue-ts
```

以 vue-ts 模板为例，项目创建后的目录结构与第 5 章的备忘录项目的目录结构一致。Vite 支持的模板名称还有 vue、react、react-ts、svelte 和 svelte-ts 等。

> 📎 提示　上述模板都是官方提供的基础模板，若想要更全的模板（如集成了路由、状态管理和 UI 框架的模板），则可以选择社区模板。可以在 GitHub 的 awesome-vite 项目中找到社区模板。

使用官方模板和社区模板创建项目的命令不同。使用社区模板创建项目使用以下命令：

```
$ npx degit [template-name] [project-name]
```

假设要使用 ctholho/vitespa 模板，那么使用如下命令：

```
$ npx degit ctholho/vitespa my-vitespa-app
```

6.2.2　Vite 的基础命令

Vite 提供了许多命令用于在终端执行不同的任务。查看生成的 package.json 文件，可以看到其中定义了 3 个 script 脚本，代码如下：

```
{
  "scripts": {
    "dev": "vite",              // 启动开发服务器
    "build": "vite build",      // 生产环境打包
    "preview": "vite preview"   // 本地预览生产构建产物
  }
}
```

在脚本中使用 vite 命令启动开发服务器，该命令是 vite dev 命令的简写；vite build 命令用来构建生产环境代码，打包后的代码默认输出到 dist 文件夹中；vite preview 命令会启动一台 Web 服务器用于访问 dist 文件夹。

如果没有打包直接执行 vite preview 命令，在浏览器中访问时就会显示 404 状态，如图 6-2 所示。

图 6-2

Vite 为以下 3 条命令提供了丰富的参数，下面一一介绍。

1．vite

该命令的参数一般用于定制开发服务器，其中常用的参数如下。

- --port <port>：指定端口。
- --https：使用 HTTPS 协议。
- --cors：启用 CORS（解决跨域问题）。

- -m, --mode <mode>：设置环境模式。

参数--mode 可以指定当前环境模式：development 表示开发模式，production 表示生产模式。在不同的环境模式下有不同的页面状态或逻辑，这在调试页面功能时非常有用。

2. vite build

该命令的参数大多用于打包代码的配置，其中常用的参数如下。

- --target <target>：编译目标。
- --outDir <dir>：输出目录，默认为 dist。
- --assetsDir <dir>：输出目录下的静态资源目录，默认为 assets。
- -w, --watch：当源码发生变化时，重新构建。
- -c, --config <file>：指定配置文件。
- -m, --mode <mode>：设置环境模式。

Vite 默认的配置文件是当前目录下的 vite.config.js。如果使用其他配置文件，就需要使用参数-c 指定。在开发模式下，修改源码后会自动重新构建，打包代码则不会。如果需要在修改源码后重新打包，请手动添加参数-w。

3. vite preview

该命令的参数与 vite 命令的参数基本一致，都用于定制如何启动 Web 服务器。

在默认情况下，启动的 Web 服务器会指向 dist 文件夹，可以通过参数--outDir 修改需要预览的文件夹。可以通过执行 npx vite --help 命令查看更多命令参数。

6.3　Vite 功能介绍

Vite 的特点是使用原生 ESM 来实现模块化构建，这样核心的模块化逻辑交给浏览器实现可以提高打包速度。原生 ESM 也有不足之处，但 Vite 在此基础上提供了许多增强功能，使打包构建的整体能力更加完善。

6.3.1　裸模块解析

原生 ES 导入不支持如下所示的裸模块导入：

```
import { someMethod } from 'app'
```

裸模块是指没有指定相对路径或绝对路径的模块。关于上述代码中的"app"，浏览器并不认识。若想导入当前目录下的 app.js，则必须使用如下代码：

```
import { someMethod } from './app.js'
```

在 Node.js 或 Webpack 中经常使用没有任何路径的裸模块，这是因为它们有自己查找模块路径的方法。Vite 也支持裸模块导入，其查找和转换规则如下。

（1）预构建：将 CommonJS/UMD 转换为 ESM 格式。

（2）修改裸模块路径：如将路径指向 node_modules 文件夹下。

> 🔖 提示　为什么要使用预构建呢？因为安装的第三方模块并不都是 ESM，有可能是 CommonJS 或 UMD，Vite 无法解析这类模块，所以需要先将其转换为 ESM 格式。

在默认情况下，Vite 会将裸模块的路径指向 node_modules 文件夹下。假设导入模块 dayjs，则修改后的模块路径如下：

```
// 在源码中使用时
import dayjs from 'dayjs'
// 浏览器解析时
import dayjs from '/node_modules/dayjs/dayjs.min.js'
```

6.3.2　依赖的预构建

在解析模块时，如果是非原生 ES 模块，就需要先使用预构建将其转换为 ESM 格式，然后才能交给浏览器运行。那么预构建是如何实现的呢？

Vite 使用 esbuild 来执行预构建，因此在开发中几乎感受不到打包过程，因为打包速度非常快。Vite 中的预构建可以类比 Webpack 中的编译概念，只是 Vite 需要将模块构建成 ESM 就可以，构建内容比 Webpack 更少且速度更快。

> 🔖 提示　在生产环境下不会使用依赖预构建，而是借助 Rollup 的 rollup/plugin-commonjs 插件来打包代码。
> 为什么在生产环境下不使用 esbuild 呢？这是因为当前 esbuild 对打包功能支持不够完善，如生成哈希值、处理资源文件、分析包文件等无法用 esbuild 实现。如果未来 esbuild 的打包功能更加完善且稳定，那么 Vite 会考虑在生产环境下使用 esbuild。

预构建在性能和提速方面几乎做到了极致。除了构建工具本身速度快，Vite 还做了许多优化方案来提高构建效率，有代表性的方案包括自动缓存和依赖优化。

1. 自动缓存

预构建会将依赖自动缓存以避免重复构建，提高加载速度。当导入一个模块时，预构建会自动分析模块的依赖关系，构建后将其缓存起来，下一次使用模块时便可绕过构建直接从缓存中读取。如果在开发过程中导入新的依赖（重新导入模块或更新模块），预构建就会重新执行并缓存。

预构建缓存有浏览器和文件系统两层缓存，以此来最大限度地提高构建效率和页面重载性能。文件系统缓存和浏览器缓存的区别如下。

- 文件系统缓存：将依赖缓存到 node_modules/.vite 文件夹下。
- 浏览器缓存：以 HTTP 头 "max-age=31536000,immutable" 强缓存。

有时需要强制清除缓存来重新构建代码，此时这两层缓存都需要清除。首先在浏览器调试工具的 Network 选项卡中禁用缓存，然后在启动开发服务器时使用 --force 参数，此时进入页面所有依赖会被重新构建。

2. 依赖优化

在默认情况下，Vite 会从 index.html 文件中抓取项目的依赖项并执行预构建，这个过程是根据模块间的导入关系自动实现的。Vite 只会从 node_modules 文件夹下抓取依赖，有时可能需要修改依赖路径，如将 src 目录下的某个模块添加为依赖，或者排除 node_modules 文件夹下的某个 ESM 模块，这时就需要使用依赖优化。

依赖优化是通过 optimizeDeps 配置项来实现的，关于 optimizeDeps 的具体用法请参考 6.4.5 节。

6.3.3　模块热替换

读者可以在 Webpack 中体验模块热替换（Hot Module Replacement，HMR）。在开发模式下修改代码之后，构建工具会自动检测到文件变化，将发生变化的部分重新构建并在页面中更新，无须刷新浏览器，这种方式大大提高了前端的开发效率。

Vite 提供了一套使用原生 ESM 实现的 HMR API，主流框架可以使用该 API 实现更快、更精准的模块热替换。Vite 提供的官方插件分别实现了 Vue.js、React 和 Preact 等常用框架的模块热替换，用户可以直接使用。

框架与实现模块热替换插件的对应关系如下。

- Vue.js：@vitejs/plugin-vue。
- React：@vitejs/plugin-react。
- Preact：@prefresh/vite。

当使用脚手架创建项目时，默认会启用模块热替换功能，并不需要手动处理，但应该知道如何在一个全新的 Vite 项目中集成模块热替换。例如，在 Vue.js 项目中实现模块热替换，只需要在 vite.config.ts 文件中添加以下代码：

```
import vue from '@vitejs/plugin-vue'
export default defineConfig({
  plugins: [vue()],
})
```

6.3.4 TypeScript 转译

Vite 不仅天然支持 TypeScript，还支持直接导入.ts 文件，不需要其他任意插件的协助。支持 TypeScript 一般主要是对以下两方面的支持。

- 类型转译：将 TypeScript 代码转译为 JavaScript 代码。
- 类型检查：检查 TypeScript 代码中是否有类型错误。

TypeScript 本身提供的 tsc 命令用来实现这两方面的功能。不过 Vite 没有借助 tsc 命令，而是使用 esbuild 来实现类型转译。由于使用 esbuild 的速度比使用 tsc 命令的速度快了 20～30 倍，因此模块热替换的更新时间小于 50 毫秒（官方数据）。

Vite 专注于构建，仅执行.ts 文件的转译操作，并不执行任何类型检查的操作。通常，类型检查的操作还是交给编辑器执行（VSCode 中的 TypeScript 插件）。因此，Vite 为 TypeScript 提供了更快的类型转译功能，但开发者需要自行设置和运行类型检查工具。

在 Vite 中使用 TypeScript 需要注意以下两点。

1. 强制使用 ESM

TypeScript 将没有 import/export 关键字的文件视为旧脚本文件，这样的文件不是 ESM，被当作全局脚本文件而不是模块，这样便丢失了模块化的特性。

在 tsconfig.json 配置文件的 compilerOptions 选项下，将配置项 isolatedModules 的值设置为 true，这样可以保证 esbuild 在转译 TypeScript 代码时，转译对象都是标准的 ESM。当用户在编写一个没有 import/export 关键字的文件时，编辑器会提示错误，这样会强制规范用户编写 ESM 代码，如图 6-3 所示。

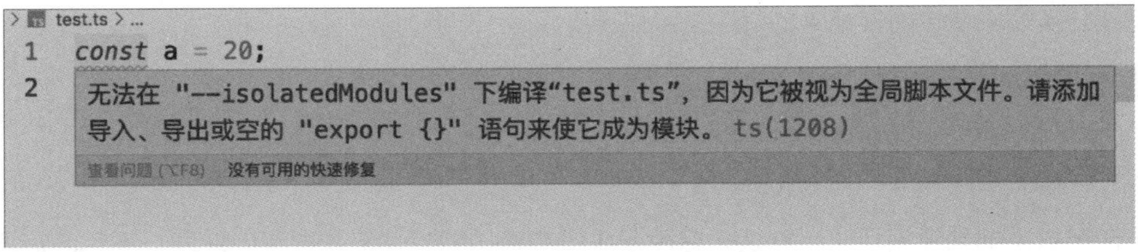

图 6-3

2. 客户端类型

Vite 默认的类型定义是面向 Node.js API 的，因为大多数时候 Vite 是在 Node.js 环境下使用的。但有一部分类型需要在客户端使用，如环境变量。在 Vite 中，定义的环境变量在浏览器环境下通过 import.meta.env 对象访问，此时就要为该对象定义类型。

Vite 单独为客户端提供了类型。先在客户端的根目录下添加一个声明文件 d.ts，再引入客户端类型：

```
/// <reference types="vite/client" />
```

此时，在源码中使用 import.meta.env 对象就可以看到环境变量的类型。Vite 的客户端类型还提供了以下类型定义进行补充。

- 资源导入：如导入一个.svg 文件。
- import.meta.hot：HMR API 类型定义。

6.3.5　JSX/TSX 转译

在 Vite 中.jsx 文件和.tsx 文件同样是"开箱即用"的，它们的转译是通过 esbuild 实现的。

在 Vue.js 3 中，JSX 转译通过官方插件@vitejs/plugin-vue-jsx 实现，该插件同时支持 JSX & TSX 语法。而在 React 中，插件@vitejs/plugin-react 同时支持热模块替换和 JSX/TSX 转译，不需要单独的插件实现。

如果在非 Vue.js/React 项目中使用 JSX，就需要自定义 esbuild 配置。在 Preact 中使用 JSX 配置的方法如下：

```
// vite.config.js
import { defineConfig } from 'vite'
export default defineConfig({
  esbuild: {
    jsxFactory: 'h',
    jsxFragment: 'Fragment',
  },
})
```

6.3.6　CSS 资源处理

在 Vite 中，不管是.vue 文件中的 CSS 代码，还是在 JavaScript 文件中单独导入一个 CSS 文件，最终样式都会被编译到 HTML 文件的 style 标签中。

Vite 对 CSS 提供了多项优化支持，主要包含以下 3 个方面。

1. @import

@import 关键字的作用是在一个 CSS 文件中导入另一个 CSS 文件，这样可以让 CSS 像 JavaScript 模块一样互相引用。如果在项目的 CSS 文件中引入 UI 框架的样式，就可以使用如下形式的代码：

```
@import 'element-plus/dist/index.css';
#app {
  font-size: 15px;
}
```

@import 关键字还支持使用别名。假设在 vite.config.ts 文件中配置了别名"@"指向 src 目录，那么该别名不仅可以在 JavaScript 文件中使用，还可以在@import 关键字中使用：

```
// app.js
import '@/style/app.css'

// app.css
@import '@/style/base.css';
#app {
  font-size: 15px;
}
```

Vite 通过 postcss-import 实现了@import 关键字，因此，在项目中 PostCSS 也是"开箱即用"的。可以指定一个 postcss.config.js 文件，该文件将对所有的 CSS 文件生效。

2. CSS Modules

任何以.module.css 为后缀的 CSS 文件都被认为是一个 CSS Modules 文件。使用 CSS Modules 文件的作用是，该文件在被 JavaScript 导入时，会自动导出一个 JavaScript 对象。该对象的属性是 CSS 中定义的类名，属性值则是一个生成的唯一类名。也就是说，CSS Modules 文件中定义的样式在导入时不会直接生效，而是生成一个唯一的类名并将样式放入其中。若要使用这个样式，则需要为元素添加这个类名，示例如下：

```
// test.module.css
.title {
  color: red;
  font-size: 16px;
}

// test.js
import styles from './test.module.css'
console.log(styles.title) // _red_hyqy7_1
document.querySelector('p').className = styles.title
```

CSS Modules 文件编译后会生成一个唯一的类名，并在该类名下放入样式。例如，上面的 test.module.css 文件编译后生成了类名 red_hyqy7_1，最终样式如下：

```
._red_hyqy7_1 {
```

```
  color: red;
  font-size: 16px;
}
```

3. CSS 预处理器

由于 Vite 的目标仅为现代浏览器，因此更推荐使用 CSS 变量或 PostCSS 插件提供的面向未来的 CSS 语法来实现高级的样式功能。若要在项目中实现主题色切换，则将主题色定义为一个 CSS 变量，切换时修改这个变量即可。

即便如此，Vite 依然内置了对 Less、Sass 等预处理器的支持，无须安装特定的插件，只需要安装相应的预处理器依赖即可：

```
# Sass
$ yarn add -D sass

# Less
$ yarn add -D less
```

在 Vue.js 单文件组件中，开启预处理器只需要一个 lang 属性，如<style lang="sass"></style>表示该部分样式使用 Sass 预处理器。当然，也可以将 lang 属性替换成 Less 等其他的预处理器。

在 Sass 和 Less 中使用@import 关键字时同样支持使用路径别名，这样非常方便。除此之外，也可以使用预处理器版的 CSS Modules，如 test.module.less。

6.3.7　静态资源导入

静态资源主要是图片、字体等非代码资源。导入静态资源的方式和导入 ESM 是类似的，区别在于，Vite 会识别导入的静态资源，并对其进行特定的处理。

在导入图片或字体时，会返回解析后的 URL：

```
import imgUrl from './img.png'
console.log(imgUrl) // /src/assets/img.png
```

在导入 JSON 时，会返回 JSON 对象，甚至可以直接将其解构：

```
import json from './test.json'
console.log(json) // { name: 'test' }

import { name } from './test.json'
console.log(name) // test
```

Vite 还支持修改资源被引入的方式，如设置导入资源返回的是资源路径还是字符串，可以通过以下方式实现：

```
import json from './test.json?url'
console.log(json) // /src/assets/img.png

import json2 from './test.json?raw'
console.log(json2) // "{ name: 'test' }"
```

1. 动态导入

在 ESM 中,标准的导入是使用 import 关键字来实现的,并且是同步导入,只能在模块顶层使用。有时需要使用动态导入,即常说的懒加载、异步加载,如动态导入页面路由、动态加载某个资源等,Vite 也支持这样做。

动态导入是通过 import()函数实现的,该函数可全局使用。函数参数是要导入的资源路径,函数执行后返回一个 Promise,因此可以使用以下两种方式获取导入后的资源:

```
// Promise
import('xxx.js').then(res => {
  console.log(res)
})

// async/await
const fun = async () => {
  let res = await import('xxx.js')
}
```

在 Vite 中使用动态导入的模块,在构建时会拆分为单独的 chunk,这样可以避免生成一个过于庞大的文件,影响页面加载性能。

2. Glob 导入

Vite 支持通过模糊匹配批量导入资源,这种方式被称为 Glob 导入。Glob 导入是用特殊的 import.meta.glob()函数实现的,参数是模糊路径。假设有一个 dir 目录,该目录下有 a.js 文件和 b.js 文件,那么 Glob 导入方式如下:

```
var modules = import.meta.glob('./dir/*.js')
```

上面的代码返回一个对象,属性是匹配到的文件路径,值是一个 import()动态导入函数。上面的 Glob 导入的效果等同于下面的代码的执行效果:

```
var modules = {
  './dir/a.js': () => import('./dir/a.js'),
  './dir/b.js': () => import('./dir/a.js'),
}
```

由上述代码可知，Glob 导入模块默认使用动态导入。如果想直接导入所有模块，那么可以将 { eager: true }作为第 2 个参数传入：

```
var modules = import.meta.glob('./dir/*.js', { eager: true })
```

6.4　Vite 配置介绍

在 Vite 中执行构建时，可以设置丰富的配置项。在默认情况下，执行 vite 命令时会读取项目根目录下的 vite.config.js 文件，该文件会导出自定义的 Vite 配置。

但 Vite 是"开箱即用"的，即便没有导出任何配置也可以直接运行，这是因为 Vite 内置了一套经过优化的默认配置项。当不指定配置项时，就会读取默认配置项；当指定配置项时，就会覆盖默认配置项。

```
// vite.config.js
import { defineConfig } from 'vite'
export default defineConfig({
  // 在这里定义配置项
})
```

在上面的配置文件中，使用 defineConfig()函数可以带来配置项的类型提示。需要注意的是，这里使用了 ESM 语法，而不是像 Webpack 的配置文件一样必须使用 CommonJS 语法。这是因为，Vite 在加载配置文件前先进行了预处理，这样就可以在项目中的任何地方统一使用 ESM。

6.4.1　多环境配置

在大多数情况下，开发环境和生产环境的构建配置是不一样的，Webpack 也是如此。Vite 同样支持通过环境甚至命令参数来设定不同的配置，但需要导出一个函数，方法如下：

```
// vite.config.js
import { defineConfig } from 'vite'
export default defineConfig(({ command, mode }) => {
  return {}
})
```

defineConfig()函数接收 command 参数和 mode 参数，并返回真正的配置对象。command 表示 vite 命令后的第 1 个参数，mode 表示当前环境。当执行不同的命令时，参数 command 和 mode 对应的值如下：

```
$ vite
```

```
# command: serve, mode: development
$ vite build
# command: build, mode: production
```

根据不同场景下 command 参数和 mode 参数的值可以判断导出不同的配置项，通过这种方式可以实现多环境配置。当然，也可以将配置文件拆分成多个，在执行不同的命令时加载不同的配置文件。下面以同一个配置文件中导出不同的配置项为例进行说明：

```
// vite.config.js
import { defineConfig } from 'vite'
export default defineConfig(({ command, mode }) => {
  let envDir = command == 'serve' ? '.env.dev' : '.env.pro'
  if (mode == 'development') {
    return { envDir, clearScreen: true }
  } else {
    return { envDir, clearScreen: false }
  }
})
```

6.4.2　通用配置

通用配置是指在开发服务器、项目打包、预览构建中都适用的配置。Vite 的通用配置比较多，本节只介绍常用的选项，更多选项请参考官方文档。

1. base

该选项表示开发环境或生产环境的公共基础路径，默认是"/"。这个选项非常重要，决定了最终项目部署时正确的 URL 是什么。在默认情况下，假设使用"http://localhost:8080"可以打开项目，如果将 base 选项的值修改为/test，那么正确的 URL 应该是"http://localhost:8080/test"。

当项目部署到服务器上并分配一个二级域名时，必须将 base 选项和二级域名修改为一致的形式，这样才可以保证项目的正常访问。

2. mode

该选项用于设置两种环境，分别为开发环境和生产环境，这两种环境分别启用不同的配置项优化。例如，开发环境增强了对开发预览的优化，而生产环境增强了对打包构建的优化。不同的模式还支持加载不同的环境变量。

3. plugins

该选项用于定义 Vite 中引用的插件数组。这部分非常关键，导入的所有插件必须定义到这里才能生效。

4. publicDir

该选项表示静态资源文件目录，默认是 public。该目录下存储的静态文件不会经过任何编译和转换处理，在打包后直接被复制到输出目录下，因此这里特别适合存储在 index.html 中直接引用的文件。

> ☛提示　最好不要在源码中引用 publicDir 目录下的文件，Vite 不推荐这么做，可以将需要在源码中引用的资源保存到 src/assets 目录下。

5. cacheDir

该选项表示存储缓存文件的目录。6.3 节提到，Vite 会将依赖缓存起来以提高构建性能。其中，文件系统缓存存储在 node_modules/.vite 目录下，该目录是 cacheDir 配置项的默认值。

可以修改缓存目录，如设置为 cacheDir: ".vite"，重新编译时文件系统的缓存就存储到.vite目录下。

6. resolve

该选项用于定义一些解析规则，其值是一个对象。最常用的子选项有两个，分别是 alias 和 extensions。

（1）resolve.alias：用于定义路径别名，非常常用。大部分项目中会定义别名"@"表示 src目录的地址，在导入模块时就可以使用别名，这看起来更方便。定义别名的方法如下：

```
import { fileURLToPath, URL } from 'node:url'
import { defineConfig } from 'vite'
export default defineConfig({
  resolve: {
    alias: {
      '@': fileURLToPath(new URL('./src', import.meta.url)),
    },
  },
})
```

（2）resolve.extensions：定义导入模块时可以省略的扩展名。其值是一个数组，默认是['.mjs', '.js', '.ts', '.jsx', '.tsx', '.json']。以这些扩展名为后缀的文件在导入时可以省略后缀，Vite 会自动查找匹配的文件。假设有文件 src/demo.ts，结合别名，以下 3 种导入方式的效果是一样的：

```
import demo from './src/demo.ts'
import demo from './src/demo'
import demo from '@/demo'
```

7. css

该选项用于定义如何解析 CSS，最常用的选项值只有一个——css.devSourcemap，用于表示是否开启 devSourcemap。

devSourcemap 即源码映射。Vite 会将 CSS 编译到 HTML 文件的 style 标签内，在浏览器中调试代码时，单击样式也会定位到 style 标签下。实际上，我们更想知道样式在源码中的哪个位置，此时先开启 devSourcemap 再单击"调试"按钮，就能看到样式已经定位到源码中的某个位置上。

> ▶ 提示　devSourcemap 在生产环境下不生效，只是为了便于在开发环境下调试，所以直接开启即可，不会影响生产环境的性能。

8. esbuild

该选项用于定义 esbuild 的 Transform API，主要的应用场景是自定义 JSX。该选项主要包含两个属性：jsxFactory 属性表示转换 JSX 的构造函数，jsxFragment 属性表示批量创建元素时无外部包裹的函数。

在 Preact 中一般需要自定义 JSX，其配置如下：

```
export default defineConfig({
  esbuild: {
    jsxFactory: 'h',
    jsxFragment: 'Fragment',
  },
})
```

这表示在 Preact 中使用 JSX 时转换规则如下：

```
const dom = (
  <>
    <p>1</p>
    <span>2</span>
  </>
)
// 转换后
const { h, Fragment } = 'preact'
const dom = h(Fragment, null, [h('p', null, '1'), h('span', null, '2')])
```

9. envDir

该选项表示用于加载.env 文件的目录，默认是项目根目录。.env 用于定义环境变量，当需要按照不同的模式加载不同的环境变量时，会定义像 .env.staging 这样的文件，这些文件的位置都是通过 envDir 选项来设置的。当需要在多个项目中共享环境变量时，该选项非常有用。

10. envPrefix

该选项表示有效的环境变量前缀，默认是"VITE_"。为了安全起见，Vite 认为只有符合该选项配置前缀的环境变量才是有效的。例如，VITE_BASEURL 是一个有效的环境变量，可以通过 import.meta.env.VITE_BASEURL 访问。而 BASEURL 是一个无效的环境变量，不能通过 import.meta.env.BASEURL 访问。

6.4.3　开发服务器配置

开发服务器配置大多用于制定开发服务器是如何运行的。在 vite.config.js 文件中，开发服务器配置被定义在 server 选项下，下面介绍的所有选项都是 server 选项下的属性。

1. host

该选项用于指定开发服务器的 IP 地址，默认为 localhost。在一般情况下，本地项目运行的 IP 地址都是 localhost。但有时为了保证在一个局域网内的多台设备可以互相访问，可能需要局域网的 IP 地址，而这些 Vite 都已经做好了。

运行"yarn run dev --host"命令，输出结果如图 6-4 所示。

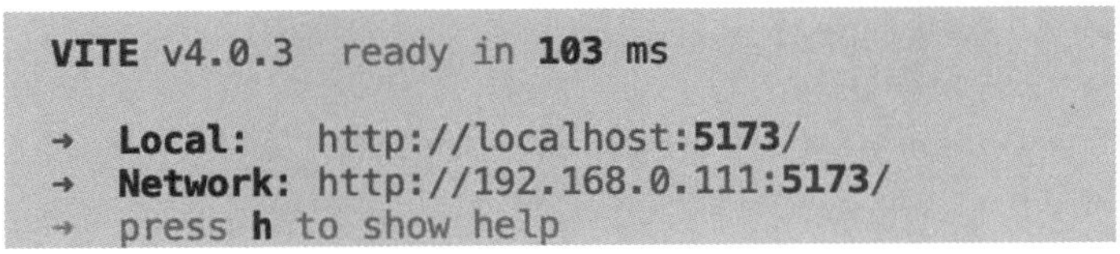

```
VITE v4.0.3  ready in 103 ms

→  Local:   http://localhost:5173/
→  Network: http://192.168.0.111:5173/
→  press h to show help
```

图 6-4

图 6-4 中提供了两个 IP 地址，第 2 个就是局域网的 IP 地址，同一个局域网内的其他计算机也可以打开，这对协作调试和测试非常有帮助。

2. port

该选项用于指定开发服务器监听端口，默认为 5173。如果 5173 端口已被占用，那么 Vite 会尝试使用下一个端口（默认端口号+1）。当然，在通过该选项修改默认端口号之后，如果端口已被占用，那么 Vite 会继续尝试下一个端口，从而保证开发服务器可以运行起来。

3. strictPort

在使用 port 选项设置端口之后，如果端口已被占用，就会尝试下一个端口。如果并不想切换端口，那么此时可以将 strictPort 选项设置为 true，若端口已被占用则直接退出。

4. https

该选项用于指定是否启动 HTTPS 协议，默认不启动。如果启动 HTTPS 协议，那么还需要一个合法可用的证书，此时可以使用插件@vitejs/plugin-basic-ssl 自动生成一个自签名的证书。不过这种证书只适合在开发环境下使用，在线上部署时，请使用第三方机构颁发的证书。

5. open

该选项用于指定启动开发服务器时是否在浏览器中自动打开该网址，默认值为 true。

6. proxy

该选项在开发服务器中比较重要，用于设置 HTTP 请求代理。在前端开发中，直接调用后端提供的接口往往会遇到跨域问题。通常，跨域在前端的解决方案就是使用代理，将符合规则的本地 IP 地址转换为真实 IP 地址。

假设真实的服务端接口地址是"http://api.test.com"，如果希望在前端请求/api 时可以自动代理请求到服务端地址，那么配置如下：

```
defineConfig({
  server: {
    proxy: {
      '/api/*': {
        target: 'http://api.test.com',
        changeOrigin: true,
        rewrite: path => path.replace(/^\/api/, ''),
      },
    },
  },
})
```

假设本地开发服务器的地址是"http://localhost:3479"，此时如果在项目中发起请求，那么代理规则如下：

```
http.get('/api/get-name/1')
// 实际请求地址
http.get('http://api.test.com/get-name/1')
```

7. watch

模块热替换使用 chokidar 监听文件变化，只有监听到变化后才能执行重新构建。当项目工程变大时，监听庞大的文件非常耗费性能，因此可以通过该配置项修改监听文件的范围。

在默认情况下，Vite 会忽略对.git 和 node_modules 的监听，可以通过该选项的 ignored 属性修改监听目录（包括添加和排除目录）。如果要排除对 index.html 文件修改的监听，添加对 node_modules/dayjs 模块的监听，那么配置方式如下：

```
defineConfig({
  server: {
    watch: {
      ignored: ['**/index.html', '!**/node_modules/dayjs/**'],
    },
  },
})
```

在上面的配置中，"**"表示对多层目录和文件的匹配，"*"表示对单层目录和文件的匹配，这样就可以匹配到项目中对应的文件路径。"!"表示取反，即为已经忽略的目录添加监听。

6.4.4　打包构建配置

在项目打包时，会把打包后的代码输出到一个文件夹下，打包构建配置就是用于配置项目打包细节，以及文件输出到哪里等。打包配置大多是 Rollup 配置，因为打包时不会使用 esbuild，这是与开发服务器配置最大的区别。

1. target

该选项表示构建目标，也就是打包后的代码在哪里可以运行，默认值是 modules，表示支持 ESM、import()和 import.meta 的现代浏览器。该选项的另一个值是 esnext，表示不支持 import() 的浏览器。选择该选项打包会做降级处理，由 esbuild 执行降级转换。

2. outDir

该选项表示打包后的代码输出路径，默认为 dist 目录（相对于项目根目录）。

3. assetsDir

该选项表示打包后的静态资源的存储路径，默认为 assets 目录（相对于 outDir）。

4. assetsInlineLimit

该选项指定一个阈值用于决定是否将导入的资源转换为 base64 编码，从而避免额外的 HTTP 请求，默认值为 4KB。当导入的资源小于 4KB 时，会转换成 base64 编码内置于代码中，反之则生成文件输出到 assets 目录下。若将该选项设置为 0，则可以禁止转换为 base64 编码。

5. cssCodeSplit

该选项表示是否启用 CSS 代码分割，默认值为 true。若启用该选项，则按照异步导入规则将 CSS 文件拆分到多个 chunk 中，否则所有样式都会被提取到一个 CSS 文件中。

6. cssTarget

该选项表示 CSS 转换目标，默认与 target 选项一致。该选项主要用于处理 CSS 兼容性，对于不支持某些属性的构建目标，如 Android 版微信中的 Webview 不支持#RGBA 颜色，此时可以通过该选项做 CSS 降级，设置为 chrome61 即可。

7. sourcemap

该选项很重要，默认值为 false。在生产环境下，为了减小构建体积，一般不会启用 sourcemap 选项，这样做的弊端是当报错时无法定位源码中错误的位置。如果启用 sourcemap 选项，就会生成单独的 sourcemap 文件，该文件的作用只是帮助调试。

在一般情况下，在预发环境下启用 sourcemap 选项，在生产环境下禁用 sourcemap 选项。

8. rollupOptions

该选项用于自定义 Rollup 打包配置（关于配置细节，请查看 Rollup 文档）。指定后的配置将与 Vite 默认的 Rollup 配置合并，以大大提高 Vite 的扩展性。

9. lib

在开发一个第三方 npm 库时，该选项非常重要，可以指定库的入口文件、模块化系统和全局变量等。在开发普通项目时不需要使用该选项。

10. manifest

该选项表示是否生成 manifest.json 文件，默认值为 false。manifest.json 文件一般用于为单页面应用提供应用的描述信息，如应用名称、作者、图标和主题等，也可以为服务端框架提供正确的资源引入链接。ssrManifest 选项与该选项类似，用于为服务端渲染生产清单文件。

11. ssr

该选项表示是否启用服务端渲染，默认值为 false。也可以直接设置服务端渲染的入口文件，此时会自动启用服务端渲染。

12. minify

minify 是打包时压缩代码的工具，默认值为 esbuild。terser 也是压缩工具，但 esbuild 比 terser 的压缩速度快 20 ~ 40 倍。

13. emptyOutDir

该选项表示打包时是否会清空输出文件，默认值为 true。但如果输出目录不在项目根目录下，那么该选项的默认值为 false，这是为了避免删除项目外的重要文件。可以将此选项设置为 true 强制清空输出文件。

14. chunkSizeWarningLimit

当打包生成的 chunk 的体积大于该选项的值时，控制台会提示项目需要优化。该选项的默认值为 500KB，在触发警告时，可以通过拆分组件和异步加载来解决问题。

15. watch

该选项表示是否启用 Rollup 监听器，默认值为 null。当设置为一个配置对象时，启用监听器。启用监听器后，在修改源码时会自动重新打包并输出文件，因此该选项非常适合一些跨平台框架使用。

6.4.5　性能优化配置

Vite 中的性能优化主要是依赖优化，因为 Vite 本身对构建性能做了不少优化，在此基础上可以根据业务自定义一些优化规则。

1. 依赖优化

Vite 会根据模块导入自动搜寻依赖，在一般情况下不需要修改。然而有时若确定某个模块不需要预构建，则可以通过配置手动将该依赖排除，从而提高构建效率。依赖配置可以通过 optimizeDeps 选项实现，该选项可以用于调整自动搜寻依赖的规则。

在默认情况下，Vite 只会从 node_modules 目录下抓取依赖。使用 optimizeDeps.exclude 可以将 node_modules 目录下的某些依赖排除在外。若要将一个不在 node_modules 目录下的模块添加为依赖，则可以通过 optimizeDeps.include 设置。exclude 和 include 的值都是一个数组，可以添加多个需要匹配的模块或目录文件。

假设要将 node_modules/dayjs 模块排除在依赖之外，并将 src/test.js 添加为依赖，则可以配置为如下形式：

```
defineConfig({
  optimizeDeps: {
    exclude: ['dayjs'],
    include: ['src/test.js'],
  },
})
```

重新运行项目，此时 node_modules/dayjs 模块会跳过构建被直接导入并使用，而 src/test.js 会被构建并输出到 node_modules/.vite 目录下。

2. Tree Shaking

Tree Shaking 也被称为"摇树优化"。简单来讲，就是在保证代码正常运行的前提下，去除无用的代码，这样可以大幅度减小构建体积。在 Vue.js 3 中默认开启 Tree Shaking，但有一个前提——必须是 ESM 才可以支持。

常用的 dayjs 是 CommonJS 风格的模块，无法进行 Tree Shaking。在项目中导入 dayjs 模块并使用其中的某个函数，打包后 Vite 会将整个模块全都打进去，显然这会大大增加构建体积。那怎么办呢？最简单的方法就是使用 dayjs-es 模块代替，Tree Shaking 会自然开启。

所以，在使用一个第三方模块时，尽量使用 ESM 类型的模块。如果一个常用的模块是 CommonJS 风格的，那么搜索是否有名为"xxx-es"的包，很可能是该模块的 ESM 版的实现。

3. 分包策略

在默认情况下，当浏览器重复请求相同名称的资源时，会直接使用缓存。利用这个机制，可以将常用的第三方模块单独打包成一个文件，这样可以减少 HTTP 请求，提高加载速度。

该分包策略需要在 Rollup 中配置，方法如下：

```
export default defineConfig({
  build: {
    rollupOptions: {
      output: {
        manualChunks: id => {
          // 将 node_modules 目录下的代码单独打包成一个 JavaScript 文件
          if (id.includes('node_modules')) {
            return 'vendor'
          }
        },
      },
    },
  },
})
```

上述配置将所有用到的 node_modules 目录下的模块单独打包，生成 vendor.xxx.js 文件。如果只想打包部分模块，那么直接修改 manualChunks 方法中的判断规则即可。

6.5　Vite 插件系统

得益于 Rollup 丰富且优秀的插件接口，Vite 在 Rollup 插件的基础上添加了一些独有配置扩展为

Vite 插件，这使得 Vite 几乎可以兼容大部分的 Rollup 插件，可以无缝接入 Rollup 的生态系统。但对于常用的 Web 功能，Vite 几乎都实现了内置，所以在使用插件前请确认 Vite 本身是否支持该功能。

Vite 插件可以分为官方插件和社区插件两类，除此之外是可兼容的 Rollup 插件。

6.5.1　Vite 官方插件

1. @vitejs/plugin-vue

该插件用于解析 Vue.js 3 单文件组件。创建 Vue.js 3 项目时会默认安装该插件。该插件支持传入配置用于自定义某些解析规则，常见用法是将模板处理为自定义标签，可以通过 customElement 属性配置。

2. @vitejs/plugin-vue-jsx

虽然@vitejs/plugin-vue 插件负责解析 Vue.js 3 单文件组件，但是不认识 JSX 语法。@vitejs/plugin-vue-jsx 是一个补充插件，专门用于解析 JSX/TSX 语法（通过 Babel 插件实现）。使用该插件后，在 Vue.js 3 中可以直接解析.jsx/.tsx 文件，也可以编写更纯粹的 JSX 代码。

@vitejs/plugin-vue-jsx 插件对 JSX 功能实现了增强，如支持 Vue.js 中的 v-model 指令和 v-show 指令，支持插槽，因此开发者在编写 JSX 代码时更加得心应手。

3. @vitejs/plugin-react

如果要在 React 中使用 Vite，那么该插件是必备的。该插件用于解析 React 中的.jsx/.tsx 文件（与 Vue.js 3 中的有区别），主要具有如下两方面功能。

- 提供 JSX 运行时。
- 提供 Fast Refresh 支持。

Fast Refresh 是 React 中超快的模块热替换，由 HMR API 实现，在引入插件后会自动启用。

4. @vitejs/plugin-react-swc

当前主流的语法转换工具是 Babel，几乎每个项目都离不开它，Vite 亦是如此。SWC 是一个用 Rust 开发的高性能 TypeScript/JavaScript 转译器，类似于 Babel，但速度比 Babel 快至少 20 倍。SWC 的缺点是目前的转换功能还没有 Babel 插件提供的那么全面。

该插件和@vitejs/plugin-react 插件的作用一致，只是将 Babel 替换成 SWC，这样用户就可以尽情体验 SWC 带来的速度提升。

5. @vitejs/plugin-legacy

Vite 默认的构建目标是支持 ESM 和动态导入的现代浏览器，如果开发的项目需要兼容传统浏览器，就不能使用 Vite 吗？当然不是。该插件的作用就是解决传统浏览器的兼容性问题。

该插件的核心原理如下：对于不支持 ESM、import() 的传统浏览器，使用 Babel 转换为现代语法，此时和 Webpack 的打包方式类似。该插件的缺点也很明显，需要做更多的模块化处理、代码分割等，会降低打包速度，并且构建产物会成倍地增加。

因此，需要明确项目是否需要兼容传统浏览器，因为启用该插件不仅会丢失很多 Vite 本身的优势，还会增加构建成本，甚至会影响项目加载速度。

6.5.2 Vite 社区插件

除了上面介绍的 5 个官方插件，其余的 Vite 插件均由社区提供。官方插件主要提供对 Vue.js 和 React 的支持，社区插件则应有尽有。下面介绍 4 个常用的社区插件（可以在 awesome-vite 仓库中查阅更多插件的用法）。

1. vite-plugin-pwa

如果想用 Vite 开发 PWA 应用，或者将一个现有的 Web 应用转换为 PWA 应用，那么可以使用 vite-plugin-pwa 插件。该插件提供了完善的文档，以及对各种现代框架的支持，并且还有现成的集成案例、开发与部署指南等。

2. vite-plugin-node

近几年前端工程快速发展，各种工程化工具层出不穷，但是 Node.js 项目的工程化似乎在原地踏步。该插件允许在 Node.js 项目中使用 Vite，这样就可以享受 Vite 带来的模块热替换功能。也可以直接使用 ESM 语法和 TypeScript 语法，Vite 会自动执行 TypeScript 语法转换。

该插件支持常用框架（如 Express、Fastify 和 Koa 等），并且可以指定如何编译 TypeScript 代码。编译 TypeScript 代码支持 esbuild 和 SWC 两种方式，用户可以按需选择。

3. vite-plugin-electron

在 Electron 中也可以使用 Vite。Electron 是一个桌面端的跨平台开发框架，分为主进程和渲染进程。渲染进程使用 Web 开发技术，不仅可以接入 Vue.js 和 React 这样的前端框架，还可以接入 Vite。在一个使用 Vite 创建的项目中安装 Electron 模块和 vite-plugin-electron 插件，即可轻松将其转变为 Electron 项目。

该插件可配置一个主进程入口文件，启动时会把主进程 TypeScript 代码编译到 dist-electron 目录下，变成 CommonJS 风格的 Node.js 代码；同时将 Web 源码编译到 dist 目录下。当源码修改时再触发 Vite 自动编译，并且 Electron 窗口也会自动更新。该插件同样支持多窗口模式，但需要将 Web 代码改造为多页面应用。

4. vite-plugin-multi-pages

使用 Vite 创建的大多数前端项目都是单页面应用，也就是只有一个 HTML 文件。但在某些特殊场景下（如服务端渲染）需要有多个页面，该插件就为在多页面下使用 Vite 提供了支持。

vite-plugin-multi-pages 插件会指定一个存放多页面的目录，默认为 src/pages，在该目录下存放了多个包含 index.html 文件的文件夹表示多个页面，插件会根据文件夹名称自动生成路由。在每个页面文件下的 index.html 文件中可以直接以 ESM 的方式引入 TypeScript 文件，Vite 会自动编译。当然，每个页面可以使用不同的框架，如 A 页面使用 Vue.js，B 页面使用 React，这都是支持的，只需要引入相应的插件即可。

6.5.3　Rollup 插件

因为 Vite 插件是 Rollup 插件的扩展，所以相当数量的 Rollup 插件可以直接作为 Vite 插件使用。需要注意的是，也许有些插件只在打包时有意义，不适合用于开发服务器，这也是没有问题的。Vite 支持对通用插件和单独作用于特定环境的插件使用不同的注册方式。

当一个 Rollup 插件对开发环境和打包构建都生效时，直接在 plugins 选项下注册即可。示例如下：

```
// vite.config.js
import rollupPlugin from 'rollup-plugin-feature'

export default defineConfig({
  plugins: [rollupPlugin()],
})
```

当一个 Rollup 插件只对特定环境生效时，可以通过 apply 选项指定在哪个环境下应用。apply: serve 表示在开发环境下生效，apply: build 表示在打包构建时生效。示例如下：

```
// vite.config.js
import demoPlugin from 'rollup-plugin-demo'

export default defineConfig({
  plugins: [
    {
      ...demoPlugin(),
      apply: 'build', //打包生效
    },
  ],
})
```

比较常用的插件是 rollup-plugin-visualizer，该插件用于对打包后的代码进行构建分析，生成可视化的图表。通过可视化的图表可以直观地看出构建产物的组成，这有助于判断可能存在的性能问题。rollup-plugin-visualizer 插件可以直接注册，并且要放在插件列表的最后，代码如下：

```js
// vite.config.js
import { visualizer } from 'rollup-plugin-visualizer'

export default defineConfig({
  plugins: [
    // 将该插件放到数组的最后
    visualizer(),
  ],
})
```

插件注册后，执行 vite build 命令打包，会在项目根目录下生成一个 stats.html 文件，在浏览器中打开该文件即可看到构建分析的页面，如图 6-5 所示。

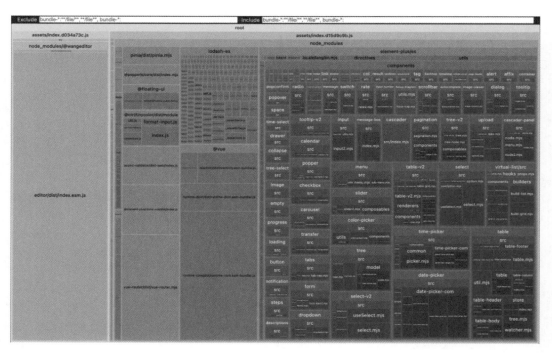

图 6-5

如果想了解更多的 Rollup 插件，那么可以搜索 Vite & Rollup 兼容插件，查看哪些 Rollup 插件已经被 Vite 内置，哪些 Rollup 插件可以作为扩展使用，丰富 Vite 的功能。

6.6　本章小结

　　本章深入介绍了前端构建工具，从 Webpack 到 Rollup，再到 Vite。Vite 不仅适用于 Vue.js，还适用于其他框架，是一个前端构建的通用解决方案。Vite 凭借更简单的配置和更快的打包速度脱颖而出。本章对如何使用 Vite 做了全面的阐述。通过学习本章，读者可以快速开发并配置 Vite 项目。

　　除此之外，笔者希望读者可以了解 Vite 的构建原理。构建原理可以帮助开发者判断什么场景下适合使用 Vite，以及如何保持持续高效的构建，这对整个前端工程化的认识具有重要的意义。

第 7 章

利用浏览器解决在开发中遇到的问题

前端工程师常年和浏览器打交道。前端工程师编写的代码要在浏览器上运行，调试代码也要依靠浏览器。因此，大部分工程师都是在面向浏览器编程。然而很多时候人们对浏览器的认识和使用还只停留在基础层面上，如简单的打印日志、查看元素等。

事实上，浏览器还提供了许多高阶调试、代码管理和数据管理等功能，并且随着浏览器的升级迭代，这类功能变得越来越丰富和强大。深入了解和使用这些功能，不仅可以帮助开发者快速高效地解决在开发中遇到的问题，还可以协助开发者大幅提升开发效率。

7.1 浏览器的组成与渲染原理

浏览器是一个非常复杂的应用程序。对于前端工程师来说，浏览器的作用是根据不同的 IP 地址和端口，查找并解析 HTML 文件，并将 HTML 文件中的代码渲染成可视的网页。如果网页需要交互，那么浏览器还要执行 JavaScript 脚本，这是现代浏览器的核心。

当然，使用浏览器检索资源还离不开网络、搜索引擎和数据存储等，看似简单的搜索和打开网页，其实中间经历了非常复杂的过程。

深入了解浏览器最好的方式就是将其拆分开来。先把浏览器的每个组成部分看成一个独立单元，再详细了解每个独立单元的功能和作用，进而了解其工作原理和运行机制。

7.1.1 浏览器的组成

浏览器的组成比较复杂，但总体上可以划分为 7 个模块，如图 7-1 所示。

图 7-1 中的每个模块都负责浏览器中一部分独立的内容，如网络模块负责整个浏览器的资源请求，数据存储模块负责浏览器中的所有数据相关的操作，JavaScript 解释器模块负责解释 JavaScript 代码。

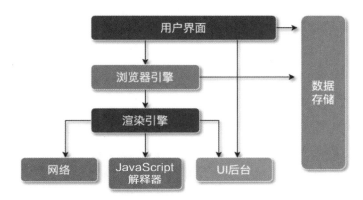

图 7-1

下面介绍核心的 4 个模块，通过剖析它们的工作原理来深刻理解浏览器是如何运行的。这 4 个模块按照执行顺序依次是用户界面、浏览器引擎、渲染引擎和 JavaScript 解释器（JavaScript 引擎）。

1. 用户界面

用户界面就是用户肉眼可见的浏览器界面，包括浏览器的工具栏、地址栏、标签页、网页页面等。当通过鼠标或键盘在用户界面上执行一些操作时，这些操作的本质是在向浏览器下达"执行命令"。用户界面的作用就是将用户的交互动作转换为命令，并将这些命令交给浏览器引擎处理。

2. 浏览器引擎

浏览器引擎接收到用户界面传来的命令后，将命令转换为渲染引擎能理解的方式并将其传递给渲染引擎。可以看出，用户界面和浏览器引擎只负责解析命令，不会执行命令，它们相当于浏览器操作的"翻译员"和"搬运工"。

3. 渲染引擎

渲染引擎的工作就是将静态资源渲染为可视化界面，或者在用户操作后将页面及时更新并渲染。"渲染页面"就是渲染引擎的主要职责。渲染引擎可以识别 HTML 代码和 CSS 代码，并根据代码计算页面布局，最终将代码变成丰富多样的页面显示在浏览器窗口上。

除此之外，渲染引擎还可以调度其他的工作模块。假设用户通过单击按钮请求了一个接口，并将返回结果存储在 localStorage 中，此时的渲染引擎并没有执行页面渲染的操作，但分别调用了网络模块和数据存储模块。这表示，渲染引擎不仅可以执行 UI 更新的操作，还可以执行其他非页面变化的逻辑任务。

因为渲染引擎是整个浏览器的核心，所以人们把渲染引擎看作"浏览器内核"。

4. JavaScript 解释器

JavaScript 是一种解释型语言，其解释器被称作 JavaScript 引擎。JavaScript 解释器的作用就是执行 JavaScript 代码。JavaScript 解释器的原理如下。

（1）将 JavaScript 代码拆分为最小的单个字符。

（2）将字符转换为抽象语法树。

（3）将抽象语法树转换为 JavaScript 解释器可以执行的二进制代码。

（4）执行生成的二进制代码。

在浏览器中，JavaScript 解释器和渲染引擎需要互相使用对方的能力。当渲染引擎遇到 JavaScript 代码时，会将代码交给 JavaScript 解释器来执行并获取结果；当 JavaScript 解释器需要访问 DOM 树时，需要渲染引擎来提供访问 DOM 树的能力。因此，在页面渲染过程中，渲染引擎和 JavaScript 解释器会频繁切换。

7.1.2 渲染引擎的工作原理

因为渲染引擎是浏览器最核心、最关键的模块，因此被称为浏览器内核。市面上有多款浏览器，它们之间的差别主要在于渲染引擎的不同。目前常见的浏览器内核分别是 Trident（IE）、Gecko（火狐）、Blink（Chrome、Opera）和 Webkit（Safari）。

Webkit 之前也是 Chrome 的内核。不过后来由于 Chrome 内部改造，基于 Webkit 实现了 Blink，但 Blink 依然保留了 Webkit 绝大部分的特性。

> 提示　当前国内最常用的浏览器是 Chrome 和 Safari（QQ 浏览器、360 浏览器等国产浏览器都是 Chrome 内核，将其看作 Chrome 即可）。

7.1.1 节介绍的渲染引擎可以将静态资源转化为网页页面，以 Webkit 为例，具体的转化步骤如图 7-2 所示。

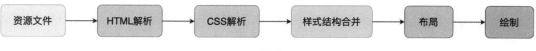

图 7-2

可以看出，渲染引擎的执行过程可以分为 5 个阶段。

1. HTML 解析

该阶段会解析 HTML 文件。在解析过程中如果遇到文档中链接的各种外部资源（如 CSS 文件、JavaScript 文件和图片等），会对这些资源发起请求并加载。解析结束后会生成 DOM 树。

2. CSS 解析

该阶段会识别并加载所有的 CSS 样式信息，解析后会生成 CSSOM 树。CSSOM 树采用树形结构，表示 DOM 树的各个节点对应的样式。

3. 样式结构合并

该阶段会将前两步生成的 DOM 树和 CSSOM 树合并，组成一棵包含 HTML 结构和 CSS 样式的渲染树（Render Tree），这棵渲染树包含页面中所有节点的结构和样式信息。

4. 布局

渲染树已经将页面结构和样式表示完整。如果要显示页面，还必须知道每个元素应该放在浏览器窗口的哪个位置上，以及占据多大的空间。这些有关元素的位置、大小等信息，就是该阶段页面布局时计算出来的。

当页面布局完成时，布局信息会被写回渲染树，形成"布局渲染树"。到这一步为止，所有的计算都是在内存中执行的，用户不可见。至此，还需要执行渲染的最后一步——绘制页面。

5. 绘制

该阶段将内存中的布局渲染树绘制成一帧一帧的像素，在浏览器窗口中显示出来。这一步完成后用户才可以看到最终的目标页面。

7.1.3　重排与重绘

7.1.2 节介绍了一个 HTML 文件如何被渲染成一个网页，这个渲染过程（生命周期）会在页面首次加载时发生。在页面初始化完成之后，可能还会通过 CSS、JavaScript 对页面中的元素进行修改，这些修改会重新触发页面的渲染。

重新触发页面渲染的过程主要有两种形式，分别为重排与重绘。

1. 重排

如果修改了某个元素的大小和位置（如修改元素的宽度/高度、内边距/外边距，或者隐藏元素等），浏览器就需要重新计算该元素的大小和位置，同时其他元素的大小和位置可能也会受到影响。此时浏览器需要对页面的元素重新排列，这个过程就是重排（也叫回流）。

因为重排会对多个元素产生影响，所以需要重新布局。重排的生命周期如图 7-3 所示。

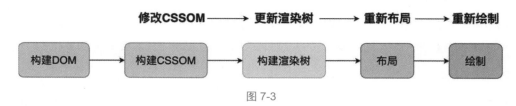

图 7-3

以下面这段基础的 HTML 代码片段为例展开介绍：

```html
<div id="target">
  <span id="targetText">我是一个小测试</span>
</div>
<!--样式-->
<style>
  #target {
    width: 100px;
    height: 100px;
  }
</style>
```

当页面初次渲染完成后，在 JavaScript 中执行以下代码会触发页面的重排：

```javascript
var dom = document.getElementById('target')
// 修改宽度和高度
dom.style.width = '200px'
// 修改边距
dom.style.margin = '10px'
// 修改元素显示
dom.style.display = 'none'
// 添加/删除元素
dom.innerHTML = '<p>子元素</p>'
dom.remove()
// 访问需要即时计算的属性
let top = dom.offsetTop
let style = dom.getComputedStyle()
```

当修改元素的几何属性、修改元素的结构或访问需要即时计算的属性时，会触发页面的重排。

2. 重绘

当修改了元素的显示样式（如字体颜色、背景色、阴影、圆角等）时，元素的几何属性（位置或大小）没有发生变化，就不会导致其他元素发生变化，此时浏览器可以跳过页面布局的步骤，直接为该元素绘制新的样式，这个过程叫重绘。

显然，重绘的性能比重排的性能好很多。因为它只需要修改目标元素的样式即可，不会产生计算或影响其他元素，从而避免了大面积的元素重排。示例如下：

```
var dom = document.getElementById('target')
// 修改以下属性触发重绘
dom.style.color = 'blue'
dom.style.background = 'red'
dom.style.boxShadow = '1px 1px 2px 2px #555'
```

重绘的生命周期如图 7-4 所示。

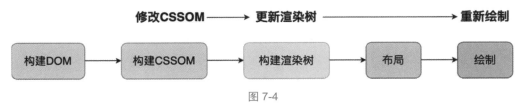

图 7-4

当修改元素的显示属性但不涉及任何布局计算时，会触发页面的重绘。

7.2　开发者工具

对于前端开发者来说，了解浏览器的组成和渲染引擎的工作原理，可以更清楚网页生成的细节。但在实际的开发过程中，不可能一次性编写出完美运行的代码，往往是一边编写代码一边在浏览器中预览效果，因此调试和定位异常非常重要。

Chrome 是现代浏览器的代表，也是绝大多数前端开发者使用的浏览器。Chrome 提供的开发者工具（DevTools）用于帮助前端开发者调试页面。例如，可以查看网页的 DOM 树和对应的样式信息（渲染树），也可以在控制台中运行 JavaScript 代码（JavaScript 解释器），或者查看网络请求（网络模块）。

7.2.1　打开 DevTools

打开 DevTools 的方式有很多种。可以通过鼠标单击打开 DevTools，也可以使用键盘快捷键打开 DevTools。

1. 通过鼠标单击打开 DevTools

在页面空白处右击，在弹出的菜单中选择"检查"命令或"检查元素"命令即可打开 DevTools。

有时用户可能会禁用鼠标右键菜单，此时可以采用另一种方式：在浏览器中按照如图 7-5 所示的位置找到"开发者工具"（Developer Tools）按钮，单击该按钮即可打开 DevTools。

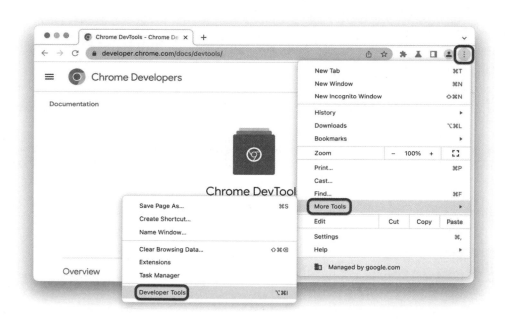

图 7-5

2. 使用键盘快捷键打开 DevTools

使用键盘快捷键打开 DevTools 当然更便捷。不同的系统使用不同的快捷键。

- Windows：快捷键为 Ctrl+Shift+I 或 F12。
- Mac：快捷键为 command+option+I。

打开 DevTools 后，可以在页面底部看到 DevTools 的界面，如图 7-6 所示。

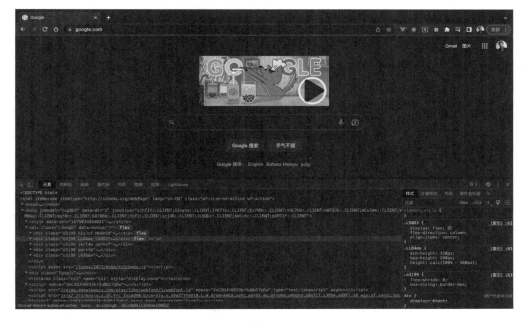

图 7-6

7.2.2　DevTools 的结构

可以按照功能将 DevTools 划分为 4 个区域，分别为左操作栏（区域"1"）、中间选项卡（区域"2"）、右操作栏（区域"3"）和选项卡内容（区域"4"），如图 7-7 所示。

图 7-7

其中，选项卡内容会随着中间选项卡的切换而改变，但左操作栏和右操作栏一直存在。下面介绍操作按钮的作用。

1．检查元素

左操作栏（区域"1"）中的第 1 个按钮用于检查页面元素。单击该按钮后，将光标移动到页面中就可以看到光标位置的元素信息，移动光标会自动切换元素信息，如图 7-8 所示。

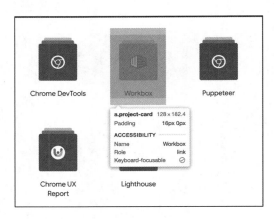

图 7-8

该功能在实际开发调试中非常有用，可以方便、快速地找到页面中某个部分对应的元素，以查看或调试该元素的代码。

2．设备模式

DevTools 支持在浏览器中模拟移动端设备，这对开发移动端网页非常友好。单击左操作栏（区域"1"）中的第 2 个按钮即可切换设备模式，如图 7-9 所示。

图 7-9

在移动端模式下，还可以切换不同的机型，从而切换为不同的页面尺寸。当然，也可以自定义设备的宽度和高度，以调试响应式页面。

> 📝 提示　移动设备的某些特性是 DevTools 无法模拟的。移动设备的 CPU 架构与笔记本电脑的 CPU 架构不同。最终的真实效果，请以移动设备上实际运行的结果为准。

3. DevTools 设置

单击右操作栏（区域"2"）中的小齿轮按钮可以打开 DevTools 设置页面。该页面的设置选项非常丰富，包括整个开发者工具的主题、颜色、语言，以及各个选项卡的自定义配置、命令快捷键等。用户几乎可以自定义 DevTools 内容，如图 7-10 所示。

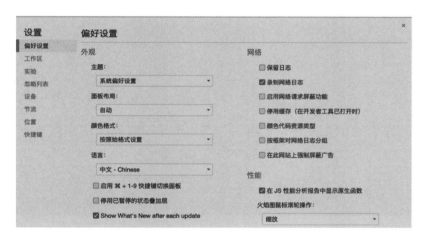

图 7-10

对于初学者来说，一般不需要修改很多设置，掌握开发者工具中的众多选项卡功能就足够了。但如果 DevTools 的当前语言是英文，那么建议先在设置中将语言项改成中文，以方便后面的学习。

4. DevTools 位置

在默认情况下，DevTools 会出现在浏览器页面的底部，这样会挤压页面的高度。DevTools 也可以出现在页面的左侧或右侧。右操作栏（区域"2"）中有一个"3 个点"的按钮，单击该按钮可以看到修改 DevTools 位置的按钮，如图 7-11 所示。

图 7-11

7.3 "元素"面板

选中 DevTools 中的第 1 个选项卡后会显示"元素"面板，这也是打开 DevTools 后默认选中的面板。该面板会将页面的渲染树通过可视化的方式展现出来。可以在"元素"面板中查看页面的 DOM 结构，以及对应的 CSS 样式。

"元素"面板按照左右结构布局：左侧是 DOM 区域，右侧是 CSS 区域。当选中左侧区域中的某个元素时，右侧会显示被选中元素的样式信息，如图 7-12 所示。

图 7-12

7.3.1 DOM 树的查看与调试

DOM 区域显示整个页面的 DOM 结构，当光标滑过某个元素时，在页面上该元素会高亮显示，可以快速确定元素与实际页面的对应关系。可以查看每个元素的 ID、类名、行内样式、自定义属性等。DOM 结构以层级的方式展示元素（节点）。

1. 查看 DOM 树

在默认情况下，DOM 子节点会收缩，查看子节点时需要层层展开。另一种展开子节点的快捷方式如下：选中父节点并右击，在弹出的快捷菜单中选择"以递归方式展开"命令，子节点就会全部展开；再选择"收起子级"命令，子节点又会全部合上。

在多个节点之间切换，还可以用键盘来实现。当选中一个节点后，可以按键盘的方向键，每个方向键对应的功能如下。

- ↑：切换到前一个元素。
- ↓：切换到后一个元素。
- ←：合上子节点/切换到上一层父节点。
- →：展开子节点/切换到第一个子节点。

有时，在 DOM 结构中选中一个节点，发现该节点不在浏览器窗口中显示，此时可以在右键菜单中选择"滚动到视野范围内"命令，页面会滚动到该元素的位置。

当页面的 DOM 结构比较复杂且嵌套很深时，找到某个元素并不容易，此时可以使用"元素搜索"功能。将光标聚焦到面板上，使用快捷键 Ctrl+F（Windows）或 command+F（Mac）后面板底部会显示搜索框，输入关键字即可检索元素。

2. 编辑 DOM 树

在调试页面时，编辑元素并实时更新页面非常重要，"元素"面板支持该功能。选中一个元素并双击元素的某部分（可以是属性、标签名或文本内容），此时这部分会变成一个文本框，直接编辑文本框内容就可以修改这部分的值。

当要修改整个元素的内容时，选中元素并右击，在弹出的快捷菜单中选择"以 HTML 格式修改"命令，整个元素就会变成一个文本框，这样编辑元素更灵活。

当然，通过右键菜单还可以隐藏、删除和复制元素。因此，"元素"面板支持对整个 DOM 树的节点进行"增、查、改、删"。

3. 在控制台中访问 DOM 树

如果想在 JavaScript 中访问某个 DOM 元素，一般要用 document.querySelector()方法才能获取到目标元素。"元素"面板提供了一种更便捷的方式用来调试：先选中一个元素，再切换到"控制台"面板输入"$0"，此时可以发现该符号正好指向已选中的元素。

实际上，当在"元素"面板中选中一个元素时，DevTools 会把该元素指向全局变量$0，这样就可以使用该变量快速访问选中的元素。例如，要获取选中元素的实际宽度，在控制台中输入"$0.clientWidth"即可。

7.3.2　CSS 的查看与调试

CSS 区域有多个子菜单，前两个分别是"样式"和"计算样式"，分别表示选中元素的样式代码和最终渲染后的样式值。另外，"属性"菜单用于查看选中元素的 DOM 对象属性。

1. 查看样式

"样式"菜单中会显示被选中元素的样式，不仅包括行内样式和继承样式，还包括多种伪类元素的样式，如图 7-13 所示。

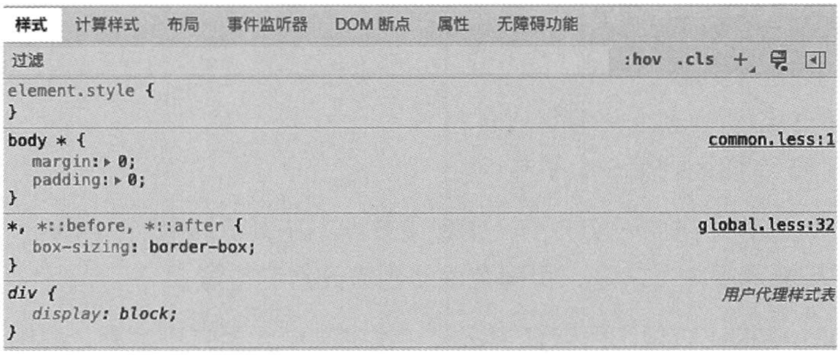

图 7-13

在图 7-13 中，最上面的样式 element.style 表示行内样式，其余的都是元素本身或继承自父元素的外部样式。以符号"："开头的样式（如::before 和::after）都是元素的伪类样式。

在样式右侧会显示该样式来源于哪个文件，以便在修改样式时可以快速找到该文件。当光标移动到样式代码上时，每行代码前都会出现一个复选框，开发者通过勾选复选框来决定哪些样式生效，并在页面中阅览效果。这是调试页面样式最常用的方法。

2. 修改样式

在调试样式时，除了取消勾选复选框让样式失效，还可以直接修改样式代码。单击想要修改的样式，该样式的属性或值就会变成文本框，允许开发者任意修改。

在修改样式时，DevTools 会自动提示有哪些可用的值，开发者直接按方向键"↓"或"↑"选择即可，不用担心忘记样式代码，同时还可以尝试不同属性值的样式效果，如图 7-14 所示。如果输入错误的值，那么样式会显示删除线，并提示该样式无效。

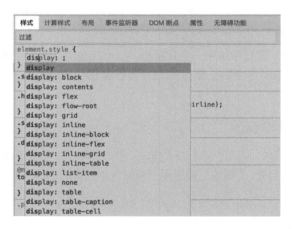

图 7-14

单击样式区域的末尾会新增一个文本框，可以用于添加新的样式。

3. 过滤样式

过滤样式是指对一些特殊的样式进行筛选。例如，要筛选某个元素、某个类名，甚至某个伪类的样式，在"样式"菜单首行的过滤文本框中直接输入文本即可自动筛选。

除了基本的样式过滤，还可以强制设置元素状态，这在调试一些光标样式时非常有用。例如，某个元素使用:hover 伪类，定义其背景色在光标移入时变成红色，该样式用普通方式无法调试。此时可以单击过滤文本框后的":hov"按钮，并勾选":hover"复选框，即可让该元素强制触发光标移入效果，如图 7-15 所示。

图 7-15

4. 计算样式

前面介绍的样式查看、修改、过滤等都是针对样式源码的，在调试源码时可以查看页面效果。计算样式是页面渲染后生成了样式的"盒子模型"，是渲染后的最终值。

在源码中设置一个元素的宽度为 width:80%，而实际渲染后该值必然是一个具体的值，可能是width:68px，也可能是 width:86px。具体的值可以直接在"计算样式"菜单中看到，如图 7-16 所示。

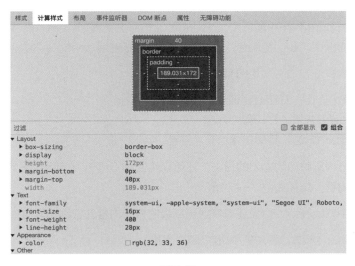

图 7-16

图 7-16 中有两个部分：上面是盒子模型，下面是样式的具体值。盒子模型的最中间部分是元素本身的宽度和高度，向外的 3 层分别是内边距（padding）、边框（border）和外边距（margin）。盒子模型更直观地展示了元素的布局情况。

在下面的具体样式中，勾选"组合"复选框后，样式会自动分组，以便快速找到需要的样式。还是以 width:80%样式为例，读者可以尝试拖动改变浏览器宽度，这里的样式值也会自动改变。

7.4 "控制台"面板

在 DevTools 中，单击"控制台"（Console）选项卡会显示"控制台"面板。"控制台"面板是调试 JavaScript 代码最主要的区域。在浏览器执行代码的过程中，如果发生 JavaScript 警告或异常，就会自动输出到"控制台"面板中。

输出到"控制台"面板中的内容可以分为 3 类，分别用不同的颜色表示。

- 异常：红色。
- 警告：黄色。
- 信息：默认色。

当出现红色异常时要立即处理，否则会影响页面的正常运行；当出现黄色警告时要提高警惕，虽然不会影响页面运行，但是存在潜在的风险；信息是打印数据，有助于调试页面。

7.4.1 打印日志

在项目的 JavaScript 代码中输入"console.log('你好浏览器')"，字符串"你好浏览器"就会被输出到"控制台"面板中。在"控制台"面板中打印内容是使用 console 对象实现的。

console 对象有多个方法，常用的有如下几个。

- console.log()方法：打印普通信息，最常用。
- console.warn()方法：打印警告信息，黄色。
- console.error()方法：打印错误信息，红色。

除了浏览器执行代码时自动输出的日志，还可以用上述 3 个方法自定义日志级别。在代码中使用不同的方法打印内容，结果如图 7-17 所示。

在现代浏览器中，console 对象还有其他更高级的打印内容的方法，具体如下。

- console.table()方法：将对象/数组打印为表格。
- console.dir()方法：以 JSON 形式打印对象。

- console.group()方法：分组打印数据。

图 7-17

1. console.table()方法

如果想更直观地对比对象或数组中的各项数据，那么直接将其打印为表格：

```
var people = [
  { first: 'René',  last: 'Magritte' },
  { first: 'Chaim', last: 'Soutine', birthday: '18930113' },
  { first: 'Henri', last: 'Matisse' },
]
console.table(people)
```

打印结果如图 7-18 所示。

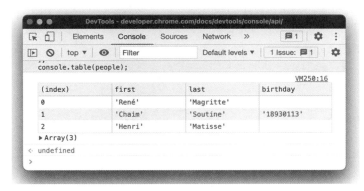

图 7-18

2. console.dir()方法

使用 console.log()方法打印数据时默认是 JSON 形式的，但如果打印一个 DOM 对象，就会发现打印出来的是 DOM 结构（XML 形式）的。

使用 console.dir()方法可以强制以 JSON 形式打印对象。console.dir()方法常用于查看 DOM 对象的属性。如果要打印 document.body，那么打印结果如图 7-19 所示。

图 7-19

3. console.group()方法

在项目开发过程中往往会有大量的打印日志，这些日志混乱地堆砌在"控制台"面板中，有时想找到有用的那条还要细细甄别，而使用"分组打印"可以很好地解决这个问题。

分组打印，顾名思义，就是将打印内容分组显示，以便更快地找到日志。将一组打印内容用 console.group()方法和 console.groupEnd()方法包裹，就能显示出分组效果：

```
var label = '测试组'
console.group(label)
console.info('Leo')
console.info('Mike')
console.info('Don')
console.info('Raph')
console.groupEnd(label)
```

上述代码在执行后，"控制台"面板打印的结果如图 7-20 所示。

图 7-20

7.4.2 执行 JavaScript 代码

"控制台"面板是一个可以执行 JavaScript 代码的浏览器环境,在这里可以访问的 DOM 对象和 BOM 对象。可以在"控制台"面板中输入任意 JavaScript 代码,按 Enter 键后执行。

"控制台"面板也有语法智能提示,假设要使用 document API 查找某个元素,就会自动提示可用的 API 选项,如图 7-21 所示。

图 7-21

一段 JavaScript 代码在 HTML 文件被加载时执行和在"控制台"面板中执行的结果是一样的。因此,当想要调试某段代码时,可以大胆地将其放到"控制台"面板中运行并查看效果。

1. 操作 DOM

在页面中获取 DOM 元素是常见需求,在"控制台"面板中也可以实现该操作。使用 document. querySelector()方法获取一个 DOM 元素,会返回该 DOM 节点,当然也可以将其存储在一个全局变量中。

```
var el = document.querySelector('body')
el.innerHTML += '<h1>尾巴标题</h1>'
```

执行上述代码后,在"元素"面板中查看 body 标签的最后一个子元素,发现正是刚添加的 h1标签。这说明在"控制台"面板中可以执行任意 DOM 操作,包括获取、修改和删除元素。

为了简化 DOM 操作的 API,一般会使用 jQuery 提供的$()方法来获取元素。在"控制台"面板中，浏览器帮我们实现了$()方法，该方法是 document.querySelector()方法的快捷方式。

2. 实时表达式

通常，在"控制台"面板中执行一个表达式会立即返回结果。有时某个表达式的值可能会随时改变，要掌握最新值就需要打印多次。"控制台"面板提供了实时表达式（Live Expressions）的功能，可以让打印出的某个表达式的值实时改变。

假设要打印当前时间，使用实时表达式后，打印的时间值就会自动改变。如图 7-22 所示，单击眼睛状的图标，在弹出的文本框中输入表达式，按 Enter 键后即可创建实时表达式。

图 7-22

实时表达式的值每 250 毫秒更新一次。当不需要该表达式时，单击表达式前面的按钮×即可将其删除。

实时表达式从本质上来说是一个监听器，监听表达式的变化并更新值，因此，任意动态改变的值都可以使用实时表达式查看。多次单击眼睛状的图标可以创建多个实时表达式。

7.4.3 其他 console 功能

除了打印信息，console 对象还具有其他辅助调试和优化开发体验的功能。下面介绍一些常见的和实用的功能。

1. 样式打印

大多时候在"控制台"面板中打印的字符串日志没有任何样式，只是一个纯文本。事实上，可以将字符串格式化，增加一些有趣的功能。格式化字符串非常简单，在要打印的字符串中添加一个或多个格式化标识即可。

格式化标识以"%"开头，"%c"表示为字符串添加样式。先在字符串前添加"%c"，再在打印方法的第 2 个参数上使用 CSS 样式，示例如下：

```
var style = 'font-size:20px;color:red'
console.log('%c前端冲冲冲！', style)
```

将上面的代码放入"控制台"面板中执行，打印的结果如图 7-23 所示。

图 7-23

2. 调试工具

console 对象下的部分方法可以用于调试代码，常用的 3 个方法如下。

- console.assert()方法：执行断言。
- console.count()方法：数值累加器。
- console.time()方法：时间统计。

什么是断言呢？简单来说就是判断条件为 false 时打印异常，并终止代码继续执行。console.assert()方法接收两个参数：第 1 个参数是表达式，第 2 个参数是任意值。断言是以下代码的简写：

```
var srr = []
if (srr.length > 0) {
  console.error('数据不为空')
}
// 上面的判断语句可以用断言简写
console.assert(srr.length > 0, '数据不为空')
```

数值累加器最直接的作用是统计函数执行了多少次。console.count()方法接收一个字符串参数作为统计标识，参数相同时数值累加。示例如下：

```
function fun1() {
  console.count('fun1')
}
function fun2() {
  console.count('fun2')
}
fun1() // fun1: 1
fun2() // fun2: 1
fun2() // fun2: 2
fun2() // fun2: 3
fun1() // fun1: 2
```

时间统计用于计算代码的执行时间。将一段代码放在 console.time()方法和 console.timeEnd()方法之间就能打印出这段代码的执行时间，示例如下：

```
console.time()
```

```
var square = []
for (var i = 0; i < 10000; i++) {
  square.push(i ** 2)
}
console.timeEnd()
// default: 1.0947265625 ms
```

如果要计算异步代码的执行时间，就可以用 async/await 语法来实现，示例如下：

```
const httpFetch = async () => {
  console.time()
  let res = await fetch('http://www.***.com')
  console.timeEnd()
}
httpFetch()
// default: 14.8310546875 ms
```

7.5 "源代码"面板

"源代码"面板，顾名思义，就是显示当前网页源码的地方。在"源代码"面板中会显示所有网络请求的资源（按照域名分类），单击某个资源就可以查看该资源的源码。"源代码"面板的另一项主要功能是调试，用于定位断点或异常出现在源码中的何处。

"源代码"面板从左到右可以分为 3 个区域，分别是目录区域、源码区域和调试区域，如图 7-24 所示。

图 7-24

7.5.1　查看网页源码

在目录区域的第 1 个选项卡"网页"中，源码按照域名分类。顶层的 top 目录及其包含的当前域名目录，以及与当前域名目录平级的其他目录如图 7-25 所示。

图 7-25

如图 7-25 所示，top 目录表示顶层资源，代表一个 HTML 框架，其他资源均在该目录下。top 目录下的第 1 个子目录是当前域名目录，该目录下存放的是当前网站的源码，即源码目录。

源码目录下会按照网页请求资源的 URL 自动划分子目录，展示出来的目录结构几乎与源码目录结构一致。当然，对于使用构建工具打包过的项目，这里的目录结构与项目构建后的目录结构匹配。展开目录找到某个资源（如图片、CSS 代码、JavaScript 代码）单击即可打开。

1. 编辑源码

打开 CSS 代码或 JavaScript 代码后，在源码区域可以查看并编辑这些代码，代码更改后 DevTools 会运行新代码并更新页面。一旦修改了某个元素的背景色，就会在页面中看到更改立即生效。

CSS 代码更改会立即生效，无须保存。JavaScript 代码更改后按快捷键 command+S（Mac）或 Ctrl+S（Windows）保存后生效。DevTools 不会重新运行整个脚本，只会对修改过的部分重新执行。

编辑源码只对当前页面生效。如果刷新页面，那么所有修改过的内容都会被清除。

2. 运行代码片段

运行代码片段是指将一段 JavaScript 代码交给当前页面运行，并查看页面运行后的结果。假设要给当前页面插入一个 jQuery 引入，代码片段如下：

```
let script = document.createElement('script')
script.src = 'https://code.jquery.com/jquery-3.2.1.min.js'
```

```
document.head.appendChild(script)
```

将该代码片段直接在"控制台"面板中运行，结果符合预期。如果有很多这样的脚本需要在多个页面测试，那么在"控制台"面板中粘贴会很不方便。更高效的方法是将其保存为一个代码段，在任何页面单击一下即可运行。

将目录区域切换到"代码段"选项卡，新建代码段。先创建一个名称并编写代码，再单击"运行"按钮，如图 7-26 所示。

图 7-26

该代码段会被保存在磁盘中，即使刷新页面、关闭浏览器也不会丢失。任何页面需要调试某个代码段，只需要单击"运行"按钮即可。

7.5.2　断点调试

如果一直在使用 console.log()方法调试代码，那么可以尝试更高效的断点调试。"打断点"的方式很简单，在 JavaScript 代码中添加一个 debugger，或者在"源代码"面板中找到某行代码，单击行号即可设置一个断点，如图 7-27 所示。

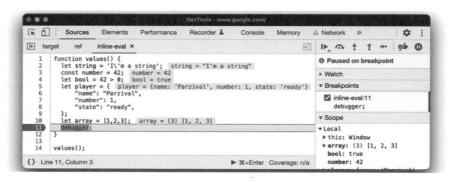

图 7-27

在图 7-27 中，当代码运行到断点处时会暂停执行，并在"Sources"面板中自动定位到断点对应的行号。在断点之前定义或使用的任意属性和变量，可以直接查看，或者将光标悬停到变量上面预览变量值，这比使用 console.log()方法更简单直观。

在一个 JavaScript 脚本中可以添加多个断点，在遇到第 1 个断点暂停时，可以选择如何处理该断点。调试区域的 7 个按钮对应不同的断点处理方式，每个按钮及其含义如图 7-28 所示。

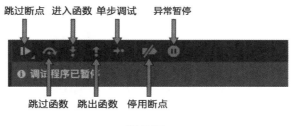

图 7-28

1. 跳过断点

在遇到断点并查看变量、确认当前位置是否有问题之后，下一步通常是跳过当前断点，继续执行代码。单击"跳过断点"按钮会跳过当前断点，继续执行脚本。

若有多个断点，则单击"跳过断点"按钮后会进入下一个断点，多次单击该按钮直到跳过全部断点。如果在某个断点暂停后，想查看其后面的某个变量值，那么请单击这行代码最前面的行号创建一个新的断点。继续单击"跳过断点"按钮，就会在新建的这个断点处暂停。

2. 跳过/进入/跳出函数

当断点的后面有一个函数调用时，可以选择跳过或进入这个函数。

跳过函数相当于在函数调用的位置新添加了一个断点，会自动在函数调用的位置暂停。当单击"跳过函数"按钮时，执行当前函数；若有多个函数，则断点会停到下一个函数调用的位置，连续单击"路过函数"按钮会逐一跳过多个函数。

当断点暂停到某个函数调用时，单击"进入函数"按钮，断点会进入函数内部，连续单击"进入函数"按钮会在函数内部逐行暂停。若函数内部还有其他函数，则可以继续选择跳过或进入这个函数。

如果当前断点已进入函数内部的某个位置，不打算继续调试后面的代码，就可以直接单击"跳出函数"按钮，此时断点会跳到函数的外面，继续执行函数外面的调试。

■ 提示 单击"跳过函数"按钮或"进入函数"按钮时，普通函数只会在函数调用的位置停止，箭头函数在函数声明、函数调用的位置都会停止。只有在函数调用的位置上单击"进入函数"按钮，断点才能进入函数内部。

3. 单步调试

单步调试很简单，就是按照代码执行顺序一行行地暂停，直到代码执行完毕。虽然单步调试逐行暂停的效率比较低，但是在一些逻辑复杂的部分，逐行暂停代码可以更细致地排查错误。

4. 停用断点

停用断点就是停止执行代码中所有的断点。停用断点默认不开启，单击开启后所有的断点会失效。

5. 异常暂停

异常暂停是指，在页面中发生代码异常后，会在异常的部分自动打断点。显然，调试异常时使用这种方式更便捷。

7.5.3 作用域、调用栈、事件监听

当代码在断点处暂停时，可以在调试区域看到代码执行时的作用域数据和函数调用栈等一系列信息，这些信息为开发者提供了更全面的参考，如图 7-29 所示。

图 7-29

下面介绍调试区域常用的 3 处高级调试。

1. 作用域数据

查看图 7-29 中的"作用域"标签，可以看到有"本地"和"代码块"两类数据。"本地"数据是函数作用域内定义的状态，"代码块"数据则是当前 JavaScript 脚本内定义的状态。不管查看哪个状态，都会找到熟悉的变量，并看到它们的值。

双击某条数据会出现输入框修改数据值，保存后单击跳过断点，后面的代码逻辑会按照修改后的值执行，这样调试不同数据非常高效。

2. 函数调用栈

展开图 7-29 中的"调用堆栈"标签，可以看到当前断点处的函数调用关系。最上层是栈顶（最后调用）的函数，往下依次排列。栈底的 setup 表示全局模块，可以将其看作脚本的初始化执行。

假设有以下 JavaScript 代码，打开"控制台"面板并执行：

```javascript
const fun1 = () => {
  console.log(1)
  debugger
}
const fun2 = () => {
  console.log(2)
  fun1()
}
const fun3 = () => {
  console.log(3)
  fun2()
}
fun3()
```

执行后会打开断点，在断点处查看函数调用栈，如图 7-30 所示。

3. 全局事件监听

"事件监听器断点"标签将几乎所有事件全部罗列出来，每个事件前都有一个复选框，勾选对应的复选框后即可全局监听该事件。

如图 7-31 所示，笔者勾选了 XHR 的 error 事件和 timeout 事件，这样当页面中存在网络请求失败时，请求异常的位置会被自动打上断点，这样调试请求异常就会非常高效，其他浏览器事件亦是如此。

图 7-30　　　　　　　　　　　图 7-31

7.6 "网络"面板

"网络"面板用于展示和处理所有的网络请求。在前端开发过程中，前端与后端的接口对接需要频繁地处理网络数据，而使用"网络"面板有助于跟踪与分析网络数据，以及调试网络与数据交换的情况。

"网络"面板从上至下分为 3 个区域，分别为操作区域、过滤区域和主体区域，如图 7-32 所示。

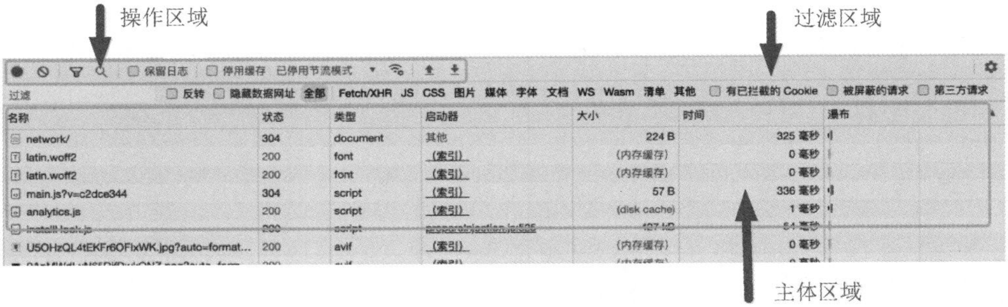

图 7-32

7.6.1　捕获网络请求

在默认情况下，打开"网络"面板并刷新页面，所有网络请求就会被记录下来，并且可以在主体区域看到网络请求列表。网络请求列表中包含许多关键字。

1．名称

名称截取自 URL 地址的最后一部分，用于简单区分不同的请求地址。单击某条请求的名称，就会打开这条请求的详情面板，在这里可以查看详细的请求信息。

2．状态

状态是指请求的 HTTP 网络状态，常见的有 200、500 等。不同的网络状态表示该条请求的成功与否。在请求结果返回之前，默认状态是 pending（表示请求中），请求结束才会有具体的返回码。

网络请求状态码是计算机通用码，非浏览器独有。2xx 表示请求成功，4xx 表示请求错误，5xx 表示服务器错误。

3. 类型

不同的资源会显示不同的请求类型。若请求目标是在 HTML 文件中加载的网络资源，则可以将其分为以下几类。

- document：整个 HTML 文件。
- script：JavaScript 脚本。
- font：字体。
- png/jpeg/webp：图片。

如果是异步数据请求，那么只有以下两类。

- xhr：AJAX 请求，调用接口时最常见的请求类型。
- fetch：Fetch 请求，Chrome 最新的请求方式，比 AJAX 更优雅。

4. 大小

大小是指请求成功后返回的资源大小，通常与请求时间成正比。

5. 时间

时间是指请求耗时，直观展现请求的响应速度。

6. 瀑布

瀑布是非常棒的功能，以一种可视化的方式展现所有请求的开始/结束时间和请求耗时。每条请求的瀑布是一个多种颜色拼接的色块，将光标移入其中可查看瀑布详情。

在瀑布中，绿色表示响应耗时，蓝色表示下载响应资源耗时，色块宽度表示耗时时间。

7.6.2　请求的筛选过滤

一个中型或大型网站中往往有数量庞大的请求，在调试接口或其他网络资源时，筛选出这部分需要观测的请求非常重要。此时就要使用过滤区域中筛选请求列表的功能。

1. 快捷过滤

过滤区域中有以下几种快捷方式用来筛选不同类型的请求。

- 全部：筛选全部请求。
- Fetch/XHR：筛选 AJAX 和 Fetch 请求。
- JS：筛选 JavaScript 脚本文件请求。
- CSS：筛选 CSS 样式文件请求。

- 图片：筛选图片文件请求，包括 PNG、SVG 和 WEBP 等格式。
- 媒体：筛选音/视频文件或流媒体请求。
- 字体：筛选字体文件请求。
- 文档：筛选首页 HTML 文件请求。
- WS：筛选 WebSocket 请求。
- 其他：筛选 POST 预检请求等。

使用这些快捷方式，会筛选请求列表并显示出对应类型的请求。如果想调试接口请求，使用 Fetch/XHR 快捷方式，就会只过滤请求列表中的接口请求。

2. 搜索过滤

过滤区域最左侧的位置是一个文本框，在这里输入关键字，可以通过模糊匹配请求名称来实现请求列表的过滤。

文本框的后面有一个"反转"复选框，勾选该复选框后会对搜索结果取反。假设输入关键字"png"，那么可以筛选出所有 PNG 类型的请求，取消勾选"反转"复选框后，筛选结果就会变成不包含 PNG 类型的其他请求。

7.6.3 单条请求详解

在请求列表中选中某条请求后，单击请求名称即可打开请求详情页。在请求详情页中可以看到详细的请求数据，如图 7-33 所示。

图 7-33

在请求详情页中有多个选项卡，分别用来查看基本信息、请求数据、响应数据、分析耗时等。

1. 头部信息

"标头"选项卡用来展示当前请求的头部信息，头部信息分为 3 组展示。

- 常规：包含完整请求 URL 地址、请求方法、HTTP 状态码，是最基本的请求数据。
- 响应标头：HTTP 响应头信息，包含响应格式、服务器标识等。
- 请求头：HTTP 请求头信息，自定义请求头会在这里显示。

2. 请求参数

不管是 GET 请求的 URL 参数，还是 POST 请求的 body 参数，都可以在"载荷"选项卡中查看。在这里请求参数会被格式化，可以直观地看到参数的结构。

如果以原始字符串的格式展示参数，那么单击旁边的"查看源代码"按钮即可。

3. 响应数据

一个请求成功之后一般会返回响应数据。"预览"选项卡和"响应"选项卡都是用来查看响应数据的。它们的区别如下：前者会根据响应类型返回 HTML 页面中最终的格式，后者只会以代码的方式显示响应数据。

如果是图片请求，那么"预览"选项卡中展示图片，"响应"选项卡中不显示任何内容；如果是接口请求，那么"预览"选项卡和"响应"选项卡都显示接口的返回数据。

7.6.4　网络功能设置

在"网络"面板的操作区域，可以控制如何记录网络，以及模拟不同的网络情况。操作区域从左到右的按钮的功能如下。

1. 记录网络日志

该按钮默认是红色的，表示开启记录网络日志；关闭后变成灰色，表示不会再抓取请求列表。

2. 清除网络日志

当网络日志记录非常多时，如果想查看最新抓取的网络请求，那么可以单击"清除网络日志"按钮，清空请求列表后重新记录。

3. 保留日志

在默认情况下，刷新页面或在当前页面跳转到新链接时，会清空网络请求列表。如果想保留上一页的网络日志，那么勾选"保留日志"复选框。

4. 停用缓存

对于一些不变的资源，浏览器会尽可能从缓存中加载，以减少网络请求。缓存资源一般会返回 403 状态码，如果想模拟首次访问页面（首次访问没有缓存），那么勾选"停用缓存"复选框。

5. 节流模式

网络速度会影响页面的加载。大部分计算机都连接 Wi-Fi，网络速度快，页面加载也快。有时需要测试不同网络速度下页面的加载情况，此时可以单击"节流模式"下拉按钮选择不同的网络。

节流模式可以模拟高速 3G、低速 3G、离线的情况，也可以自定义网络速度，如图 7-34 所示。

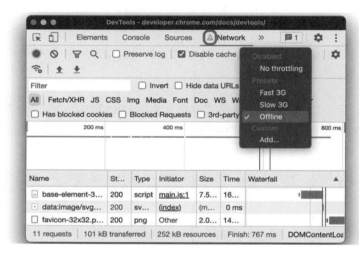

图 7-34

6. 导出 HAR

在团队合作开发过程中，如果想共享本次记录的所有网络请求，那么可以单击"导出 HAR"按钮，该操作会将请求列表打包并导出一个.har 文件。如果要导出单条请求，那么选中该请求后右击，在弹出的快捷菜单中选择"以 HAR 格式保存内容"命令即可导出文件。

将.har 文件发送给其他人，其他人也可以单击"网络"面板中的"导入 HAR"按钮导入该文件，请求列表就会重新出现在"网络"面板中。

7.7　"应用"面板

"应用"面板主要负责浏览器中本地存储数据的管理，以及一些后台服务（很少用到）。本地存储通过 JavaScript API 将数据存储在磁盘中，用于在多个页面之间共享数据。

浏览器中有多种本地存储方案，其中常用的是 Cookie 和 WebStorage。

7.7.1　Cookie 管理

Cookie 是最早的数据存储方式，是由服务器发送并保存在用户浏览器中的一小块数据。浏览器在每次向服务器发起请求时，如果检测到有 Cookie，就会自动将其携带并发送到服务器上，这样无状态的 HTTP 请求就有了标识，从而实现了早期的会话管理。

Cookie 由服务端设置。当服务器收到 HTTP 请求后，会在响应头中添加一个或多个 Set-Cookie 选项并向客户端发送响应。浏览器在收到响应后通常会保存 Cookie，在下一次发送请求时将 Cookie 一并带过去。

1. 查看 Cookie

Cookie 是一种以键值对存储的简单数据格式，一个简单的 Cookie 可能就是如下形式的：

```
Set-Cookie: <cookie-name>=<cookie-value>
```

在"应用"面板中的存储分类下，先找到"Cookies"并展开，再选择一个来源（一般是当前域名）并打开，此时可以看到一个存储 Cookie 的表格，如图 7-35 所示。

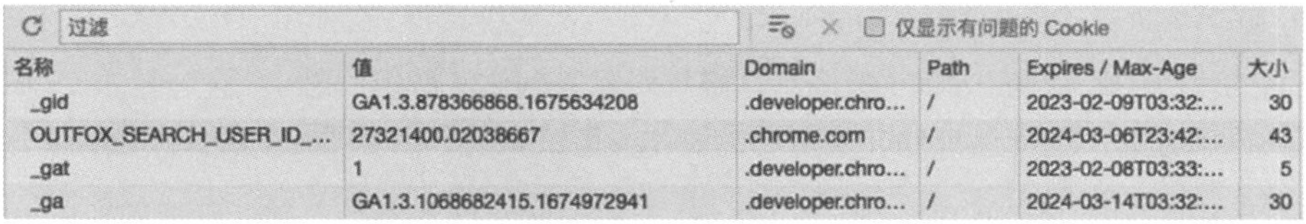

名称	值	Domain	Path	Expires / Max-Age	大小
_gid	GA1.3.878366868.1675634208	.developer.chro...	/	2023-02-09T03:32:...	30
OUTFOX_SEARCH_USER_ID_...	27321400.02038667	.chrome.com	/	2024-03-06T23:42:...	43
_gat	1	.developer.chro...	/	2023-02-08T03:33:...	5
_ga	GA1.3.1068682415.1674972941	.developer.chro...	/	2024-03-14T03:32:...	30

图 7-35

表格中最重要的是前两列，分别表示 Cookie 的名称和值。Cookie 的另一个特点是有过期时间，过期之后会被自动清除。表格中的 Expires 字段就表示过期时间。

2. 操作 Cookie

在调试页面的过程中可能涉及修改 Cookie，一般只会修改 Cookie 的值和过期时间，以便测试用户验证的某些逻辑。要修改 Cookie 的值和过期时间，在表格中双击即可编辑。

如果要删除某条 Cookie，那么选中该 Cookie 并右击，在弹出的快捷菜单中选择"删除"命令即可。在操作栏中还有一键清除所有 Cookie 的按钮。

> 📢 提示　由于服务器指定 Cookie 后，浏览器的每次请求都会携带 Cookie 数据，因此会带来额外的性能开销（尤其是在移动环境下）。如果不是必要的，建议使用 WebStorage 代替 Cookie。

7.7.2 WebStorage 管理

早期的 Cookie 也可用于本地存储，之后 WebStorage 逐渐代替 Cookie 成为主流。相比 Cookie，WebStorage 可以存储更大容量的数据，也不用担心性能问题，并且其 API 更直观明了。

WebStorage 分为 localStorage 和 sessionStorage 两类。localStorage 和 sessionStorage 的存储机制相同，但销毁机制不同。因为 localStorage 和 sessionStorage 的特性不同，所以它们的应用场景不同。

1. localStorage

localStorage 是持久化存储方案，数据存储到本地后除非手动删除否则不会销毁，常用于存储用户信息。存储数据使用 localStorage.setItem()方法，该方法需要指定两个参数：第 1 个是唯一字符串 key，第 2 个是数据 value。

假设要分别存储一个字符串、一个布尔值和一个对象，那么存储方式如下：

```
let name = '张三虎'
let is_best = true
let json_info = { sex: 'man', age: 35 }
localStorage.setItem('name', name)
localStorage.setItem('is_best', is_best)
localStorage.setItem('json_info', JSON.stringify(json_info))
```

在上面的代码中，存储 JSON 数据时需要将对象序列化（数组同理），这是因为 localStorage 只能存储字符串数据。当存储其他非字符串的基本类型的数据时，数据会自动转换为字符串。

在获取数据时使用 localStorage.getItem()方法将 key 作为参数，就能获取对应的 value。若 key 不存在，则返回 null，否则返回一个字符串类型的 value。

如果需要的数据不是字符串，那么获取数据之后还要进行转换。例如，上面存储的数据，获取并转换的方式如下：

```
let is_best = localStorage.getItem('is_best')
let json_info = localStorage.getItem('json_info')
if (json_str) {
  json_info = JSON.parse(json_str)
}
if (is_best) {
  json_info = Boolean(json_str)
}
```

删除单条数据使用 localStorage.removeItem()方法，传入 key 即可。删除全部存储数据使用 localStorage.clear()方法。

2. sessionStorage

sessionStorage 与 localStorage 的 API 几乎完全一致，这里不再赘述。二者的不同之处在于，sessionStorage 中存储的数据并不持久，只在当前页面生效；当页面关闭时，数据会被清空。

在一些特殊场景中，如页面之间共享某些数据，就非常适合用 sessionStorage。因为这个数据共享是临时的，业务上不需要做持久化，关闭页面自动删除正好符合需求。

在"应用"面板中，单击"存储"→"会话存储空间"节点，展开菜单并单击第 1 条域的名称，打开当前域下的 sessionStorage 数据表格。在表格中，可以看到所有的 sessionStorage 数据都只有 key 和 value 两个字段。单击某条数据后，表格下方会显示格式化之后的 value，如图 7-36 所示。

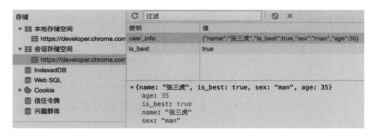

图 7-36

如果要修改数据，那么双击表格中的任意 key 或 value 都会出现文本框，直接修改即可。如果要删除某条数据，那么选中该条数据后右击即可。如果要全部清空数据，那么单击表格上方的"全部清除"按钮（localStorage 与 sessionStorage 的操作完全一致）。

7.8　本章小结

本章先介绍了浏览器的组成和渲染原理，详细剖析了浏览器的页面渲染过程；接着介绍了开发者工具。使用开发者工具可以帮助前端开发者在浏览器中调试页面，其中的功能繁多而复杂，但大部分开发者只熟悉基础功能的使用。本章将开发者工具的主要功能分组提取、分步介绍，如介绍了一些创造性的特性和功能的使用方式，以及在什么场景下解决什么问题。通过学习本章，读者可以掌握更高级的调试功能和技巧。

本章介绍了开发者工具中核心的调试功能，但开发者工具中还有一部分性能优化的功能，笔者将其放到第 8 章介绍。熟练使用开发者工具进行调试可以保证开发效率。如果读者对于开发者工具只是一知半解，还停留在 console.log()方法的阶段，那么本章的内容值得一读。

第 8 章
前端性能优化全览

打造高质量的前端应用，性能优化是一个绕不开的话题。很多前端开发者认识性能优化都是从一套面试题开始的，如如何提高首屏加载速度，以及如何处理高频事件触发等。但这些碎片化的方案并不能让前端开发者系统地了解性能优化的全貌。

实际上，出现性能问题的场景非常复杂，影响性能的因素也多种多样。很多时候根本无法判断问题的根源在何处，这是因为浏览器在渲染过程中的每个环节都有可能出现问题，这就需要结合实际情况，具体问题具体分析。

掌握性能优化需要从渲染原理出发，在各个环节寻找优化点。因此，本章不会直接罗列优化方案，而是先从解构渲染过程开始介绍，剖析每个环节可能存在的问题，然后一一介绍具体的优化方案。

8.1　认识性能优化

性能优化是面向性能问题的优化手段，即任何可能出现性能问题的地方，都有性能优化的用武之地。那么性能问题从何而来？下面从项目的角度展开介绍。

随着项目规模变大，模块的数量和体积都会不断增加，而浏览器加载和渲染资源的能力有限，如果超出这个限度，用户就会很明显地感觉到页面加载缓慢，操作不流畅。如何让页面响应速度更快、交互更顺滑，这些解决方案统称为性能优化。

性能优化是多角度的，不应该只停留在"前端"层面，应该把目光放大至"从用户访问到看到结果"的整个流程，这就要求我们先了解浏览器的工作原理。

8.1.1　从渲染原理开始

第 7 章介绍了浏览器渲染引擎的工作原理，由此可知页面如何被渲染成网页。换一个角度来看，渲染过程就是做性能优化的切入点。从渲染过程中找到出现异常的环节可以更接近性能问题的根源。

渲染引擎的工作原理解释了浏览器如何将得到的资源包渲染成网页，该部分属于渲染层面的优化，也是前端优化的主战场。这里面包含多个步骤，其大致流程如图 8-1 所示。

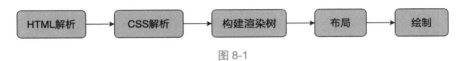

图 8-1

在浏览器执行渲染前，需要从网络中获取资源，而获取资源的速度也决定着网页打开的速度，这部分属于网络层面的优化。网络层面的优化范围比较广，可能在打包环节处理，也可能在服务端处理，这部分往往被前端开发者忽略，认为与前端无关。实际上，很多构建方面的优化就是为网络服务的。

"网络层面+渲染层面"组成了性能优化的骨架。对于要做性能优化的读者来说，了解了这两个层面的执行流程就好比在心中绘制了一张性能优化地图。接下来所有的工作都是围绕这张地图逐步展开的。

8.1.2　网络层面的优化

从输入 URL 地址到页面加载完成，最先执行的一定是网络请求（本地资源除外，不在性能优化的考虑范围内）。网络请求是用户发起的第一道操作命令，网络请求一旦被堵塞，页面渲染得再快也没有意义。

网络请求是一个非常复杂的过程，本节不会展开详细介绍，只介绍其中几个关键的可优化性能的环节。

1. DNS 解析

用户以输入域名的方式访问网页，然而服务器是以 IP 地址作为唯一标识的，那么如何根据域名找到 IP 地址呢？这就是 DNS 解析的作用。DNS 映射了域名与 IP 地址的关系，在用户访问域名时，DNS 会查找对应服务器的 IP 地址并返给用户，这样浏览器就能找到目标服务器。

DNS 具有将用户请求导向某个服务端 IP 地址的特性。利用这个特性，可以实现分解流量的目的，从而缓解服务器压力。其中，最具有代表性的就是 CDN 加速。

CDN 表示资源分发网络，CDN 服务商将源站的资源缓存到遍布全国的高性能加速节点上。当用户访问源站的资源时，CDN 系统能够实时地根据网络流量和各节点的连接、负载状况，以及与用户的距离等综合信息将用户的请求重新导向离用户最近的服务节点上，从而提高用户访问资源的响应速度。

2. HTTP 请求

通过 DNS 找到服务器 IP 地址之后，客户端就可以发起 HTTP 请求。HTTP 请求由客户端发起，但操作权在开发者手里，因此这部分可以做的优化比较多。总的来说主要有以下两个方向。

（1）减小请求体积。

让请求发起时携带的数据更少，这样会使请求发送得更快。请求携带的数据包括请求头、请求体和 Cookie 等，这些数据都可以进行不同程度的精简。例如，Cookie 会在每次请求时自动携带，这样就可以将不必要的 Cookie 删除；如果请求体积很大，那么可以适当精简参数。

（2）减少请求次数。

请求是一个复杂的过程，需要 TCP 握手、数据传输、数据解析等多个环节，每次请求不仅会有时间和性能上的消耗，还会对服务器造成压力。因此，尽量用更少的请求实现功能，如利用浏览器缓存减少对服务器的直接请求，或者避免无效的多次请求等，这些都属于性能优化。

但这些并不是绝对的。如果一次请求需要获取的资源太大，造成了加载阻塞，那么必然要拆分请求。一般浏览器最多支持同时下载 6 个资源，因此模块拆分粒度最好不要超过 6 个，这样可保证下载速度。

3. HTTP 响应

服务端收到 HTTP 请求后，就可以处理资源并发送响应。响应阶段主要考验服务器的处理能力，能否尽可能快地处理用户请求并返回响应数据，这是 HTTP 响应性能考量的关键。可以从以下几个方向优化响应速度。

（1）服务器配置不能成为访问速度的限制。服务器配置越高，处理能力越强，处理资源的速度就越快。笔者见过很多代码非常糟糕的网站，本地运行极其卡顿，但提高服务器配置以后，响应速度可以达到能接受的程度，这一点很重要。至少在遇到性能问题时，应该想到是不是服务器配置太低，以及将"服务器升配"作为一个备选优化方案。

（2）压缩资源减少响应时间。如果服务端收到资源请求时能够将目标资源压缩后返给客户端，响应时间就会大大缩短。客户端收到压缩包后先解压缩再解析，虽然解压缩也会耗时，但和传输资源的耗时相比微不足道。

（3）设置浏览器缓存。对于某些不变的资源，服务端可以在响应头中添加字段，告诉浏览器这部分资源需要缓存，并指定有效时间。浏览器根据这些标识将资源缓存起来，下次请求时可以直接读取缓存，这就是强缓存和协商缓存。

（4）保证带宽足够。一个 10MB 的资源在不同站点上的加载速度的差异非常大，这主要是因为带宽不同。服务器带宽决定了资源传输的最大量，如果带宽不够，即便网速再快下载速度依然受限。

8.1.3　渲染层面的优化

在获取到网络资源后，浏览器就要开始解析并渲染页面。渲染层面的优化，其实就是浏览器端的性能优化，可以完全按照渲染引擎的工作步骤逐步查找优化点。可以把关键的渲染步骤分为以下几个。

1. HTML 解析

渲染流程的第一步是，通过浏览器解析 HTML 并将其转换为 DOM 树。在解析过程中，如果遇到资源链接（如样式、脚本和图片等），浏览器就会立刻发起请求并下载资源，因此当 HTML 解析完毕时，所有链接的请求已经全部发送。

在浏览器中，CSS 不会阻塞 DOM 树的构建，但在默认情况下 JavaScript 会阻塞 DOM 树的构建。这里有一个非常重要的优化点：在一个 HTML 页面中，插入脚本文件的位置对页面渲染是有影响的。

2. CSS 解析

在解析 HTML 的过程中如果遇到样式标签，CSS 就开始加载并开始构建 CSSOM 树。CSS 是阻塞渲染的资源。在 DOM 树构建完成后，必须等到 CSSOM 树构建完成才会开始构建渲染树。也就是说，如果 CSSOM 树没有构建完成，就不会执行下一步的渲染，这就是所谓的"阻塞渲染"。

"阻塞渲染"并不是阻塞 DOM 树的构建，而是阻塞渲染树的构建。渲染树是通过合并 DOM 树和 CSSOM 树生成的。大多时候，DOM 树不得不等待 CSSOM 树，因此，让 CSS 尽早加载有利于缩短渲染时间。

具体的优化方案其实很简单：将 CSS 资源尽量往前放，放到 head 标签中。这样在解析 HTML 时就能更早地解析 CSS，这就是大多数项目把样式放在 head 标签中的原因。

> **提示**　由以上特性可以看出，行内样式比外部资源的样式性能更好，因为减少了下载资源的时间，CSSOM 树构建得更快，渲染得也更快。

3. JavaScript 解析

在 HTML 文件中，可以将 script 标签当作一个普通标签在任意位置插入（尽管通常只放在 body 标签中）。这样操作的特点是在何处插入，中间的 JavaScript 脚本就在何处执行。

JavaScript 代码执行时不仅会阻塞 DOM 树的构建，还会阻塞 CSSOM 树的构建。当 HTML

解析到某处的 script 标签时，该处的 JavaScript 代码会下载并执行，这期间 HTML 解析和 CSS 解析都会暂停，等待 JavaScript 代码执行完毕才会继续解析。

为什么会这样呢？从本质上来说是因为 HTML 和 CSS 由渲染引擎解析，而 JavaScript 由 JavaScript 解释器执行（渲染引擎和 JavaScript 解释器是两个独立的引擎）。当 HTML 解析到 script 标签时，浏览器会将控制权移交给 JavaScript 解释器；当 JavaScript 代码执行完毕，浏览器就把控制权还给渲染引擎。同一时间只能有一个引擎工作，因此，在 JavaScript 代码执行时，渲染工作就会被阻塞。

既然 JavaScript 代码会阻塞渲染，那应该如何优化呢？其实很简单，只要把 script 标签尽可能往后放，让渲染引擎完成大部分工作后再交给 JavaScript 解释器，阻塞的影响就会大大降低。最佳实践是将 script 标签放在 body 标签的最后一个子元素的后面。

除此之外，ES6 为 script 标签添加了新属性表示异步加载，以直接避免渲染阻塞，这样更方便。新属性分别是 async 和 defer。

（1）async 属性。

在 script 标签中添加 async 属性，表示该脚本异步加载，加载之后会立即执行。示例如下：

```
<script async src="app.js"></script>
```

（2）defer 属性。

在 script 标签中添加 defer 属性，表示该脚本异步加载，加载之后会等整个文档解析完成且 DOMContentLoaded 事件被触发前执行，比 async 属性更晚。示例如下：

```
<script defer src="app.js"></script>
```

需要注意的是，虽然 async 属性和 defer 属性都不会阻塞渲染，但它们仅对 src 属性引入的 JavaScript 文件有效，对直接放在 script 标签中的代码无效。

8.2 检测性能问题

8.1 节深度剖析了网络和渲染层面的工作原理，大致解决了以下问题。

- 性能问题是什么，是如何出现的。
- 性能优化是什么。
- 性能优化应该怎么做。

然而，性能问题出现的场景非常复杂，仅了解原理是不行的。需要有一个参考标准或检测工具来协助判断性能问题，以大大缩短定位问题的时间。

8.2.1　主观感知性能

主观感知性能是用户对产品使用体验最直观的感知。很多时候不需要有非常明确的数据指标，仅凭使用体验就能判断产品性能。

例如，打开一个网页，页面加载了 5 秒还是白屏，此时该页面一定存在性能问题。或者在一些列表页滚动、表单操作时，因为网页的响应速度比较慢，用户会连续不断地单击，结果页面反应变得更加卡顿。

因此，当用户主观感受到页面操作不流畅时，就要立即从性能优化的角度着手解决问题。除此之外，通常还有另一套方案——从用户体验入手，提升用户"感知到的性能"。这套方案在以下两种场景下可用。

- 首页白屏：添加骨架屏或加载动画，甚至可以加一些趣味文字等，这样可以增加用户等待时的耐心。
- 交互迟缓：如果产品交互反应比较慢，那么可以在第一次单击时加载动画，防止用户频繁触发导致更大面积的卡顿。

这套方案虽然没有直接提升实际性能，但是从体验上讲，提高了用户的容忍度，所以属于主观感知性能方面的优化。

8.2.2　利用"性能"面板检测性能

"性能"面板是开发者工具中的一个标签页，主要用于检测当前页面的性能。先使用无痕模式打开浏览器（无痕模式可以保证 Chrome 在干净的状态下运行，不受浏览器扩展的影响），进入需要检测性能的网页，再打开开发者工具并切换到"性能"面板，如图 8-2 所示。

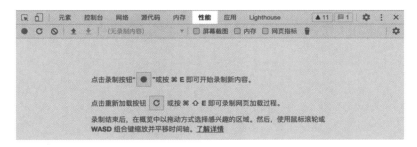

图 8-2

"性能"面板由上、下两个区域组成，上面是操作区域，下面是主体区域。

主体区域默认是空的，中央的文字提示如何检测性能。提示信息介绍了常用的两个按钮（这两个按钮与操作区域的前两个按钮的功能是一样的），分别是"录制"按钮和 "重新加载"按钮。这两个按钮都可以用来检测当前页面的性能，但是适用场景不同。

1."重新加载"按钮：检测首屏性能

单击"重新加载"按钮，当前页面会刷新，同时"性能"面板会分析加载性能。当页面加载完毕，"性能"面板会展示页面加载的分析结果，如图 8-3 所示。

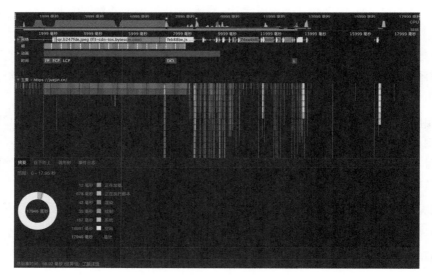

图 8-3

看到图 8-3 中密密麻麻的线条，很多读者可能会非常困惑，但是详细了解之后就会发现这张图非常直观。图 8-3 中下半部分的"摘要"标签中是一个简单的环形图，展示了总加载耗时和渲染过程中各个阶段的耗时。

"摘要"标签如图 8-4 所示。

图 8-4

"摘要"标签直观地展示了性能数据。通过"摘要"标签可以查看页面加载情况，可以根据这些数据做性能优化。

2. "录制"按钮：检测交互性能

不同于"重新加载"按钮，"录制"按钮不会自动分析性能，需要手动单击开始记录，手动单击结束记录，结束之后会分析这个时间段操作页面的性能情况。

假设要检测某个列表页的滚动性能，那么在滚动之前先单击开始记录，开始记录之后在页面操作滚动，操作完成后单击结束记录，这样操作页面的过程就会被记录下来，并且会生成性能分析报告。

性能分析结果页与页面重载时的一致，这里不再赘述。在"摘要"标签中依然可以看到最终的数据结果。

3. 性能分析图表

执行性能检测后会生成一张性能分析图表，如图 8-3 所示。这张性能分析图表乍一看很乱，很难懂。其实，按照功能可以将性能分析图表从上到下分为 3 个部分，分别是概述部分、详情部分和统计部分。

1）概述部分

概述部分以时间为横轴，展示了 CPU、网络在每个时间点的状态。其中，"小山包"状的面积图表示 CPU 状态，高度越高表示 CPU 计算量越大；面积图下面的蓝色线条表示网络，出现蓝色线条的部分表示该时间段有网络请求。

单击概述部分会出现两个托块，可以通过拖动托块来选择时间段。如果要查看第 2～3 秒的性能，就可以把左、右两个托块分别放在第 2 秒和第 3 秒的位置，中间就是选中的时间段，这样详情部分就只会展示该时间段的性能数据。

2）详情部分

在概述部分选中一个时间段（默认全部时间），详情部分会展示该时间段详细的性能数据。这些性能数据包含网络、帧、CPU 等，但是应着重关注"主要"分类下的火焰图，因为它是详情部分中最重要的性能数据。

火焰图怎么看？其实也很简单：X 轴表示时间，Y 轴表示调用堆栈。火焰图默认是由多层的条状图形组成的，层层叠加，当时间范围变大时它会大幅度缩小，变成一个由密密麻麻的条状块组成的不规则图形。事实上，火焰图包含的内容非常多。通过滚动鼠标指针可以将时间范围缩小（最小可缩至 1 毫秒），火焰图会成倍放大，放大后可以清晰地看到条状图形的内容——一个函数，Y 轴从上到下堆叠的条状图形组成一个函数调用栈。

通过火焰图可以看到任意时间的函数调用情况，条状宽度代表函数执行消耗的时间。利用火焰图可以以最小粒度分析页面性能。

3）统计部分

统计部分以饼图的形式展示选中时间段的统计数据。不同于详情部分的超细粒度，统计部分只分析渲染过程中各个阶段的加载耗时，快速定位是哪个阶段出现了问题。统计的每个阶段的含义如下。

- 正在加载：资源下载时间。
- 正在执行脚本：脚本执行时间。
- 渲染：页面渲染时间。
- 绘制：页面绘制时间。
- 系统：系统初始化时间。
- 空闲：CPU 等待时间。

8.2.3　利用 Lighthouse 检测性能

Lighthouse 是开发者工具中另一款检测性能的工具。使用该工具的步骤与使用"性能"面板的步骤一致，先以无痕模式打开浏览器，进入目标网页，再打开开发者工具并选中"Lighthouse"标签页，单击"分析网页加载情况"按钮，即可进行检测分析，如图 8-5 所示。

图 8-5

由图 8-5 可以看出，在进行检测分析之前，可以选择多个选项（如模式、设备和类别），Lighthouse 会根据选择的选项分析并生成相关报告。选项中的设备用于模拟设备环境，主要是 CPU 的差别；类别则表示要从网页的哪些方面进行分析，勾选"性能"复选框、"最佳做法"复选框和"SEO"复选框即可。

模式是一组相对来说比较特别的选项，每种模式都有独特的应用场景。Lighthouse 提供了 3 种模式选项。

- 导航模式：用来分析单个页面加载。
- 时间跨度模式：用来分析任意时间段，通常包含用户交互。
- 快照模式：用来分析处于特定状态的页面。

与"性能"面板不同的是，Lighthouse 针对整个页面进行分析（性能只是其中的一部分），更懂优化网页需要解决什么问题。Lighthouse 不会列出晦涩难懂的专业数据（如 CPU 面积图、火焰图等）让开发者自己分析，只会对网页指标进行分析计算后打分，并直接告诉开发者怎么做可以提升分数，如图 8-6 所示。

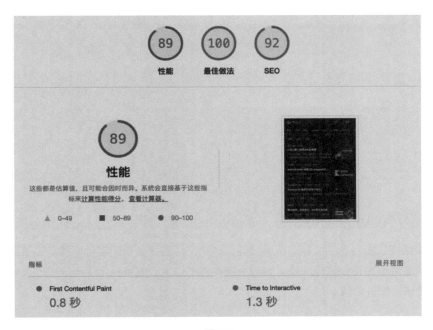

图 8-6

这也是多数开发者的心声——不用给我看专业、详细的数据，直接告诉我怎么办就可以。Lighthouse 做到了这一点，不但简化了网页分析和优化方案的产出，而且分析结果和优化建议能解决大部分问题。

按照分数划分，90 分及以上属于优秀，表示没有大问题，80 分以下的就需要注意，优化刻不容缓。单击某个网页指标可以看到该类型下的优化建议，根据建议逐条修复即可，非常简单。例如，SEO 的分析结果列出了如何修改可以优化分数，如图 8-7 所示。

综合来说，Lighthouse 可以更快速、更直接地分析网页的各项指标并给出优化建议，适合大多数场景。如果某些场景需要做到极致优化，那么建议使用"性能"面板，从更细粒度的分析中一点点地抠出优化点。

图 8-7

8.2.4　项目打包后的性能检测

将前端项目打包之后会生成静态资源文件，这些文件最终会被部署到服务器上供用户访问。然而打包之后的文件可能存在性能问题，如某个文件体积过大，或者打包了不需要的模块等，这些都需要在部署之前检测并处理。

在大多数情况下，打包后的静态资源已经将模块混淆压缩，生成纯粹的 JavaScript 文件。当使用"性能"面板检测出某些问题时，可能很难确认问题来源于源码中的哪个模块。因此，对于这类文件，应该在构建之后检测并分析其依赖，判断是否存在性能问题。

检测构建性能需要依赖构建工具实现。在 Webpack 或 Vite 中，都有可直接使用的、用于依赖分析的插件，可以分析项目中模块的引入情况和资源大小，从而帮助判断构建产物的性能。

以 Vite 为例，使用一个名为 rollup-plugin-visualizer 的插件，该插件会在构建之后生成一个 stats.html 文件。用浏览器打开该文件，可以看到如图 8-8 所示的页面。

从图 8-8 中可以清晰地看到构建后的代码包含哪些模块，哪个模块占用的体积最大，模块的依赖情况如何。由此基本上可以判断模块体积是否合理，是否有不需要的模块被打包了，同时针对实际情况做相应的优化。

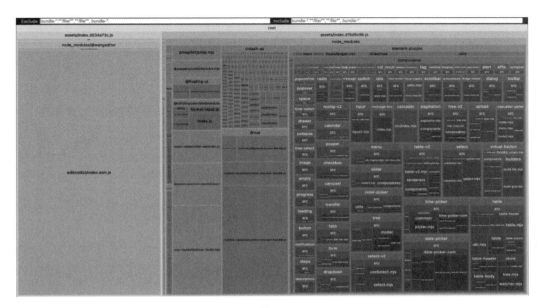

图 8-8

8.3　首屏渲染优化

首屏渲染优化是前端性能优化中极其重要的一环，首屏渲染速度与用户的留存率直接挂钩。在传统多页面应用中，一个页面对应一个 HTML 文件，首屏优化只需要优化一个页面的代码就可以；但是在单页面应用中，HTML 文件只有一个，JavaScript 控制模块的展示，因此优化首屏渲染速度要从整个应用出发。

本节以单页面应用为例，结合构建工具配置，解释如何优化首屏渲染。

8.3.1　首屏变慢的原因

单页面应用通过 JavaScript 管理路由和模块。当应用规模变大时，一个难以避免的场景是模块体积变大，同时复杂的依赖会使更多的模块需要被下载和执行，这样会严重影响首页加载时间，用户看到的白屏时间也会更久。所以，资源的"大"和"多"是首屏变慢的主要原因。

如何做首屏渲染优化呢？核心思路就是解决"大"和"多"的问题。既然模块体积大，就要想办法拆分，将首页用不到的代码逻辑或其他依赖拆分到单独的包中，这样首页的模块体积就会立刻变小。另外，可以在服务端将模块体积压缩，让下载速度更快，双重优化会大幅提高首屏渲染速度。

为了解决模块数量多的问题：首先，在代码层面尽量不要全局引入模块，减少全局公共模块的数量；其次，业务中需要各类模块，可以让和页面展示有关的模块优先加载，甚至可以延迟加载交互模块，让页面先出来。

8.3.2 优化措施一：路由懒加载

懒加载是非常成熟且效果极好的优化手段。在解决首页问题时，请首先尝试路由懒加载。

路由懒加载是指：当访问某个路由时，浏览器只加载当前路由对应的模块，其他不需要在当前路由显示或运行的模块暂不加载；当切换路由时，浏览器再加载新路由对应的模块，这样就能大大减小首次加载的体积，正好符合"需要什么就加载什么"的分步加载思想。

路由懒加载是如何实现的呢？不同的框架有不同的实现方法。在 Vue.js 中，可以通过 import() 函数加载组件来实现路由懒加载，示例如下：

```
const Test = () => import('@/pages/Test.vue')
const router = createRouter({
  routes: [
    {
      path: '/test',
      component: Test,
    },
  ],
})
```

在 React 中同样使用 import()函数实现路由懒加载，但是需要多一层 React.lazy()函数包裹，示例如下：

```
const Test = React.lazy(()=> import('@/pages/Test.vue'))
<HashRouter>
  <Route path="/test" exact={exact} component={Test} />
</HashRouter>
```

但不管哪个框架，懒加载功能都是由 ES6 的 import()函数提供的。在使用 Vite 构建项目时，只要遇到使用 import()函数加载的模块，就会自动将其打包成一个单独的文件，这为模块的懒加载提供了条件。

8.3.3 优化措施二：Gzip 压缩

前端项目打包后会生成静态资源文件，对于一些业务复杂的模块，构建优化之后文件的体积依然很大，那么还可以进一步优化吗？答案是可以的，还可以压缩文件。压缩是在构建优化之后的另一层资源优化。压缩会减小文件体积，自然会提高加载速度。

> 📷 提示　网络资源压缩最高效的方法是 Gzip 压缩，可以将模块体积压缩 50%。

Gzip 压缩可以在服务端压缩，也可以在客户端压缩，它们的区别如下。

- 服务端压缩：当服务端收到资源请求后，会实时压缩资源并返回客户端。
- 客户端压缩：客户端编译生成 .gzip 文件并上传，服务器收到请求后直接返回该文件。

如果在服务端压缩，那么当用户首次访问网站时，服务端先消耗一定的时间和 CPU 来压缩资源，压缩后再返回客户端，这样会影响首屏速度，也会加大服务端负载。如果在客户端压缩并上传至服务器，那么服务端开启 Gzip 压缩后可以直接返回要压缩的目标文件，不需要服务器进行压缩，显然这种方案的性能更好。

在 Vite 中，打包生成压缩文件非常简单，只需要使用插件 vite-plugin-compression 即可。

首先安装插件 vite-plugin-compression，然后在 vite.config.ts 文件中进行配置：

```
// vite.config.ts
import { defineConfig } from 'vite'
import viteCompression from 'vite-plugin-compression'

export default defineConfig({
  plugins: [viteCompression()],
})
```

执行打包命令，可以看到构建后输出的每个文件都有一个对应的 .gz 压缩文件，如图 8-9 所示。

图 8-9

将构建的文件上传至服务器，但此时服务器还没有开启 Gzip 压缩，因此不会加载文件。在 Nginx 中配置开启 Gzip 压缩，配置如下：

```
server {
  ...
  gzip on; #开启 Gzip 压缩
  gzip_buffers 16 8k;
  gzip_comp_level 6;
  gzip_vary on;
  #对哪些类型的文件开启 Gzip 压缩
```

```
    gzip_types text/plain text/css application/json application/javascript
text/javascript;
    gzip_min_length 1k;
  }
```

先使用 nginx -s reload 命令重载配置，再在浏览器中刷新页面，此时压缩多半已经生效。查看网络请求中的响应头部分，如果有如图 8-10 所示的标识，就说明 Gzip 压缩开启生效。

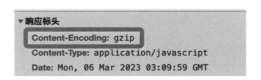

图 8-10

8.3.4 优化措施三：服务端渲染

在单页面应用中，几乎所有项目都遵循客户端渲染模式。以 Vue.js 3 为例，HTML 文件的 body 标签中的内容如下：

```
<body>
  <div id="root"></div>
  <script type="module" src="index.js"></script>
</body>
```

在上面的代码中，body 标签中无任何可见元素。当浏览器解析到 script 标签时，链接对应的 JavaScript 文件开始下载并执行，在执行过程中会异步获取其他的文件或数据，最终生成 DOM 结构并将其填充到页面中。当 JavaScript 代码执行完毕，页面内容才会被完整地渲染出来。

在客户端渲染模式下，整个页面的 DOM 结构需要执行 JavaScript 代码才能生成；如果项目规模大，执行 JavaScript 代码的时间就会更长，首页渲染更慢。

从渲染模式上解决这个问题可以采用以下两种方案：预渲染（也可称为静态站点生成）和服务端渲染（Server Side Render，SSR）。

1. 预渲染

预渲染主要依赖打包工具实现，具体的实施方法如下：将组件代码经过处理输出一个包含最终 DOM 结构的 HTML 静态文件。当页面加载时，直接渲染这个文件，不需要在服务端做任何处理。

在一般情况下，预渲染会按照既定的目录结构将项目拆分为多个 HTML 文件，部署后直接访问不同的文件路径即可。需要注意的是，因为是一次性生成静态页面，所以预渲染不适合开发强依赖数据的动态网页。

预渲染生成了包含 DOM 结构的 HTML 页面，实现起来更简单，并且不需要依托服务器，适用于构建静态站点。其缺点是不支持动态页面，动态页面必须使用服务端渲染构建。

2. 服务端渲染

服务端渲染是指让整个页面的 DOM 结构在服务端全部处理好，并返给客户端，客户端一旦得到就可以直接渲染，节省了执行 JavaScript 代码的时间，这样首页的渲染速度自然会很快。

既然是服务端渲染，那么必然要有一个负责渲染页面的服务，该服务大多使用 Node.js 代码实现。在服务端渲染的架构中，包含 client 和 server 两部分代码：前者是前端代码，后者是负责渲染的 Node.js 代码。两部分代码都需要部署到线上，缺一不可。

单页面应用可以直接以静态资源的方式部署，而服务端渲染应用则必须以 Node.js 的方式部署。服务端渲染的页面路由由 Node.js 接管并处理。

在 Vite 项目中，使用插件 vite-plugin-ssr 可以快速搭建服务端渲染应用。使用以下命令可以快速创建一个服务端渲染项目：

```
$ npm init vite-plugin-ssr@latest
```

创建之后打开项目，可以看到目录下有 pages 文件夹，下面的每个目录代表一个页面。插件 vite-plugin-ssr 同时支持预渲染和服务端渲染，默认模式为服务端渲染。如果要打包预渲染，就需要将配置修改为如下形式：

```
// vite.config.ts
import { ssr } from 'vite-plugin-ssr/plugin'
export default {
  plugins: [ssr({ prerender: true })],
}
```

服务端渲染虽然好，但是改造成本比较大。在一般情况下，如果项目有 SEO 和首页性能的强需求，就可以考虑使用服务端渲染；如果只是优化首页渲染速度，那么优先尝试其他方案。

8.4　网络资源优化

8.3 节介绍了首屏渲染优化措施。其实优化网络资源本身也是优化首屏渲染的一部分，只不过这是通用方案，适用于整个应用。

浏览器中一切请求的资源都是网络资源，包括 JavaScript 代码、图片、接口和字体等，这些资源的下载与页面的呈现息息相关。

> 📢 提示　单从网络资源的角度来看，如何在尽可能减少下载资源的同时不影响页面的渲染，这是网络资源优化的关键方向。

常见的优化方案如下。

8.4.1　图片异步加载

在一些图片比较多的网站中，一个页面中图片的总体积可以达到几十兆字节。如果一次性将所有图片加载完成，那么页面一定会有白屏和卡顿现象。如果在手机设备上浏览，问题就会更加突出。

实现图片懒加载，要从浏览器窗口的可见区域下手。具体方案如下：首次加载时只加载页面可见区域的图片，在用户滚动页面时，再计算并下载应该出现在可见区域的图片，这样在用户感受不到延迟加载的情况下大大提升了首页性能。

为了得到更好的用户体验，防止页面抖动，更好的做法是为图片设置一个占位符。在默认情况下，为 img 标签设置一个骨架屏的样式，在图片加载完成后再替换成真正的图片。具体步骤如下。

（1）定义一个 img 标签，将真实的图片地址放在 data-src 属性之下，示例如下：

```
<img src="xxx.default.png" data-src="xxx.realsrc.png" />
```

（2）使用 getBoundingClientRect()方法获取元素到可见区域的高度，并通过与浏览器窗口高度进行对比来判断元素是否可见：

```
// 获取一张图片
let img = document.querySelector('img')
// 获取可见区域的高度
let viewHeight = window.innerHeight
// 判断图片是否出现在可见区域
let distance = viewHeight - img.getBoundingClientRect().top
if (distance >= 0) {
  img.src = img.getAttribute('data-src')
}
```

（3）将上述代码封装成一个方法，获取所有图片并在浏览器滚动时触发懒加载：

```
const imgs = document.querySelectorAll('img')
var img_index = 0
const loadImg = () => {
  Array.from(imgs)
    .slice(img_index)
    .forEach(img => {
      let distance = window.innerHeight - img.getBoundingClientRect().top
      if (distance >= 0) {
```

```
        img.src = img.getAttribute('data-src')
        img_index++
      }
   })
}
window.addEventListener('scroll', loadImg, false)
```

上述代码通过 img_index 标记已加载图片的索引,这样可以避免重复加载。当所有图片加载完成后,函数内就不会再执行相关的加载逻辑。

8.4.2　高效利用缓存

使用浏览器时会发现这样的现象:某个网站第一次打开时很慢,但之后再打开就快多了——这都是缓存的功劳。随着浏览器的缓存功能越来越强大,可以智能推算出哪些是不可变资源,尽可能将数据缓存在本地,减少实际网络请求,加快渲染速度。

然而缓存的种类很多,如果使用不善,就会出现“过度缓存”的结果。例如,服务端已经更新资源,但浏览器刷新多次依然是旧资源,这样会直接影响产品功能。

浏览器中的缓存机制有一部分是自动实现的,我们主要控制的是 HTTP 缓存。HTTP 缓存分为强缓存和协商缓存。

1. 强缓存

强缓存通过服务端在 HTTP 响应头中设置 expires 字段和 cache-control 字段来实现。当浏览器从 HTTP 响应头中读取到这两个字段时,会判断强缓存是否生效(是否在有效期内),若生效则设置缓存;当下一次请求该资源时,浏览器会直接从缓存中读取资源,不再向服务器发起请求。

具体是如何实现的呢? 先以 expires 字段为例,HTTP 响应头中的字段如下:

```
expires: Thu, 24 Feb 2033 02:04:51 GMT
```

由上述代码可知,expires 字段的值是一个时间戳。当浏览器在 HTTP 响应头中接收到该字段后,会将字段的值与当前时间进行比较,判断是否在有效期内(字段的值是否大于当前时间)。若在有效期内则写入缓存中,下次请求时从缓存中读取,直到该时间戳过期。

由于 expires 字段对时间一致性的要求很高,而本地时间又无法保证准确性,因此浏览器决定用 cache-control 字段来代替 expires 字段。cache-control 字段可设置相对时间长度,直接指定有效期的时长,并通过 max-age 来设置最长有效时间,示例如下:

```
cache-control: max-age=49536000
```

这行代码表示该资源在 49 536 000 秒以内都是有效的。如果 cache-control 字段和 expires 字段同时出现,那么 cache-control 字段的优先级更高。

2. 协商缓存

如果强缓存没有生效，浏览器就不会让请求"裸奔"，而是自动启用协商缓存。协商缓存，顾名思义，要求浏览器和服务器一起根据情况协商：哪些资源需要缓存，哪些资源不需要缓存。

协商缓存通过服务端在 HTTP 响应头中设置 Last-Modified 字段实现，该字段的值也是一个时间戳，示例如下：

```
Last-Modified: Fri, 27 Oct 2017 06:35:57 GMT
```

当浏览器接收到该字段时会启用协商缓存，并在下一次请求时将字段的值携带到 If-Modified-Since 字段上。服务端接收到这个请求后，会将上次的 Last-Modified 字段的值和这次的 If-Modified-Since 字段的值进行对比，从而判断资源是否被修改。

- 如果对比一致，就表示协商缓存命中，服务器会返回 304 状态码，并输出缓存资源。
- 如果对比不一致，服务器就会重新获取资源，并在 HTTP 响应头中添加新的 Last-Modified 字段的值，进入下一轮协商缓存判断。

由上述流程可以看出：协商缓存命中与否是通过时间变化来判断的，不是通过内容变化来判断的。这样就会有一个问题：如果编辑了文件但内容没有改变，或者修改文件的速度过快，那么协商缓存会失效。

为了解决该问题，浏览器推出新字段 Etag 来实现协商缓存。与 Last-Modified 字段不同的是，Etag 字段的值是文件的唯一标识符，由服务器生成，文件变化时会自动更新，这样便实现了精准的协商缓存。

生成 Etag 字段的值会带来服务器开销，但好处是协商缓存更精准。因此，是否使用协商缓存应根据实际情况进行判断。如果 Last-Modified 字段和 Etag 字段同时存在，那么 Etag 字段的优先级更高。

8.5 交互性能优化

前面介绍了一系列的性能优化手段，包含从用户输入 URL 地址到页面渲染的整个流程，这些都属于加载阶段的性能优化。当页面呈现后，用户不会只盯着看，一定会在屏幕上操作，与网页发生交互，此时就进入交互阶段。

交互阶段主要由用户发起操作并触发页面事件，包括滚动、单击、跳转和滑动等，这个过程会触发大量的页面更新，其中涉及一些高成本的操作（如 DOM 操作），一旦使用不当就会造成页面卡顿。

如何让交互过程变得更流畅就是交互性能优化的意义。

交互性能优化可以从 DOM 操作和事件循环两个方面入手。

8.5.1 防抖与节流：减少事件触发

在各种各样的浏览器事件中有一类特殊的事件：容易过度触发的事件。它们在频繁触发和频繁执行回调函数的过程中极易出现性能问题，最典型的就是 scroll 事件。除此之外，还有 resize 事件、鼠标事件等。

高频率触发回调函数导致的大量计算会引发页面的抖动甚至卡顿，为了避免这种情况，需要手动控制触发频率。手动控制触发频率并不是直接减少事件触发（这是不可能的），而是通过对要执行的函数进行包装，控制函数的执行频率。该方案有两种主流的实现：事件防抖（Debounce）和事件节流（Throttle）。

防抖和节流都是为了解决高频率触发带来的问题，只不过应用场景不同，它们的主要区别如下。

1. 防抖：最后一次说了算

防抖的核心原则如下：事件被触发 n 秒后再执行回调函数，若在这 n 秒内又被触发，则重新计时。其特点是，n 秒内事件触发的回调函数都不会被执行。

防抖的实际应用场景：输入搜索。

下面简单实现一个防抖函数：

```
// fn是需要包装的事件回调函数，delay是每次推迟执行的等待时间
function debounce(fn, delay) {
  // 定时器
  let timer = null

  // 将debounce的处理结果当作函数返回
  return function () {
    // 保留调用时的this上下文
    let context = this
    // 保留调用时传入的参数
    let args = arguments
    // 每次事件被触发时都清除之前的旧定时器
    if (timer) {
      clearTimeout(timer)
    }
    // 设置新定时器
    timer = setTimeout(function () {
```

```
      fn.apply(context, args)
    }, delay)
  }
}
```

2. 节流：第一次说了算

节流的核心原则如下：事件第一次触发时执行回调函数，之后 n 秒内无论事件被触发多少次都被无视。n 秒之后，重新开始监听事件。节流可以使事件在相同的时间段内仅触发一次。

节流的实际应用场景：下拉刷新。

下面简单实现一个节流函数：

```
// fn 是需要包装的事件回调函数，interval 是时间间隔的阈值
function throttle(fn, interval) {
  // last 为上一次触发回调函数的时间
  let last = 0

  // 将 throttle 的处理结果当作函数返回
  return function () {
    // 保留调用时的 this 上下文
    let context = this
    // 保留调用时传入的参数
    let args = arguments
    // 记录本次触发回调函数的时间
    let now = +new Date()

    // 判断上次触发和本次触发的时间差是否小于时间间隔的阈值
    if (now - last >= interval) {
      // 如果时间间隔大于设定的时间间隔阈值，就执行回调函数
      last = now
      fn.apply(context, args)
    }
  }
}
```

防抖函数和节流函数的使用方法一样，都是将需要执行的函数包裹起来，并返回一个新函数，之后调用这个新函数即可。

以节流函数为例，代码如下：

```
const onScroll = () => console.log('触发了滚动事件')
const better_scroll = throttle(onScroll, 1000)
document.addEventListener('scroll', better_scroll)
```

8.5.2 异步更新：减少重复渲染

主流框架 Vue.js 和 React 都采用了异步更新的策略，具体表现如下：当修改一个状态时，状态不会立即更新，而是要等待一段时间才会更新。这常常给开发者带来困扰：明明已经修改了状态，为什么获取不到最新值呢？殊不知这正是框架保证性能的关键。

1. 为什么需要异步更新

像 Vue.js 和 React 这类通过修改状态来更新视图的框架，更新页面的时机是在虚拟 DOM 对比完成后，先判断页面中的哪些元素需要修改，再操作 DOM 修改这些发生变化的元素。更新流程如图 8-11 所示。

图 8-11

然而在某次操作中可能会同时修改多个状态，或者多次修改同一个状态。如果每次修改状态之后都要执行一遍上述流程，就会重复触发多次虚拟 DOM 对比和真实 DOM 操作。下面列举一个例子：

```
var status = {
  value: 0,
  action: null,
}
const changeStatus = () => {
  status.value = '1'
  status.action = 'change'
  status.value = '2'
}
```

代码中的 changeStatus() 函数内共修改了 3 次状态。如果按照同步更新的原则，每次修改状态后都要更新页面，就会发生 3 次虚拟 DOM 对比和 3 次 DOM 操作，这显然是不合理的，实际上只需要更新一次而已。

那么如何做到只更新一次呢？其实也很简单，就是让"更新"操作变成一个标记，而不是真实地修改状态。当一次操作执行完成后，先通过标记判断出哪些状态应该发生变化，再一次性更新，这样更新流程就会只执行一次。将上面的例子进行优化，代码如下：

```
var status = {
  value: 0,
  action: null,
```

```
}
const changeStatus = () => {
  let old_status = { ...status }
  old_status.value = '1'
  old_status.action = 'change'
  old_status.value = '2'
  status = { ...old_status }
}
```

在上述代码中，修改 old_status 的属性就好比在 Vue.js 中修改状态——实际上它并不是真正地修改状态，只是标记了哪些状态将会被修改。当然，Vue.js 中的异步更新一定不是这样实现的，但原理差不多，就是在所有操作完成之后才会批量更新真实的状态。

2. 异步更新方案

Vue.js 和 React 是如何实现异步更新的呢？答案就是事件循环。

事件循环是浏览器执行异步任务的方式和原理。事件循环会把异步任务分成两类——宏任务和微任务，并将这两类任务分别存储在两个队列中。当代码运行时，script 脚本被当作第一个宏任务执行，此过程如果产生异步任务，就会被加入相应的任务队列中，等待下一次执行。

简单来说，事件循环的整个过程包括以下 3 个步骤。

（1）宏任务执行：从宏任务队列中取出一个任务并执行。

（2）微任务执行：从微任务队列中取出所有任务并依次执行。

（3）页面渲染：在微任务执行完成后，浏览器进行页面渲染，并更新 DOM。

上面 3 个步骤执行完成后，如果任务队列中还有任务，那么重新执行这 3 个步骤，直到任务队列被清空。

对照上述事件循环的流程，在 Vue.js 和 React 中更新状态时，从本质上来说是创建一个异步微任务，并将其加入微任务队列，等到同步代码执行完成后，这些任务才会从队列中取出并依次执行，在执行完成之后页面开始渲染，这样一次渲染就完成了页面更新，而不是修改一次执行一次渲染。

8.5.3 减少 DOM 操作

众所周知，DOM 操作耗费性能，但更新页面的本质就是更新 DOM，即便是 Vue.js 这样的数据驱动视图框架也无法避免 DOM 操作。因此，如何在实现相同功能的同时更少地执行 DOM 操作，就成为探索性能优化的关键方向。

更新页面会触发重绘和重排，重绘的性能要优于重排。但不管是重绘还是重排，对页面来说都是性能损耗。尽可能少地执行 DOM 操作是提高交互性能的根本逻辑。

1. 用 CSS 代替 JavaScript 动画

前端发生交互最多的部分往往是动画，如一些页面切换动画、滚动动画、循环执行的动画等。早期都是通过修改元素的属性来实现元素动画效果的，这样会不可避免地频繁执行 DOM 操作，动画性能会很低。

在现代浏览器中，CSS 动画可以实现大部分的动画需求，包括一些计算功能。一些功能强大的 CSS 属性会利用 GPU 渲染，在保证流畅性的同时兼顾性能，这是直接执行 DOM 操作所不能比的。

最重要的是，如果修改了一些不会引起重排的属性，那么渲染引擎将跳过布局和绘制，在一个单独的线程上执行动画（这个过程叫作合成）。合成动画避免了对主线程的占用。相对于重绘和重排，合成能大大提高绘制效率。

因此，在实现动画效果时，应该尽可能用 CSS 动画来代替 DOM 操作。如果要实现一个元素向右移动 50 像素的动画，那么传统的做法是通过 position + left 实现，示例如下：

```
<div class="dom" style="position:relative">元素</div>
<script>
  var px = 0
  const dom = document.querySelector('.dom')
  var timmer = setInterval(() => {
    if (px == 50) {
      clearInterval(timmer)
    }
    dom.style.left = px + 'px'
    px++
  }, 10)
</script>
```

上述代码借助定时器不断修改元素的 left 属性，从而达到"缓慢移动"的动画效果。显然，这种方式不够友好，DOM 操作过于频繁。下面介绍如何用 CSS 来简单实现：

```
<div class="dom">元素</div>
<script>
  const dom = document.querySelector('.dom')
  dom.style.transition = 'all 0.3s'
  setTimeout(() => {
    dom.style.transform = 'translate(50px)'
  }, 0)
</script>
```

上述代码通过 CSS 的 transition 属性和 transform 属性来设置元素位移，用法很简单，并且满足在单独线程中执行动画的条件，可以让页面动画的性能达到最优。如果需要复杂动画，就可以使用 animation 属性实现。如果 CSS 不能满足动画需求，那么请直接使用 Canvas，但不要试图通过执行 DOM 操作来实现动画。

2. 用 DocumentFragment 代替 Document

尽管可以最大限度地避免执行 DOM 操作，但是对于一些确实需要执行 DOM 操作才能实现的功能，应该如何优化性能呢？这时就需要一个新成员——DocumentFragment。

在 JavaScript 中执行 DOM 操作，需要 JavaScript 解释器不断地与渲染引擎通信，这是大量执行 DOM 操作消耗性能的主要原因。两个引擎通信的成本很高，因此需要想办法减少这些通信，让工作任务尽可能在 JavaScript 解释器中执行，于是诞生了 DocumentFragment。

DocumentFragment 表示文档片段，是一个轻量版的 Document 对象，与 Document 对象具有相同的 API。不同的是，DocumentFragment 不是真实 DOM 树的一部分，使用该对象创建元素时只会在 JavaScript 解释器中执行，因此不会触发页面的重绘和重排，也就不会对性能产生影响。

最常用的方法如下：使用 DocumentFragment 创建和组合一棵子节点树，并将其插入真实 DOM 树中。采用这种方式的好处是，在创建子节点的过程中不需要执行 DOM 操作，只需要在将创建的子节点插入文档中时进行一次重渲染，显然这会大大提高渲染性能。

使 Document 对象创建子节点并插入元素：

```
var ul = document.querySelector('ul')
for (let i = 1; i < 200; i++) {
  let li = document.createElement('li')
  li.innerText = `子元素${i}`
  ul.appendChild(li)
}
console.log(ul)
```

在上述代码中，循环体内每次都要修改 ul 元素，一共修改了 200 次。而每次更改 DOM 树都有可能引发重排和重绘，这会带来大量不必要的渲染。

下面用 DocumentFragment 来优化上述代码：

```
var ul = document.querySelector('ul')
var fragment = new DocumentFragment()
for (let i = 1; i < 200; i++) {
  let li = document.createElement('li')
  li.innerText = `子元素${i}`
```

```
    fragment.appendChild(li)
 }
 ul.appendChild(fragment)
```

上述代码使用 DocumentFragment 构造函数创建了文档片段，在循环体中创建的 200 个子元素都被添加到该文档片段中，这个过程不涉及更改真实 DOM 树。最后使用 appendChild()方法将文档片段添加到真实元素中，相当于将文档片段的所有子元素一次性添加到真实元素中，此时该文档片段会变成空片段，供后续使用。

8.6 本章小结

性能优化是一个庞大且注重实践的专题。本章从网络加载和浏览器渲染的原理出发，从宏观层面帮助读者了解性能优化是什么。具体到实践中，本章在网络层面介绍了如何通过拆包/压缩减小资源体积，让浏览器可以更快地下载；在渲染层面介绍了如何通过异步加载、缓存、减少渲染次数等，让页面更快地呈现，并且保证交互流畅。

本章介绍的性能优化方案并不是"阅读即可吸收"的，一定要在项目中亲自实践才能从数据和体验上感觉到性能提升带来的美妙。不要忘记检测性能，读者不妨先打开开发者工具检测一下当前网站的性能，然后开启优化之旅。

第 4 篇
光有技术不够，还要懂团队协作

第 9 章
Git 命令与协作指南

在成熟的前端开发团队中，熟练掌握 Git 是参与团队协作最基本的要求。Git 是版本管理工具，通过轻量、友好的方式管理代码的更新。更重要的是，利用 Git 的特性可以大幅提高团队的协作效率。

本章从 Git 的原理部分开始介绍。原理是 Git 设计的灵魂，只有在真正理解原理的基础上使用 Git，才不会因为莫名其妙的冲突而感到困惑。本章不会介绍 SourceTree 这样的可视化管理工具，因为它无法帮助读者理解 Git 的原理，而是直接从命令行入手。

9.1　初识 Git

在项目中使用过 Git，不能代表真正了解 Git。初级开发者使用推送（push）、拉取（pull）和合并（merge）3 条命令可以完成 70%的日常工作，但这些只占 Git 基础的 10%。当合并遇到冲突时，也许开发者会凭借对工具的熟悉程度解决冲突，然而有时又莫名其妙覆盖了其他人的代码，给团队带来麻烦。究其原因，还是没有深入理解 Git 的原理，更不要说各条命令背后的执行逻辑了。

如果要真正地了解 Git，就不能从 Git 的角度认识它。这句话有点拗口，暂时抛开 Git，下面先介绍一个重要的概念——版本控制。

9.1.1　什么是版本控制

假设小李现在要写一篇专业论文，全文大约 5 万字，需要写 30 天。这是一个长期任务，小李不可能一口气写完 5 万字，一定是"今天写一点，明天写一点"，稳步前进。

在长达 30 天的写作过程中，小李可能会遇到以下几种情况。

- 某天计算机突然死机，没有执行保存操作，内容全部丢失。

- 几天前写的内容今天改废了，所以想找回原来的内容。
- 论文太长，无意间修改/删除已经写好的内容。

以上 3 种情况，无论遇到哪一种，想必都会令人抓狂。那么有什么办法能避免这种情况吗？

可能大多数人会想到一个"笨办法"：写一部分保存一部分。例如，今天完成了一段内容，将它单独保存为一个文件；明天完成一段新的内容，将其保存为另一个文件。这样即便某天整个文档都丢失了，之前保存的副本还在，不至于整篇文章全部弄丢。

上面的"分段保存"思想确实解决了内容丢失的问题，但是弊端也很明显：已经完成的段落会大量重复地保存。假设保存了 10 个副本，那么每个副本中都有第一个段落的内容，这样不仅浪费资源，在之后的检索和恢复时还会带来困难。

经过工程师的探索和实践，发现了另一种更友好的方法，就是用"分段保存变化"来代替"分段保存内容"。上面介绍的"笨办法"是将最新的内容整体保存为一个副本，事实上重复保存的内容并不需要。而"分段保存变化"的思想是只保存内容发生变化的部分，包括增加和删除，这样就避免了重复保存的弊端。

假设小李的论文已经写了 10 000 字，现在又写了 2000 字的新内容。如果保存，那么只需要将这 2000 字保存为副本，而不是将 12 000 字重新保存一次。

对于这一段相比上次发生了变化的内容，我们称之为版本。有了版本后，就可以在多个版本之间切换，这样可以随时查看或回到某个版本的内容，这个过程被称为版本控制。

9.1.2　Git 的工作原理

在了解了版本控制之后，就可以从版本控制的角度理解 Git。

Git 是一个版本控制系统。从本质上来说，Git 是版本控制的一种实现。上面介绍了"保存版本"、"查看版本"和"恢复版本"等一系列版本控制的功能，这些功能需要通过一款具体的工具来实现，Git 就是众多版本控制工具中最典型、最主流的代表。

Git 是如何实现版本控制的呢？接下来介绍 Git 的工作原理。

1. Git 仓库

结合版本控制的概念可知，如果要保存文件的版本，首先就要有一个存储版本的位置。在 Git 中，把存储版本的位置称为仓库。使用 Git 的第一步就是初始化一个仓库。

仓库一般存储在项目的根目录下。假设现在有一个名为 git_demo 的文件夹，进入该文件夹并执行初始化命令：

```
$ git init
```

执行上述命令后，会在 git_demo 文件夹下创建一个.git 隐藏目录，这个目录就是通过命令创建的 Git 仓库。之后 git_demo 文件夹下的文件变化，都会作为版本记录在该仓库中。

2. Git 快照

Git 对于不同版本的文件是如何保存的呢？答案是使用快照。

什么是快照？简单来说，快照就是某个版本下所有文件的指向。当 Git 创建一个新版本时，就会生成一个快照。快照下包含所有文件的索引（文件在内存中的引用），通过这些索引就可以找到这个快照下的所有文件。

Git 在生成快照时，首先会检测哪些文件发生了变化。对于修改了的文件，Git 会将该文件重新保存一份，并将这个新文件的索引添加到快照中；对于没有发生变化的文件，Git 直接使用原文件的索引，这样就不会重复保存没有变化的文件。

快照机制是 Git 与其他版本控制系统最大的区别。因为每个版本的快照都保存了所有文件的索引，所以 Git 在版本切换时非常迅速，不需要做任何差异比较。Git 的版本更新原理如图 9-1 所示。

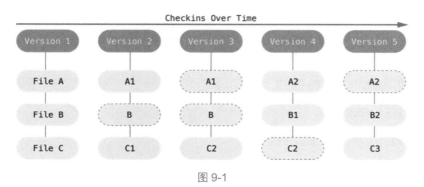

图 9-1

3. 3 种文件状态

Git 仓库用于存储版本；Git 快照与版本关联，是文件的保存方式。项目中的文件从修改到被添加到快照的过程中会经历以下 3 种状态的变化。

- 已修改（modified）：修改了文件，还没有做标记。
- 已暂存（staged）：修改的文件已标记，下次提交时会被添加到快照中。
- 已提交（committed）：快照已创建，文件已包含在版本中。

当文件处于上述 3 种不同的状态时，会存储在不同的位置，其对应关系如下。

- modified 状态：文件在工作区中。
- staged 状态：文件在暂存区中。

- committed 状态：文件在"Git 仓库"中。

工作区其实就是编辑代码的地方，能看到的代码都在工作区中。暂存区是一个文件，保存了下次要提交（保存为快照）的文件列表。Git 仓库是保存版本的地方，同时保存了各个版本中提交的文件。

文件在不同位置切换的流程如图 9-2 所示。

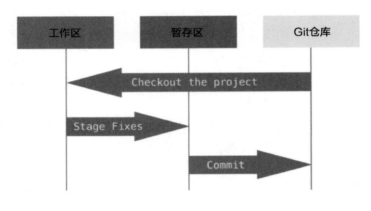

图 9-2

基于此，可以总结出基本的 Git 工作流程。

（1）在工作区中修改文件。

（2）将修改后的文件添加到暂存区中。

（3）创建版本，生成快照，将版本、快照和新文件存储到 Git 仓库中。

（4）切换版本，将不同版本的文件检出到工作区中。

了解了 Git 的工作原理，在使用 Git 时更容易理解命令在做什么，做到游刃有余。

9.1.3 安装 Git

创建 Git 仓库时使用了 git init 命令，若想该命令可以正常运行，首先需要安装 Git。即便计算机中已经安装了 Git，也建议将其升级到最新版本。笔者在撰写本书时使用的是 Git 2.37.1。

1. 在 Windows 系统中安装

在 Windows 系统中安装 Git 很简单。打开 Git 官网，直接下载对应 Windows 系统的安装包即可。在安装完成之后会全局创建一条 git 命令，可以在控制台或编辑器终端使用该命令。

2. 在 macOS 系统中安装

macOS 系统中一般不需要单独安装 Git，因为它已经包含在 Xcode 命令行工具中，只需要确保 Xcode 命令行工具已安装即可（开发者的计算机一般都会安装 Xcode 命令行工具）。

在终端执行 git 命令，查看输出结果：

```
$ git -v
```

在正常情况下会打印当前的 Git 版本。如果没有安装 Xcode 命令行工具，系统就会提示安装。安装完成后再次执行上述命令就能看到 Git 版本。

3. 在 Linux 系统中安装

常用的 Linux 系统包括 CentOS 系统和 Ubuntu 系统，这两种系统提供了不同的包管理器。在 CentOS 系统中，可以直接使用 yum 命令来安装 Git：

```
$ yum install git
```

在 Ubuntu 系统中，可以使用 apt-get 来安装 Git：

```
$ sudo apt-get install git
```

在安装好 Git 之后，一切就绪，下面正式开始探索 Git 之旅。

9.2　Git 的基础操作

Git 基础部分包括命令行的使用及常用的操作实践，这部分内容是真正在编写代码时会用到的技术。如果读者已经足够了解 Git 的工作原理，那么学习这部分的实践会轻松许多。

9.2.1　Git 的基础配置

在安装 Git 之后，还需要对当前的 Git 环境做基础配置。首先要做的是设置用户名和邮箱，因为在创建版本时，用户名和邮箱会被写入版本中，这样在后期查看版本时才能看到版本的提交者。

在一台计算机中，Git 的配置一般分为 3 个级别，分别是系统级配置、用户级配置和项目级配置。不同级别的配置对应不同的配置文件，具体如下。

- /etc/gitconfig：系统级配置文件，对所有用户生效。
- ~/.gitconfig：用户级配置文件，对当前用户下的所有仓库生效。
- .git/config：项目级配置文件，只对当前仓库生效。

Git 提供的 git config 命令用来操作配置文件和获取配置信息。在设置用户名和邮箱时，如果当前目录下存在 Git 仓库，那么默认设置为项目级配置。一般建议将用户名和邮箱设置为用户级配置，示例如下：

```
$ git config --global user.name "ruidoc"
$ git config --global user.email ruidocgo@gmail.com
```

上述命令使用--global 参数在用户级配置中设置了用户名和邮箱。其他级别配置的设置方式如下：

```
$ git config --local user.name "xxx"   # 设置项目级配置
$ git config --system user.name "xxx"  # 设置系统级配置
```

在完成设置之后，可以用以下方式查看配置信息：

```
$ git config --list
```

该命令会列出所有级别的 Git 配置。如果想查看指定级别，或者直接查看配置项的来源，那么可以使用以下方法：

```
$ git config --global --list            # 查看用户级配置
$ git config --list --show-origin        # 查看所有配置并显示配置项的来源
```

9.2.2　文件跟踪与暂存区

下面还是以 git_demo 文件夹（下面称为项目目录）为例展开介绍。在创建 Git 仓库之后，项目目录下的文件和 Git 仓库还没有建立起关联。结合前面介绍的 Git 的工作原理可知，此时的文件属于已修改未跟踪状态。

如何建立关联并跟踪文件呢？其实很简单，只需要将文件添加到暂存区中，这样项目目录下的文件就会被纳入 Git 版本控制中，此时即便文件丢失也可以找回来。

添加暂存区使用 git add 命令。将所有文件添加到暂存区中，命令如下：

```
$ git add .
```

git add 命令后面的参数是要暂存的文件名，符号"."代表所有文件。假设在项目目录下添加 a.js 文件并加入暂存区中，此时通过 git status 命令可以查看仓库状态：

```
$ git status
On branch test
Changes to be committed:
  (use "git restore --staged <file>..." to unstage)
    new file:   a.js
```

可以看到，a.js 文件已被跟踪，并且被标识为 new file。

加入暂存区之后即便文件丢失也能找回来。先将 a.js 文件删除，再查看仓库状态：

```
$ git status
On branch test
Changes not staged for commit:
  (use "git add/rm <file>..." to update what will be committed)
  (use "git restore <file>..." to discard changes in working directory)
      deleted:    a.js
```

查看项目目录会发现 a.js 文件已经被删除。但是暂存区中还有备份文件，因此有办法恢复。恢复方式也很简单，就是丢弃工作区对 a.js 文件的删除，命令如下：

```
$ git restore a.js
```

此时，a.js 文件会恢复到工作区中。需要注意的是，虽然暂存区中的文件可以恢复，但毕竟是"暂存"，如果想要可靠地恢复，那么文件必须提交，这样文件的修改也会与其他人分享。

9.2.3　创建和查看提交

添加到暂存区中是一个过渡阶段，最终的目的还是创建一个新的版本。在 Git 中创建版本称为提交。提交一条记录就是创建一个版本，通过 git commit 命令来实现。

提交记录只会把暂存区中的内容提交为一个新版本，因此提交时需要联合使用"暂存+提交"。下面创建项目中的第一个提交：

```
$ git add .
$ git commit -m '初始化提交'
```

上述命令中的参数-m 表示提交描述，后面跟一个字符串，用来描述本次提交做了什么事情。提交描述很关键，在团队协作中需要严格遵守规范，不可随意输入，否则会让提交记录显得混乱不堪。

第一次提交会将项目中的所有代码备份，所以跟踪的文件数量比较大。提交后可以通过 git log 命令查看提交记录，可以看到创建的第一个提交，如图 9-3 所示。

```
commit 62c655f9d07848cae461c92b012ba3d43b4a8eb9
Author: ruidoc <ruidocgo@gmail.com>
Date:   Sun Apr 2 23:28:49 2023 +0800

    初始化提交
```

图 9-3

可以继续创建一个新文件 b.js，再提交一次：

```
$ git add b.js
$ git commit -m '创建b.js'
```

再次执行 git log 命令，此时会看到两条记录都已显示出来，最新的记录排在最前面，如图 9-4 所示。

```
commit 10fb9f281332ef8fad8f9cc2019ba05b99f9797c
Author: ruidoc <ruidocgo@gmail.com>
Date:    Sun Apr 2 23:32:39 2023 +0800

    创建 b.js

commit 62c655f9d07848cae461c92b012ba3d43b4a8eb9
Author: ruidoc <ruidocgo@gmail.com>
Date:    Sun Apr 2 23:28:49 2023 +0800

    初 始 化 提 交
```

图 9-4

在提交记录中除展示作者和提交时间外，最关键的是 commit 属性后面的长长的字符串，它是本次提交的唯一标识，被称为 commitId。在检索和操作某些提交时，会频繁用到 commitId。如果要查看某次提交详细的文件变化，那么使用以下命令：

```
$ git show [commitId]
#查看第一个提交
$ git show 62c655f
```

📌 提示　由于 commitId 比较长，在使用时略有不便，因此通常只取其前 7 位，如上述命令中的使用方式，这样也可以保证 commitId 的唯一性。

9.2.4　撤销与回滚

在开发过程中频繁使用 git 命令拉取推送代码难免会有误操作。Git 支持绝大多数场景下的撤回方案。

撤回主要依靠两条命令实现：git reset 和 git revert。

1. git reset

git reset 命令的原理是根据 commitId 恢复版本。因为每次提交都会生成一个 commitId，所以使用该命令可以恢复到任何一个版本。git reset 命令的语法格式如下：

```
$ git reset [option] [commitId]
```

如果要撤回到某个提交，那么可以使用如下命令：

```
$ git reset --hard cc7b5be
```

上面的命令中的 commitId 是如何获取的呢？很简单，使用 git log 命令查看提交记录就可以看到 commitId，取其前 7 位即可。

这里 option 的值为--hard，表示强制撤销。option 选项共有如下 3 个值。

- --hard：撤销 commit，撤销 add，删除已修改的代码。
- --mixed：默认参数。撤销 commit，撤销 add，将已修改的代码还原到工作区中。
- --soft：撤销 commit，不撤销 add，将已修改的代码还原到工作区中。

需要注意的是，使用--hard 参数恢复会删除工作区代码。也就是说，如果项目中有未提交的代码，那么使用该参数会直接删除，且不可恢复，因此使用时要慎重。

除了使用 commitId 恢复，git reset 命令还提供了恢复到上一个提交的快捷方式：

```
$ git reset --soft HEAD^
```

"HEAD^"表示上一个提交，是一个指向上一个提交的指针。该值可以多次使用。

在日常开发中，比较常见的误操作如下：刚刚提交完突然发现了问题，如提交信息没写好，或者代码更改有遗漏，这时需要回退到上一个提交，修改代码，重新提交。

标准流程大致如下：

```
# 1.回退到上一个提交
$ git reset HEAD^
# 2.修改代码
...
# 3.加入暂存区
$ git add .
# 4.重新提交
$ git commit -m 'fix: ***'
```

针对这个流程，Git 还提供了更便捷的方法：

```
$ git commit --amend
```

该命令会直接修改当前的提交信息。若代码有更改，则先执行 git add 命令，再执行 git commit 命令，比上述流程更快捷、更方便。

git reset 命令还有一个非常重要的特性，那就是"真正的后退版本"。

什么意思呢？就是说执行该命令相当于直接删除某个版本，并用新的提交代替，这样回退的版本就不复存在，也无法再找回。这个操作需要在非常明确没有问题的情况下使用，否则会带来丢失代码的风险。

更安全的方案是什么？就是下面要介绍的 git revert 命令。

2. git revert

git revert 命令与 git reset 命令的作用一样，都是恢复版本，但是二者的实现方式不同。

简单来说，git reset 命令直接恢复到上一个提交，工作区代码自然也是上一个提交的代码；而 git revert 命令是新增一个提交，但是这个提交使用的是上一个提交的代码。

因此，使用这两条命令恢复后的代码是一致的，区别是提交记录不同。git revert 命令是新增提交，git reset 命令是回退提交。

正因为 git revert 命令永远是新增提交，所以不会有删除历史提交的风险，这样误操作时找回代码也很方便，提高了安全性。

上面介绍了原理，下面介绍 git revert 命令的使用方法：

```
$ git revert -n [commitId]
```

掌握了原理使用就很简单，只要一个 commitId 就可以。

9.2.5　合并提交

对于修改过的代码，Git 允许随时随地提交版本，即便只修改了一个字母。然而从长远的角度来看，频繁地提交内容，特别是修改很小的内容，会造成提交过度冗余，并且不符合最佳实践。

在一般情况下，完成一项功能或修复一次 Bug 会创建一个提交，这样会使提交更简洁清晰。但有时可能"昨天完成了一部分，先提交一次，今天完成剩余的部分"，该功能就被拆分为两个提交。

这时可以把两个/多个提交合并为一个提交，应该怎么做呢？下面先介绍最简单的办法。

1.　回退+重新提交

合并提交一般是将最新的一个或多个提交合并。也可以换一种思维，将代码回退到某个历史提交，并将这个提交之后的代码变更重新提交，这样就间接实现了合并提交。

假设要合并前 3 个提交，需要将代码恢复到第 4 个版本，这样才能将前 3 个提交的文件变更后重新提交。假设第 4 个提交的 commitId 是 5c6snc8，恢复方式如下：

```
# 回退版本，并将变更放入暂存区
$ git reset --soft 5c6snc8
$ git add .
$ git commit -m '合并后的提交'
```

经过这样 3 个步骤，就可以完成合并提交——用一个新的提交代替原有的 3 个提交。

2.　git rebase –i

采用回退方式固然能帮助我们理解合并提交的本质，但是操作起来略显烦琐。下面再介绍一种更简单好用的方式——git rebase –i。

git rebase 命令的含义是变基，现在读者不需要了解变基是什么，只需要知道如果合并前 3 个提交，那么直接执行以下命令：

```
$ git rebase -i HEAD~3
```

上述命令中的"HEAD~3"表示合并 3 个提交。如果要合并 4 个提交，那么使用"HEAD~4"。执行上述命令之后，终端会进入编辑模式，可以看到编辑区域有以下 3 行关键的代码：

```
pick 10fb9f2 创建 b.js
pick 2f504f4 创建 c.js
pick 1297045 创建 d.js
```

显然这是 3 个提交，如果要编辑内容，就要告诉 Git 如何处理这些提交。使用 git rebase 命令和使用 git reset 命令合并提交的思路不同。使用 git rebase 命令不需要关心第 4 个提交，而是直接将前 2 个提交并入第 3 个提交上。具体的方法是将前 2 个提交由"pick"改为"s"，修改为如下形式：

```
pick 10fb9f2 创建 b.js
s 2f504f4 创建 c.js
s 1297045 创建 d.js
```

修改后保存并退出编辑模式，此时会进入另一个编辑区域，在该区域编辑新的提交描述。现在保存并退出，在终端执行 git log 命令查看记录，可以看到之前的 3 个提交已合并为 1 个提交。

9.2.6　管理标签与别名

虽然 Git 的功能非常强大，但它的一些操作非常复杂。对于一些频繁使用的功能，Git 提供了快捷方式来帮助开发者使用 Git，这些快捷方式的代表就是标签与别名。

1. 管理标签

一个大型项目中往往有数量庞大的提交，对于一些有特殊意义的关键提交（如版本更新），需要采用一种更直观的方式对提交进行标记，这就是标签的由来。

标签使用 tag 表示，操作标签使用 git tag 命令来实现。

> **提示**　标签只是某个 commitId 的特殊标记，因此创建一个标签就相当于为某个提交添加一种快捷方式，之后可以通过标签定位到这个提交。

1）创建标签

如果要创建一个 v1.0.0 的标签表示版本号，那么可以使用如下方法：

```
$ git tag -a v1.0.0 -m "新发布版本"
```

上面命令中的参数-a 表示附注标签，即可以添加注释的标签，参数-m 用于指定注释内容。

> 📎 提示　**Git 标签分为轻量标签和附注标签两类。轻量标签没有选项参数，也不支持描述，因此大多时候需要的是附注标签。本节介绍的标签代指附注标签。**

在默认情况下，新创建的标签与最新的提交关联，因此标签 v1.0.0 指向当前最新的提交。

能否为历史提交打标签呢？当然是可以的，只需要在上述命令中指定 commitId 即可。假设某个历史提交的 commitId 为 62c655f，那么打标签的方式如下：

```
$ git tag -a v0.0.1 62c655f -m '历史提交'
```

通过这两种创建标签的方式，可以为任何一个提交打标签。

2）查找标签

创建标签后，还需要查看标签。可以使用 git tag 命令查看标签列表：

```
$ git tag
v0.0.1
v1.0.0
```

可以看到，前面创建的两个标签都已列出。如果要查看标签的详细内容，那么使用 git show 命令：

```
$ git show v1.0.0

> tag v1.0.0
Tagger: ruidoc <ruidocgo@gmail.com>
Date:   Tue Apr 4 07:58:17 2023 +0800
新发布版本

commit d595fbeea5adcdd022726914359d674d2235bf00
```

查看标签详情可以看到标签的作者和描述信息，以及标签对应的提交信息。如果说标签是提交的快捷方式，那么一些提交的操作也可以通过标签来实现，如回退版本：

```
$ git reset v0.0.1
```

通过这种方式可以将版本切换到 v0.0.1 对应的那一次提交。

3）删除标签

删除标签使用参数-d 来实现，如果要删除 v0.0.1，那么使用如下命令：

```
$ git tag -d v0.0.1
Deleted tag 'v0.0.1' (was 1e1a25e)
```

接着使用 git tag 命令查看标签列表，发现 v0.0.1 已经不存在。

2. 管理别名

如果说标签是提交的快捷方式，那么别名就是命令的快捷方式。对于一些频繁使用的 Git 命令，如果能让它变得更加简短，就会大大提高工作效率。

Git 别名属于配置项，因此也可以通过 git config 命令来设置。假设要为提交命令 git commit 设置一个别名，那么使用如下方法：

```
$ git config --global alias.ci "commit -m"
```

上面的命令设置别名 ci 来代替 Git 子命令 commit -m。在创建新提交时，以下两种方法的效果是一致的：

```
$ git commit -m "新提交"
$ git ci "新提交"
```

显然，使用别名后的命令更简短。通常只对 Git 子命令做别名。当然，Git 也支持对系统命令设置别名，就是在命令前面加上符号 "!"。

下面设置一个别名 nd 查看当前 Node.js 的版本：

```
$ git config --global alias.nd "! node -v"
```

设置别名后以下两条命令的运行结果是一致的：

```
$ git nd
$ node -v
```

根据这个思路，可以把 Git 中使用最频繁的命令加入暂存区并提交合成一个简单的别名，代码如下：

```
$ git config --global alias.ct "! git add . && git commit -m"
```

以后在创建提交时，直接使用 "git ct <提交描述>" 命令即可。

9.3　分支管理

分支是 Git 最强大的功能。借助分支可以随时在主线任务中开辟分线任务，使多个任务可以同步进行。在某个分线任务完成后，还可以将其合并回主线，这对多任务协同推进非常有利。

在团队协作中，分支还可以用于管理工作流程。可以决定哪个分支用于开发，哪个分支用于测试。可以对分支的拉取、推送和合并等设置权限，这样不同阶段的工作在不同的分支上进行，可以有条不紊地推进项目进度，避免协作混乱。

9.3.1 分支简介

大多数版本控制系统都提供了分支功能，但 Git 的分支无疑是其中最轻量的一个。使用过 Git 分支的开发者都会有这种体验：分支的创建和切换非常快速，仿佛是瞬间完成的，这得益于它精妙的设计。

那么分支是如何实现的呢？其实很简单，Git 中的分支只是一个指向某个提交的可变指针（指针可以理解为索引）。当创建一个新提交时指针向前一位，当回退提交时指针再后移一位，这表示分支的指针会随着提交的改变而移动。

Git 初始化后默认会创建主分支，其名称为 master（2020 年 10 月改为 main）。如果没有新建分支，那么所有的提交都是在主分支上进行的。在创建一个新分支时，Git 会再创建一个指针指向同一个提交，此时两个分支是一样的，如图 9-5 所示。

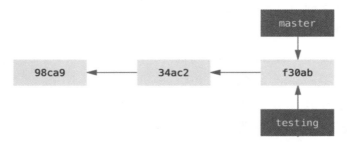

图 9-5

当 Git 中存在多个分支时，Git 如何标记哪个是当前分支呢？这里又引出了另一个特殊指针，即 HEAD。HEAD 指针会指向某个分支，被指向的分支就是当前分支。因此，切换分支的原理也很简单，只不过是修改 HEAD 指针的指向而已。

在了解了分支创建和切换的原理之后，接下来读者可以在实践中尝试。

9.3.2 分支的创建、删除和切换

Git 管理分支使用 git branch 命令来实现。首先要用到的命令是查看当前分支，代码如下：

```
$ git branch --show-current
master
```

上面的代码可以打印出当前分支是 master，这是默认分支，在这个分支上已经创建了多个提交。下面创建一个新的 test 分支：

```
$ git branch test
$ git checkout test
```

这里用到了两条命令：第一条命令用于创建 test 分支，第二条命令用于切换到 test 分支。因为创建分支后默认不会切换，为了使用便捷，还可以将这两条命令合并为一条：

```
$ git checkout -b test
```

切换到 test 分支后，使用 git log 命令查看提交记录，发现之前在主分支 master 上创建的提交都在，此时 test 分支与 master 分支一模一样。这是因为创建分支只是添加了一个 HEAD 指针，提交记录并没有发生变化。

创建分支后，在新的分支上创建一个提交。修改任意一处代码，并创建提交：

```
$ git add .
$ git commit -m 'test first commit'
```

假设创建提交后的 commitId 是 4f41e5c，再切换回主分支：

```
$ git checkout master
```

执行完命令后，就会立刻发现编辑器中的修改已消失。使用 git log 命令查看，发现 4f41e5c 提交没有了，这说明新分支创建的提交不会与另一个分支同步，但创建分支之前的提交是共享的。

事实上，提交并不是不存在了，而是不属于当前分支管理。使用 git show 4f41e5c 命令依然可以查看到这个提交的信息。不过因为这个提交不在当前分支上，所以无法对该提交进行操作。

下面使用如下命令删除 test 分支：

```
$ git branch -d test
error: The branch 'test' is not fully merged
```

执行命令后会报错，错误信息提示 test 分支上存在提交未合并，不允许删除。这是因为 Git 发现 4f41e5c 提交在 master 分支上不存在，为了避免丢失代码，建议先合并再删除。

如果确认要删除 test 分支，那么使用以下命令强制删除：

```
$ git branch -D test
```

> 📢提示　要删除某个分支，必须先切换到另一个分支上，不可删除当前分支。

9.3.3　分支的合并

9.3.2 节在删除分支时遇到了提示合并的情况，分支合并是分支管理中极其重要且非常容易出错的部分。下面详细介绍如何合并分支。

分支合并是指将 A 分支的提交合并到 B 分支上，在 B 分支上将两者的提交整合起来。分支合并使用 git merge 命令来实现。两个分支上不同的提交结构可以分为以下 3 种合并方式。

1. 快进

假设 A 分支有 a、b、c、d 4 个提交，B 分支有 a 和 b 2 个提交。现在将 A 分支合并到 B 分支上，方法如下：

```
$ git checkout B                        # 切换到 B 分支上
$ git merge A                           # 将 A 分支合并到 B 分支上
```

合并之后，B 分支的提交就变成 a、b、c、d。在这次合并的过程中不会发生冲突，也没有生成额外的提交，因为两个分支在同一条基线上，没有分叉，只是将 A 分支前进的部分追加到 B 分支上。从原理的角度来说，仅仅是将 B 分支的指针前进了 2 位。

何为分叉？简单来说，当两个分支上都存在各自唯一（其他分支没有）的提交时，就会产生分叉。

在上面的例子中，B 分支的所有提交在 A 分支上都存在，因此两个分支没有产生分叉。这种情况在 Git 中被称为快进（Fast Forward）。

2. 非快进，无冲突

假设 A 分支有 a、b、c 3 个提交，B 分支有 a、b、f 3 个提交，显然 2 个分支出现了分叉。现在将 A 分支合并到 B 分支上，方法如下：

```
$ git checkout B
$ git merge A
```

执行上述命令后，终端会进入编辑模式，显示文本 "Merge branch 'A'"。这其实是 Git 自动生成的一个表示合并的提交，文本内容就是提交描述。保存并退出后就创建了这个提交，并且把这个提交标记为 m。

可以使用 git log 命令查看提交，发现 B 分支的提交记录变成 a、b、f、c、m。相当于合并了提交 c，并创建了提交 m ——这种情况会多创建一个提交 m。

此时使用 git status 命令查看状态，发现工作区是干净的。这表示虽然两个分支产生了分叉，但是提交 c 和提交 f 中没有对同一文件的不同修改，因此没有发生冲突。

3. 非快进，有冲突

还是以上面的 A 分支和 B 分支为例，提交记录一模一样，区别是提交 c 和提交 f 中存在对同一文件的不同修改。当以相同的方式合并时就会发生冲突。

当发生冲突时，合并会被终止，并且自动将冲突的文件状态标记为未暂存，提示在工作区中解决冲突后再合并，如图 9-6 所示。

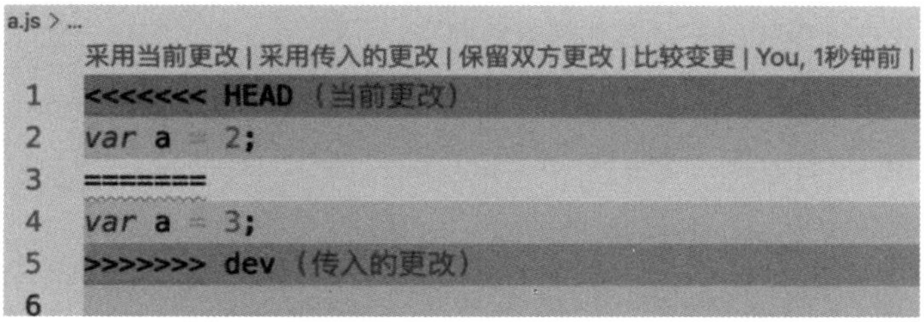

图 9-6

这很合理，因为 Git 发现两个版本中有不同的修改，自然需要询问应该应用哪个版本。如图 9-6 所示，当前分支的版本被称为当前更改，合并而来的版本被称为传入的更改。一旦选择一个版本，这个版本的修改就会被应用。

在解决冲突之后，将修改加入暂存区并重新提交：

```
$ git add .
$ git commit -m '修复合并冲突'
```

提交之后，合并自动完成。需要注意的是，本次提交其实也是一个提交 m，只是因为有冲突，需要解决冲突并手动提交；当没有冲突时，这个提交是自动创建的。

9.3.4 分支的管理策略

分支的创建、切换和合并非常灵活，因此可以充分利用 Git 强大的功能。但是在一些需要团队协作的中型和大型项目中，Git 的灵活性又会带来不小的麻烦。例如，分支庞大杂乱，成员之间随意合并，会带来各种覆盖、冲突和丢失等问题。

为了解决这种问题，必须制定分支使用的标准和规范，这就是分支管理策略，也叫工作流（Workflow）。当前市面上已经有成熟的工作流模式，主要包含以下 3 种。

- Git Flow。
- GitHub Flow。
- GitLab Flow。

下面以最基础的 Git Flow 为例介绍工作流中定义了哪些使用 Git 分支的规范。

Git Flow 是最早诞生的工作流，规定项目中存在两个长期分支。

- master：主分支，包含已经发布的最新代码。
- develop：开发分支，包含开发完成的最新代码。

日常开发都是在 develop 分支上进行的，当某个功能或某个修改需要发布时，就将其合并到 master 分支上，并将 master 分支上的最新代码进行部署。master 分支一般落后于 develop 分支，因为 develop 分支上存在已开发但未部署的提交。

在通常情况下，当功能开发完成需要发布时，将 develop 分支合并到 master 分支上即可。除了 master 分支和 develop 分支，还有两个短线分支。

- feat-*：功能分支（Feature Branch）。
- fix-*：补丁分支（Hotfix Branch）。

假设发现了一个 Bug，此时就要解决它，不能直接在 develop 分支上修改，正确的做法是创建一个新分支 fix-abug 来修改。这个分支名以"fix-"为前缀，这样可以一眼看出它是一个补丁分支。在修改完成后，将这个分支合并回 develop 分支并删除。

同理，在需要新增功能时，新建一个 feat-new 分支来开发新功能，开发完成后合并回 develop 分支并删除。因为短线分支只承担临时的开发任务，在完成后就要删除，所以可以避免分支混乱。

虽然 Git Flow 是一个基础的工作流，但是也可以根据实际情况修改这个工作流。如果有严格的测试流程，那么还可以添加一个长期分支 staging 表示测试，测试通过后再合并到 master 分支上，这样就更加完善。

9.4 远程仓库 GitHub

前面介绍的仓库、分支、提交和标签等都是基于本地实现的，保存在自己的计算中。当团队协作时，需要把这些内容分享给其他成员，那么如何分享呢？

方式很简单，和项目部署的道理相同。如果要与他人共享，就需要先在服务器上建立一个仓库，并在 PC 端将本地仓库与之关联，然后上传代码供其他人获取。这个存在于服务端、与本地仓库内容同步的仓库就叫远程仓库。

Git 提供了搭建远程仓库的能力，不过不需要手动搭建，因为已经有一个极其完善且存放了全球开源项目的免费远程仓库，即 GitHub。下面介绍如何在 GitHub 中创建自己的仓库。

9.4.1 创建远程仓库

首先打开 GitHub 官网，如果读者是初次使用，那么请注册一个账号，注册成功之后在首页中找到"New"按钮并单击，进入创建仓库的页面，如图 9-7 所示。

在页面中输入仓库名称和描述，单击底部的"Create repository"按钮，一个远程仓库就创建好了。远程仓库创建成功后会自动跳转到这个仓库的详情页，可以看到这是一个空仓库。此时直接复制浏览器地址栏中的地址，这个地址就是该远程仓库的地址。

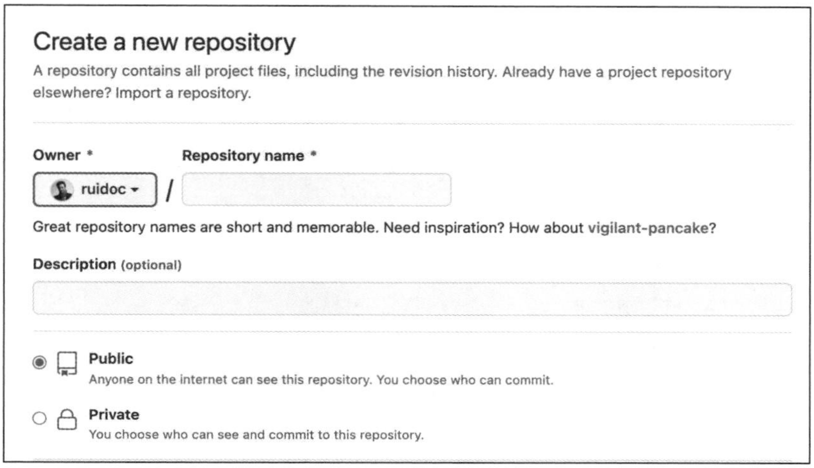

图 9-7

远程仓库的地址非常重要，它不仅是一个唯一标识，还是与本地仓库关联和实现代码传输的通道。打开本地仓库，使用命令为其绑定刚刚创建的远程仓库，方法如下：

```
$ git remote add origin https://github.com/***/git_demo
```

上述命令将远程仓库的地址绑定到本地仓库中，并命名为 origin，这样两个仓库便建立了关联。之后在传输代码时，使用仓库名来代表远程仓库，比使用仓库地址更简单。

当然，远程仓库并不是必须使用 origin 来命名，它只是一个应用广泛的默认名称。一个本地仓库还可以关联多个远程仓库，但必须保证远程仓库名不能重复，否则关联就会混乱。

9.4.2　代码的推送和拉取

创建远程仓库并与本地仓库关联后，首先要将本地代码推上去。推送代码使用 git push 命令实现，具体如下：

```
$ git push -u origin master
```

git push 命令的含义是，将本地仓库的 master 分支推送到远程仓库 origin 中。参数 -u 只在第一次推送时添加。命令执行后 master 分支的代码会被传上去，再查看远程仓库的详情页就会发现仓库中已经有代码，并且代码和本地仓库同步。

1. clone 与 pull

推送代码之后，相当于本地仓库的代码有了一个远程备份。现在即使误删除整个项目，也不必担心丢失代码，因为随时可以从远程仓库中再复制一份。

假设其中一个合作者要基于这份代码进行开发，他要做的第一件事就是复制这个仓库，获取最新代码。复制仓库使用 git clone 命令，具体如下：

```
$ git clone https://github.com/***/git_demo
```

命令执行后代码会被下载到 git_demo 文件夹下，此时会自动创建本地仓库，并且自动与远程仓库关联（远程仓库默认被命名为 origin）。假设此时远程仓库有了新的提交，该合作者还可以拉取最新代码完成同步。

从远程仓库拉取最新代码可以使用 git pull 命令实现：

```
$ git pull origin master
```

上述命令的含义是从远程仓库 origin 中拉取 master 分支的最新代码并更新到本地。命令执行后，本地代码会立即更新。不过有时该操作也会出现代码冲突，所以需要解决冲突。

2. fetch 与 merge

为什么执行 git pull 命令会出现冲突呢？原因很简单，因为它是以下两条命令的结合：

```
$ git fetch
$ git merge origin/master
```

git fetch 命令表示获取最新的远程分支。远程分支拉取到本地后，会自动创建名称为 origin/*的分支表示远程分支。假设本地分支是 master，那么对应的远程分支就是 origin/master。

在获取到 origin/master 分支的最新代码后，本地代码并不会更新，此时需要将 origin/master 分支合并到 master 分支上，这与普通的分支合并无差异。

因此，git pull 是一个拉取且合并的组合操作，这样读者就能明白远程分支在本地的存在形式，以及为什么拉取时会出现冲突。

3. 删除远程分支

当某个任务开发完成之后，可能需要在本地仓库和远程仓库中同时删除这个分支。删除分支貌似是一个简单直观的操作，但是远程删除和本地删除采用的是不一样的思路。

假设现在本地仓库和远程仓库中都存在 test 分支，那么删除本地分支的方法如下：

```
$ git branch -d test
```

如果要删除远程分支，显然 git branch 命令无法奏效，因为该命令仅针对本地分支操作。对于远程分支来说，无论是创建、更新，还是删除，其实都是本地分支修改并推送后的结果。因此，删除远程分支同样是通过 git push 命令来实现的。

如何将某次推送标记为删除呢？使用−d 选项即可。删除远程仓库中的 test 分支的方法如下：

```
$ git push -d origin test
```

上述命令执行完毕，远程仓库中的 test 分支就会被删除。

9.4.3　管理远程的 Tag

在本地仓库中通过 pull 和 push 与远程仓库交换代码，可以使本地代码随时与他人共享。但这里存在一个特殊情况，就是标签 Tag 并不会随着 push 分支被推送到远程仓库中。

如果要将标签推送到远程仓库中，就需要单独处理。假设仓库中有以下标签：

```
$ git tag
v0.1.0
v0.2.0
```

下面介绍推送标签和删除标签的方法。

1.　推送标签

将标签 v0.1.0 推送到远程仓库中的方式与推送分支基本一致，命令如下：

```
$ git push origin v0.1.0
```

如果要一次性推送所有标签，还有更简单的方法——使用--tags 选项：

```
$ git push origin --tags
```

该命令会自动把本地存在但远程不存在的所有标签推送到远程仓库中。当其他人从仓库中复制或拉取时，他们也能获取这些标签。

现在打开 GitHub 进入仓库，单击"tags"按钮就可以看到远程仓库中的标签列表。

2.　删除标签

删除标签与删除分支的逻辑基本上一致。删除本地标签 v0.1.0 的代码如下：

```
$ git tag -d v0.1.0
```

删除远程仓库中的标签同样使用推送方式，代码如下：

```
$ git push origin -d v0.1.0
```

9.4.4　查看远程提交信息

在团队协作开发过程中，有一个非常关键的环节，即审查代码。当有多个人将代码推送到远程仓库中以后，审查人员可以查看更新了哪些提交，某个提交的代码变更了什么。这些信息都可以在 GitHub 页面中查看。

> 💡 **提示** 使用 git show 命令也可以查看某个提交的文件变化，只不过在终端展示图表中的可读性比较差。

进入 GitHub 仓库详情页，发现页面的主要部分如图 9-8 所示。

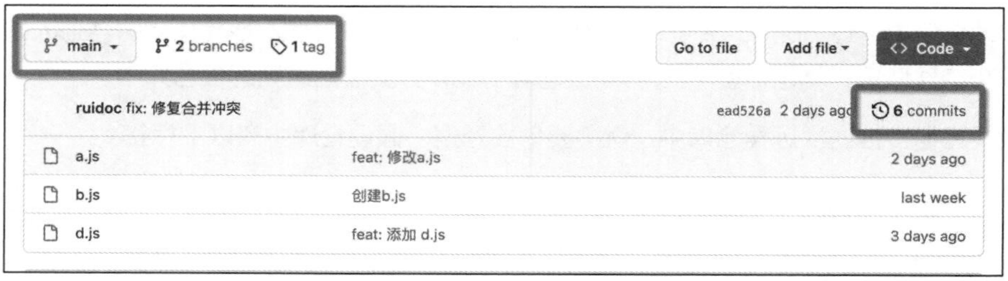

图 9-8

图 9-8 中左上角框选的部分是表示分支和标签的 3 个按钮，可以看到当前共有 2 个分支和 1 个标签。单击第 1 个按钮可以切换分支和标签，切换后代码区域就会变成当前分支或标签对应的代码。

图 9-8 中右上角框选的按钮表示当前分支的所有提交，可以看到一共有 6 个提交。单击该按钮就会进入提交列表页，在这里可以根据提交时间将提交按天分组，以方便检索，如图 9-9 所示。

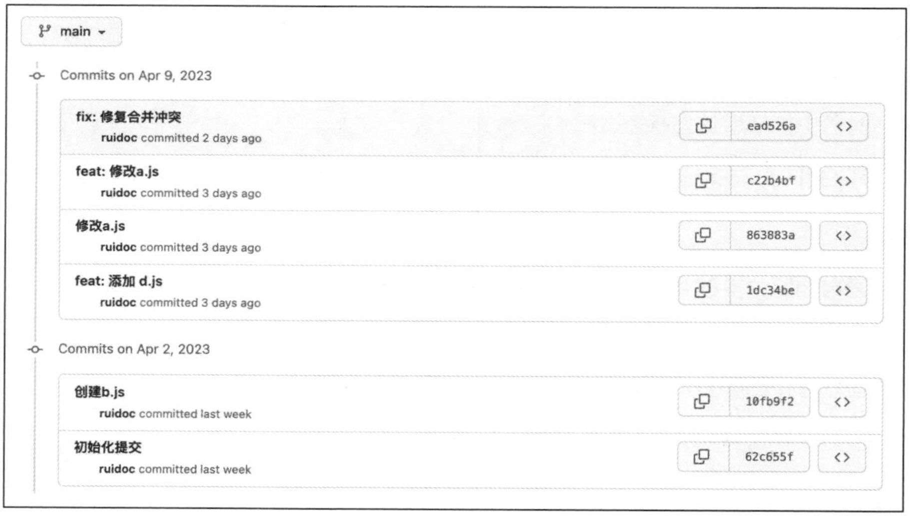

图 9-9

每个提交展示了提交描述和时间，右侧的 7 位字符是该提交的 commitId。有时需要合并某个提交，可以在这里查找其对应的 commitId。

单击提交的描述信息就会进入该提交的详情页，可以看到提交对应的代码变更，如图 9-10 所示。

图 9-10

在提交的详情页中可以看到哪些文件发生了变更，变更的具体代码是什么。其中，红色的以符号 "−" 开头的代码表示删除的代码，绿色的以符号 "+" 开头的代码表示新增的代码，这样看起来代码变更一目了然。

将光标移动到某行代码，这行代码的前面会出现一个蓝色加号按钮，单击该按钮会弹出一个评论框，可以在该评论框中对变更的代码添加评论，这在多个人互相评审代码时非常方便。

9.5　Git 的高级操作

对于追求高效的开发者来说，Git 提供了许多高级操作，这些操作要求开发者对 Git 的工作原理有更深层次的理解。

9.5.1　变基——git rebase

git rebase 命令可译为变基。9.2.5 节介绍了 git rebase −i 的用法，下面继续探索这条命令。

在 Git 中合并不同分支的提交有两种方法：一种是使用 git merge 命令，另一种是使用 git rebase 命令。要搞懂 git rebase 命令的独到之处，需要先了解两者合并方式的本质区别。

1. git merge 解析

大多数合并操作都会使用 git merge 命令，该命令的原理是将两个分支的最新快照（C3 和 C4）及二者最近的共同祖先（C2）进行三方合并，合并的结果是生成一个新的快照（C5），如图 9−11 所示。

从图 9−11 中可以看出，使用 git merge 命令合并不同分支的提交会产生分叉，并生成新的提交。也就是说，git merge 命令将两个分支的不同提交保留，并在新的提交上标记合并后的更改。

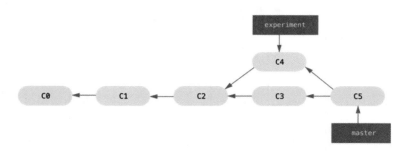

图 9-11

这种方式看起来有以下不优雅之处。

- 提交记录产生了分叉。
- 生成了新的提交。

2. git rebase 解析

针对 git merge 命令的不优雅之处，可以用一种更简洁的方法处理。假设要将 master 分支与 experiment 分支合并，它们的最新提交分别是 C3 和 C4，处理步骤如下。

（1）尝试将 C4 直接并入 master 分支的提交上，并根据提交时间决定 C4 位于 C3 之前还是之后。

（2）如果并入时发生冲突，那么首先解决冲突并暂存，然后重新并入。

上述两个步骤就是变基操作的合并流程。这个过程没有产生分叉，没有产生新提交，只是在有冲突时解决冲突重新合并，这样直接将两个分支的修改组合起来。

变基操作，顾名思义，就是改变基线。当前分支（experiment）变基 master 分支，从本质上来说就是以 master 分支为基准，将当前分支存在修改的提交合并上去。当前分支可以有多个提交，合并时会依次验证冲突并依次合并，最终将处理过的 master 分支提交线重新应用到 experiment 分支上，此时变基完成，如图 9-12 所示。

图 9-12

变基可以让分支始终保持一条简洁干净的提交线，没有分叉，没有多余的提交，这样就可以非常清晰且直观地看到提交过程。git rebase 命令与 git merge 命令的执行结果始终是一样的，只在提交历史方面存在差别。

3. git rebase 恢复

使用变基可以使提交历史保持一条直线，便于历史记录的追踪。但是变基的优雅之处也藏着一丝风险，因为它会修改分支的基线，重新合并新的提交。因此，当分支存在分叉时，合并就会出现异常。

> **提示**　git merge 命令和 git rebase 命令不要混用。如果团队使用 git merge 命令合并，那么一直使用 git merge 命令就可以；如果团队使用 git rebase 命令，那么所有的合并都应使用 git rebase 命令，以免带来不可预期的错误。

在使用 git pull 命令拉取代码时，默认使用 merge 合并到本地。如果统一使用 rebase，那么拉取代码时应指定使用 rebase 合并，命令如下：

```
$ git pull --rebase origin master
```

在执行变基操作后，因为基线被重置，所以无法使用 git log 命令来查看变基之前的提交。如果此时想恢复到变基之前的代码，就需要先使用 git reflog 命令查到变基前的最新 commitId，再使用 git reset 命令重置。

9.5.2　拣选——git cherry-pick

不管是 rebase 还是 merge，它们都是把两个分支的所有提交合并，但有时开发者并不想这么做。例如，在某个分支上创建了一个新提交，现在只想把这个提交合并到 master 分支上，而并非将整个分支合并，此时就可以使用 git cherry-pick 命令。

Cherry Pick 的中文释义是精心挑选，这个释义与其功能非常贴合。git cherry-pick 命令的作用是提取单个提交并将其追加到某个分支上，以实现更灵活、更细粒度的提交管理。

假设当前分支是 master，现在有一个提交（可以在任意分支上）的 commitId 为 fh583g4，那么将其追加到 master 分支的提交上的代码如下：

```
$ git cherry-pick fh583g4
```

使用 git cherry-pick 命令还可以一次性追加多个提交，因此在需要批量操作时更快捷。需要注意的是，当需要追加多个提交时，应按照时间顺序追加。

例如，A 分支上按时间从早到晚有 a、b、c、d 4 个提交，如果要合并这 4 个提交，就需要按照顺序进行：

```
$ git cherry-pick a b c d
```

如果要追加连续的几个提交，也可以用范围指定的便捷方法：

```
$ git cherry-pick a..d
```

如果执行 git cherry-pick 命令的过程中发生冲突，那么此时有以下 3 种解决方案。

- 跳过冲突：执行 git cherry-pick --skip 命令。
- 放弃执行：执行 git cherry-pick --abort 命令。
- 解决冲突后继续执行：执行 git cherry-pick --continue 命令。

这里的命令参数与 rebase 的是一致的，解决冲突后添加到暂存区中并且继续执行即可。

9.5.3 暂存——git stash

开发者可能会遇到这种情况：临时切换分支或拉取最新代码，但本地已做了修改，并且不需要提交，这时就可以把代码变更临时存储在一个地方，这就是 git stash 命令的作用。

git stash 命令的作用是临时存储。需要注意的是，不要将 stash 与暂存区的概念混淆。git stash 命令只是将未提交的文件暂时"隐藏"在某个地方，使它不出现在工作区和暂存区中；而暂存区中保存的是下一次要提交的代码。

将本地代码的变更临时存储可以使用以下命令：

```
$ git stash
```

此时会发现，工作区的修改消失了。执行完切换分支或拉取代码的操作后，再还原暂存起来的内容：

```
$ git stash pop
```

这样，临时存储的代码又会回到工作区中。显然，git stash 命令是将每次临时存储的文件保存在一个栈中，在恢复文件时，相当于执行了一次出栈操作，因此恢复文件只能从最近的保存依次恢复。

> 💡提示　git stash 命令只是临时保存的方案，在执行完需要的操作后请立即恢复文件。如果没有立即恢复，那么开发者很可能会忘记这次临时存储，导致代码丢失。

使用 git stash 命令只能存储被 Git 跟踪的文件，如果是新建文件，那么请确保执行 git add 命令之后才能被临时保存。

9.5.4 检索——git grep

有时需要在项目代码中查找一个字符或一个函数，通常的做法是，在编辑器中全局搜索，编辑器会列出匹配到的所有文件。但是，如果只是在终端进入一个项目目录，并不想用编辑器打开，那么此时应该怎么做呢？

这里就要用到 Git 提供的搜索命令 git grep。使用该命令可以从当前工作目录或提交记录中检索一个指定的值，该值可以是一个字符串，也可以是更灵活的正则表达式。

如果要查找项目代码中有没有字符串"a"，那么可以使用如下代码：

```
$ git grep a
src/a.js:var a = 3;
src/b.js:var a = 7;
src/d.js:var a = 4;
src/d.js:console.log(a);
```

在执行完上面的命令之后，会列出匹配的 3 条结果，每条结果会展示出匹配的文件路径和具体代码。如果要展示匹配代码在文件中的行号，那么可以加一个参数-n：

```
$ git grep -n a
src/a.js:1:var a = 3;
```

此时单条查询结果的格式为"<文件路径>:<行号>:<具体代码>"。

当然，如果要查询一个大量使用的值，那么此时列出所有匹配的代码可能并不合适。如果只是想统计该字符串在文件中出现了多少次，那么可以直接使用参数-c 来实现，代码如下：

```
$ git grep -c a
src/a.js:1
src/b.js:1
src/d.js:2
```

在默认情况下，使用 git grep 命令只会检索当前工作目录下的文件。其实还可以指定搜索任意Git 树，如果要检索另一个分支或某个标签下的文件，那么使用如下代码：

```
# 检索 dev 分支
$ git grep a dev
# 检索 v1.0.1 标签
$ git grep a v1.0.1
```

9.5.5　调试——git bisect

Git 主要用于版本控制，以及管理项目文件。其实，Git 还提供了调试功能来协助处理代码中的问题。因为 Git 会一直跟踪文件的修改，记录变更历史，所以可以帮助开发者找到问题所在。

如何使用 Git 调试代码呢？根据不同的情况，主要有以下两种方式。

1. 文件标注

如果判断可能是某个文件出现了问题，那么可以直接追踪该文件的变更历史，查找是否有异常来源。Git 提供的文件标注功能可以实现这个需求。文件标注使用 git blame 命令实现，使用该命令可以查看文件中每行的修改时间和对应的 commitId。

假设某项功能昨天是正常的，今天突然出现错误，那么可以通过文件标注来查看每行代码的更新时间，找到最近更新的那几行，在确定对应的 commitId 之后，直接查看提交详情的代码变更就可以。

如果要标注 package.json 文件，那么使用的命令及其执行结果如下：

```
$ git blame package.json
^ac8fecf (ruidoc 2021-11-08 15:07:11 +0800  1) {
e04127d7 (ruidoc 2022-03-18 16:35:33 +0800  2)   "name": "git-demo",
c9481d36 (ruidoc 2022-06-01 19:55:09 +0800  3)   "version": "0.1.0",
cd84e127 (ruidoc 2022-03-22 20:08:25 +0800  4)   "homepage": "/",
^ac8fecf (ruidoc 2021-11-08 15:07:11 +0800  5)   "private": true,
...}
```

从上述结果来看，逐行打印出 package.json 文件的代码，并在代码前分别显示了 commitId、提交人和提交时间。其中，以符号"^"开头的提交表示初始提交，即没有变更过的代码。先通过时间筛选出最近修改的记录，再找到文件变更的源头。

某个文件有时可能很大，可以通过参数-L 指定输出的行数。如果只需要显示前 10 行，那么代码如下：

```
$ git blame -L 1,10 package.json
```

2. 二分查找

另一种场景如下：某项功能突然出错，但无法确定是哪个文件导致的错误，此时可以对提交历史通过二分查找排查错误。二分查找使用 git bisect 命令实现。

二分查找是 Git 使用算法排查错误的方式。假设最近的一次提交 c 正常，那么先执行以下 3 个步骤。

（1）启动排查：git bisect start。

（2）标记当前提交异常：git bisect bad。

（3）标记最近一次正常的提交：git bisect good c。

上面的 3 个步骤可以将异常锁定在当前提交和正常提交 c 之间。假设这两个提交之间还有 10 个提交，那么异常一定出现在这 10 个提交中的某个提交上。

当上述 3 个步骤执行完毕，Git 会自动检出 10 个提交中大致在中间位置的一个提交。下面继续测试代码中的异常是否还存在，如果还存在，就说明问题在这个提交之前；否则，问题在这个提交之后。这样，异常范围就缩小了一半，这就是二分查找。

使用以下命令可以标记当前提交状态。在执行这几条命令之后，会自动检出异常提交，进入下一轮二分查找。

```
$ git bisect good                    # 标记当前提交正常
$ git bisect bad                     # 标记当前提交异常
```

当 Git 找到出现异常的提交后，会自动在终端输出提交详情信息，直接查看这个提交的代码变更，排查问题就可以。

在完成这些之后，需要恢复调试开始前的提交，因为调试时指针会随时变化。恢复方法如下：

```
$ git bisect reset
```

9.6　本章小结

本章从版本控制的角度入手，首先介绍为什么需要 Git，以及 Git 的工作原理是什么。然后介绍 Git 的基本概念和常用命令，帮助读者学会简单地使用 Git 管理项目。最后介绍远程仓库、本地与远程之间的文件交换，帮助读者使用 Git 进行团队协作。在掌握上述内容之后，读者就可以应对日常的开发工作。

本章还介绍了一部分高级操作——这些操作虽然不是必须掌握的，但是偶尔使用它们确实可以高效地解决问题。本章介绍的 Git 的内容并不算少，但这还不是 Git 的全部内容。掌握更多的关于 Git 的内容还可以在未来参与开源项目建设，这也是高级程序员的必备技能。

第 10 章
代码规范实践

　　代码规范是一项小公司不重视但大公司重视如生命的东西。虽然代码规范不是技术，不能直接产出价值，但是在团队协作中可以起到不可忽视的作用，对团队开发效率和产品稳定性而言至关重要。刚开始编写代码时开发者几乎都不重视规范，但是随着团队扩大，规范的重要性会显示出来。

　　早期的前端没有特别重视规范，以代码能运行起来为原则。但是在工程阶段，代码规模成倍扩大，并且借助工程体系可以很轻松地集成规范和验证，统一规范的成本降到了最低。本章主要介绍如何在前端工程中接入规范，使多个人协作的项目产生风格统一的代码。

10.1　认识代码规范

　　JavaScript 是动态类型语言，天生就有非常大的灵活性，所以产生了风格多样的开发范式。这些优点虽然促使 JavaScript 趋向繁荣，但是在代码规模激增的背后，"不规范"的问题逐渐凸显出来。

　　经验丰富的前端开发者一定接触过这样的项目：变量使用"abc"或"fds"这种非常随意的名称，或者像"name1"或"name2"这种带着数字毫无语义的名称，这样的变量如果不加注释，没有人能读懂它的含义。如果一个庞大的项目中全是这类名称，那么梳理逻辑时开发者会崩溃。

　　这类代码就是一种典型的不规范代码，其特点是没有规则，随意为之，显得混乱且难以分类。就像马路上来来往往的车辆，如果不遵守"红灯停，绿灯行，靠右行驶，转向打灯"等交通规则，别说无法保证安全，就连正常通行都做不到。

　　什么是代码规范呢？很简单，代码规范就是将一些没有标准的、灵活的编码和设计用一套规则规范起来。

> 📢 提示　代码规范包含许多规则，变量命名只是其中的一种，还有目录结构规范、标点符号换行规范等。项目规模越大，团队越成熟，代码规范的细节就越多。但规范并没有一套强制性的标准，规模大一点的团队都有各自的规范，只不过一些流行程度较高的规范应用得更广泛。

那么问题来了：一个小团队，或者包括几个人的开发小组，有必要制定代码规范吗？

10.1.1　为什么需要代码规范

代码规范看起来只是让代码变得好看一点，读起来舒服一点，好像并不会影响执行结果。没错，笔者以前也是这样认为的。但是往深层次思考，规范的代码是不是会间接提高开发效率，保证应用质量呢？

假设小组内的某个组员将变量随意命名，当组内其他组员阅读这些代码时，肯定会内心抵触，没有阅读下去的欲望。除此之外，阅读和理解不规范的代码需要花费更多的时间，并且非常容易造成变量冲突，带来未知的隐患，对协作者来说无形中增加了成本和风险。

即便某个项目是由一个人开发的，只需要自己看懂，不存在协作问题，但是大多时候也不能保证永远不需要他人协助或接手。假设几个月前开发的某项功能今天要改造升级，再看到这些代码时，开发者本人大概率也会忘记当时的思路，还得重新理解这些逻辑，这时就能体会到代码不规范带来的痛苦。

> 📢 提示　上面的例子只是提到了变量不规范。再试想还有函数不规范、打印不规范、目录不规范，这些不规范结合起来会让项目变得一团糟，结果就是根本找不到需要的东西在哪里，混乱无比。这样的项目稳定性差，隐藏的 Bug 多，维护成本极高，开发效率自然也很低下。

在项目开发过程中，如果所有参与者都遵守一套相同的代码规范，就会使"一群人的风格"变成"一个人的风格"，这样不管项目规模和团队规模有多大，每个人的代码风格都是一样的，不存在互相看不懂的情况，协作成本自然会大幅降低。使用同一套规范，开发者更容易发现问题，做到集思广益，从侧面保证了应用质量。

代码规范的目的是提高开发效率和保证应用质量，因此，遵守代码规范与团队规模的大小无关。作为一个合格的程序员，代码规范是基本要求。

10.1.2　代码规范包含的内容

前面以命名规范为例介绍了代码规范的意义，这也是读者最能直观感受到的规范。在一个前端项目中，可以把代码规范分为以下几个大类。

- 命名规范。
- 格式规范。

- 目录规范。
- 注释规范。
- 类型规范。

这 5 个大类下还包含不同的规范细则。总之，规范越成熟，细节就越多。当然，规范要视团队而定，并不是越多越好，有时候太严格的规范反而会影响开发进度。但从总体上来看，这几类开发规范都是要有的，设计规范时也要从这几个方面入手。

类型规范是指 TypeScript 的规范。如果项目是基于 TypeScript 开发的，就要格外注意类型规范。在默认情况下，项目自身会包含大量类型（ES6 类型、DOM 类型）。自定义的类型要与这些区别开来，并且要精准定义。因为类型也很灵活，所以如果类型全是 any，那么使用 TypeScript 没有意义。

> 💡提示　注释规范比较特殊，是开发者最容易忽视的规范——因为开发者可能根本就不加注释。注释规范首先要求必须为特定代码加注释，然后规定如何加注释更合理，目的就是帮助协作者快速了解代码逻辑。

10.2　代码规范落地

在了解了代码规范的概念，以及代码规范包含的内容之后，读者已经对代码规范有了清晰的认识。将规范在项目中实践落地还需要思考以下 3 个问题。

（1）如何制定规范。

（2）如何检测规范。

（3）如何统一团队的规范。

制定规范就是要设计一套科学合理的代码规范。标准和高效是实施代码规范的基础与核心。检测规范就是检测源码是否符合制定的规范，一旦发现不符合规范应及时提醒和警告。统一规范就是将团队中每个成员不同风格的代码强制统一。这三者环环相扣，缺一不可。

实践证明，检测和统一规范往往是落地过程中最困难的环节。不管制定了多么科学合理的规范，只有在团队中长期执行下去才有意义，这就要在成本和易用性上下功夫。下面从制定规范开始介绍。

10.2.1　制定规范

近几年前端快速发展，从没有规范到已经基本成体系的规范，相关的实践并不缺乏。在制定规范上，我们不需要从头开始研究，借鉴社区已经流行的规范，从中获取适合自己的即可。

为什么这么做呢？因为一个成熟的开发者往往有自己的规范和习惯，这些规范和习惯也都来源于社区。使用社区规范更容易和个人习惯重合，这比自己制定一套规范让其他人强制适应要好得多。

1. 命名规范

命名规范是最基础的代码规范。经过社区的不断发展，形成了以下几种通用的命名规范。

- 下画线命名：如 user_name。
- 中画线命名：如 user-name。
- 小驼峰命名：如 userName。
- 大驼峰命名：如 UserName。

目前，这 4 种命名规范已经被大多数开发者接纳。命名规范可以作为基本规范。不过每个开发者都有其编码习惯，对于同一类命名，不同的开发者可能使用不同的规范。

还是以变量举例：在一个团队中，有的人习惯用下画线命名变量，如 user_name；有的人习惯用小驼峰命名变量，如 userName。这两种命名方式都正确，都符合规范，但是在一个团队中有两种风格显然不合理。在制定团队规范时，就是把不同类的命名规范统一起来。

如何决定使用哪种命名规范呢？笔者推荐的是一套适合大多数前端项目的命名规范。

- 变量、属性、参数：下画线命名。
- 函数：小驼峰命名。
- 类名、类型：大驼峰命名。
- 文件、文件夹：中画线命名。

如果将上述规则应用在编码中，那么前端代码就是这样的：

```
// 文件命名
import './my-style.css'

// 变量命名
var v_tag = '变量'
var v_info = {
  v_name: 'xxx',
  v_label: 'xxx',
}
// 函数命名
var getTag = v_tag => {
  console.log(v_tag)
}
```

```
// 类命名
class UserInfo {}
// 类型命名
interface UserType {
  id: number;
}
```

在上面的代码中，看到下画线命名就知道它是变量，看到小驼峰命名就知道它是函数，根本不需要找到变量定义的地方去看它的赋值是什么，这在逻辑复杂的代码中效率极高。如果团队代码全都遵循这套规范，不管是可读性还是效率都会成倍提升。

命名规范是最基础且最关键的规范。严格遵循上述命名规范，代码质量和规范性就会上升一个台阶。

2. 格式规范

格式规范就是指在代码中使用基本符号和组织代码的规范。在很多情况下，JavaScript 对于符号使用没有强制标准，可以在同一段代码中使用不同的符号，但运行结果要保持一致。

最经典的格式问题如下：一行代码的结尾处要不要加分号？字符串使用单引号还是双引号？答案是都可以，因为无论怎么做都不会影响代码的执行结果。

虽然不影响代码的执行结果，但在团队中会造成代码风格不统一，不利于规范的统一，因此格式规范也要纳入规范制定中。前端通常需要制定的格式规范包含以下几点。

- 代码结尾是否使用分号。
- 字符串使用单引号还是双引号。
- 缩进使用几个空格。
- 对象属性之间使用几个空格。
- 代码何时自动换行。

格式规范是一类非常详细的规范，包含的规则特别多。但在制定格式规范的前期，不需要过于丰富的规范，可以先设置关键的几项，再根据项目进度慢慢补充其他项。

首先制定以下 6 条格式规范，所有代码都要遵循。

- 代码结尾不使用分号。
- 字符串使用单引号。
- 缩进使用 2 个空格。
- 字符之间使用 1 个空格。
- 当宽度超出 800 像素时自动换行。

- 代码中连续空行最多为 1 行。

依据这些规范编写一段与之匹配的代码：

```
var tag = '格式规范'

var getTag = () => {
  return tag
}

var computed_value = new Array(100)
  .fill(0)
  .map((n, i) => i + 1)
  .filter(n => n >= 50)
```

将上述格式规范应用到全部代码中，当代码量达到一定数量级时，就可以感受到格式统一带来的清爽。

3. 目录规范

目录规范就是项目目录结构的规范。大型项目包含数量庞大的文件，因此需要有一个合理的目录结构，将所有文件按照功能和类别科学地组织起来，以便更好地分类和查找。

可以将项目根目录下常见的文件夹按照约定的目录名及对应的含义表示为如下形式。

- src：源码目录。
- config：构建配置目录。
- public：静态资源目录。
- dist：构建后的代码目录。
- node_modules：第三方 Npm 包目录。

按照这个规范，当需要增加构建配置文件时，应将该文件放到 config 目录下。当引入不需要编译的图片或脚本时，应将其放在 public 目录下。当需要部署代码时，直接部署在 dist 目录下。这样每个文件夹都有自己的含义，统一使用该目录规范可以使开发者快速掌握项目结构。

其中，最重要的是源码目录 src，因为所有的业务代码都放在该目录下，所以 src 目录下还有二级目录规范。src 目录下通用的目录规范如下。

- assets：资源目录。
- components：公共组件目录。
- pages：页面目录。
- stores：状态管理目录。
- router：路由目录。

- request：请求目录。
- styles：全局样式目录。
- utils：工具目录。

源码目录下的所有文件都会经过构建工具编译，因此 assets 目录与 public 目录的区别就是资源是否会进行编译。通常，在 index.html 文件中全局引入的资源会放在 public 目录下。

pages 目录和 components 目录都用于存放组件。二者的区别在于：前者存放的是页面组件（有路由配置的组件），后者存放的是公共组件（在多个页面组件中通用的组件）。

下面通过一个示例来展示 src 目录下的目录结构：

```
|-- src
   |-- index.ts                        # 入口文件
   |-- App.vue                         # 根组件
   |-- assets                          # 资源目录
   |  |-- logo.png
   |-- components                      # 公共组件目录
   |  |-- header
   |  |  |-- index.vue
   |  |  |-- index.less
   |-- stores                          # 状态管理目录，与 pages 目录的结构对应
   |  |-- admins
   |  |  |-- index.ts                  # 状态文件
   |  |  |-- type.d.ts                 # 状态类型
   |-- pages                           # 页面目录，与 stores 目录的结构对应
   |  |-- admins
   |  |  |-- index.vue
   |  |  |-- index.less
   |-- request                         # 请求目录
   |  |-- index.ts
   |-- router                          # 路由目录
   |  |-- router.ts
   |  |-- index.ts
   |-- styles                          # 全局样式目录
   |  |-- common.less
   |  |-- index.less
   |-- utils                           # 工具目录
      |-- index.ts
```

需要注意的是，不要直接把组件文件放在 pages 目录或 components 目录下，最好用一个二级目录包裹（如上面的 admins 目录），这样就可以将组件分组，结构也更清晰。

4. 注释规范

技术圈有一个段子："最讨厌自己写注释，最讨厌别人不写注释。"这反映了标记注释虽然烦琐，但是对于合作者来说非常重要，因为注释可以快速让其他人读懂代码并加入协作开发。

如果代码规范，那么其他人可以快速读懂代码；如果代码不规范且没有注释，或者注释不够清晰，其他人就要花费大量时间理解这些代码的逻辑。特别是对于一些"独特的逻辑和设计"，除作者本人外可能无人知晓，此时没有标记注释就会给合作者埋下隐患。

也就是说，注释很重要，能让其他人快速看明白的注释更重要，因此需要制定注释规范。

1）JavaScript 注释

在 JavaScript 代码中有以下 3 种注释。

- 单行注释。
- 多行注释。
- 函数注释。

单行注释，顾名思义，就是只有一行，用于简单地标记信息；多行注释通常是对一段代码块进行注释，使其暂时不可用，以后需要时再放开；函数注释则是一种更规范的多行注释。下面举例说明：

```
// 单行注释
var name = '史泰龙'

/*
name = '威尔史密斯'
console.log('多行注释')
*/

/**
 *函数注释
 * @params {Number} id
 */
```

在上面的代码中，单行注释最简单，只要在目标行的行首加符号"//"即可。多行注释则是将一段代码包裹在符号"/*　*/"中间。函数注释看起来稍微复杂一些，以"/**"开头。可以在函数注释中使用注释标签（如@params）。

函数注释中的注释标签表示函数的某个部分。当没有 TypeScript 时，函数注释不仅可以很清晰地标记函数的构造，还可以帮助开发者快速了解函数。函数注释常用的注释标签如下。

- @desc：表示函数描述。

- @params：表示函数参数。
- @callback：表示回调函数。
- @return：表示函数返回值。

注释标签后面的花括号表示数据类型，后面跟着名称和描述信息（可选）。假设函数有一个名为 user_id 的参数，类型是数值，表示用户 ID，函数执行后返回查询到的用户数据，那么注释如下：

```
/**
 * @desc 获取用户信息函数
 * @params {Number} user_id 用户 ID
 * @return {Object} 查询到的用户数据
 */
```

2）HTML 注释与 Vue.js 注释

除了 JavaScript，HTML 也有自己的注释方式，并且与 JavaScript 不同。但 HTML 的注释方式只有一种，就是将注释内容包裹在符号"<!-- -->"中，单行和多行通用。示例如下：

```
<!-- <h2>单行注释</h2> -->

<!-- <h3>多行注释</h3>
<h4>多行注释</h4> -->
```

Vue.js 注释的模板部分遵循 HTML 规则。对于多层嵌套较为复杂的模板，为了更清楚地查阅代码结构，建议将模板按照以下注释规范划分为多个模块，这样代码更清晰：

```
<!--【start】用户模块-->
<div>
  <span>文本信息</span>
  <p>内容信息</p>
</div>
<!--【end】用户模块-->
```

Vue.js 注释的脚本部分遵循 JavaScript 规则，直接使用上面介绍的 JavaScript 注释规范即可。

5. 类型规范

类型规范是指如何设置 TypeScript 类型。定义类型与定义变量很相似。在 TypeScript 项目中会有数量庞大的类型，因此存在类型冲突的风险。类型规范与变量规范类似，也包括命名规范、分组规范等规则。

1）命名规范

类型通常在代码中与变量、函数等混合使用，因此类型一定要遵守命名规范，并与变量、函数等区分开来。前面介绍过，类型与类名使用大驼峰命名方式，遵循该规则就不会与变量、函数混淆。

如何区分类型与类名呢？实际上不需要关心这个问题。在 TypeScript 中，当创建一个类时，会同时创建一个同名的实例接口类型，所以可以把类当成一个接口类型来使用。假设定义一个 Person 类，代码如下：

```
class Person {
  constructor(name: string) {
    this.name = name
  }
  name: string
  getName() {
    return this.name
  }
}
```

在定义 Person 类之后相当于创建了下面的 Person 接口类型。因此，可以直接将 Person 类当作类型使用：

```
interface Person {
  name: string
  getName(): string
}

var person: Person = {
  name: '猪猪侠',
  getName() {
    return '蜘蛛侠'
  },
}
```

因此，类型的命名规范可以遵守下面两条规则。

- 不存在声明类：采用大驼峰命名就是类型，直接就能区分。
- 存在声明类：将类名当作一个接口类型使用，类名与类型一致。

2）分组规范

在 JavaScript 中不会把所有变量都定义在全局对象中，否则会造成全局变量污染，定义类型也是一个道理。在定义类型时要格外注意避免定义全局类型，要适当地为其分组。

类型分组，在 TypeScript 中通过命名空间和模块两种方案实现。

命名空间，简单来说就是直接将一批类型划分到一个组下，一个命名空间就是一个组，组内定义的类型不会与其他组的类型发生冲突。命名空间是最简单直观的避免全局类型发生冲突的方式，示例如下：

```
// test.d.ts
declare namespace Person {
  interface Action {
    play(): void
  }
}

declare namespace Animal {
  interface Action {
    eat(): void
  }
}
```

上面的示例将两个 Action 类型分别定义到两个命名空间下，这样就不会发生类型冲突。命名空间是最简单直观的分组，可以防止全局类型污染。使用命名空间下的类型的方法如下：

```
var action1: Person.Action
var action2: Animal.Action
```

模块是另一种分组方式，与 ES6 的模块机制类似。可以将类型划分为不同的模块，并通过导入（import）、导出（export）来使用对应的模块。模块是更现代化的分组方式：

```
// type.ts
export namespace Person {
  interface Action {
    play(): void
  }
}
export namespace Animal {
  interface Action {
    eat(): void
  }
}
// 使用时
import type { Person, Animal } from './type.ts'
```

10.2.2 检测和统一规范

10.2.1 节从 5 个方面制定了详细的代码规范。之后需要将这套规范在团队中进行推广，让团队中的每个成员严格遵守。那么如何保证团队中的成员会遵守规范呢？

首先，团队成员要自觉遵守规范，强调规范意识。其次，可以安排团队中的成员互相检查对方的代码，检查和监督对方的代码的规范性。但采用这种方式的成本很高，必须花费大量的时间在代码规范和检查上。尽管如此，也不可能对规范细节面面俱到，做到完全统一规范。

总之，靠人的自觉和监督不可能做到 100% 的规范统一。如果需要高效、快速、可靠地统一代码规范，就必须借助工具来实现，使用工具可以自动处理逻辑性的任务。

1. 检测规范的工具

统一规范的前提是检测规范，因此需要一款实时检测代码的工具，针对不规范的代码给出提示，这样就可以快速定位到不规范的位置并对其进行修复。

前端圈中最流行的代码检测工具为 ESLint。ESLint 支持自定义丰富的代码规则，根据这些规则可以检测源码是否符合规范。ESLint 的功能很强大，可以最大限度地保证代码质量，在团队协作的项目中是不可或缺的。

TypeScript 也有检查代码规范的功能。不同之处在于，TypeScript 只会检查类型错误，而 ESLint 可以检查风格错误。严格的代码检查应该同时包含 TypeScript 和 ESLint，因为它们并不冲突。

2. 统一规范的工具

统一规范的工具一般特指代码格式化工具。格式化是指将已有代码用规范的格式重置，不会改变代码逻辑，只是将不规范的代码变成规范的代码。

这样的话，不需要关心代码规范，只要制定一些统一的规则，并且在某个时机自动格式化代码，每个人产出的代码格式就是一样的。这是最高效且优雅的统一规范的方式。

有这样的工具吗？当然有，前端圈中比较流行的代码格式化工具是 Prettier。Prettier 支持通过编辑器插件和命令行两种方式格式化代码，从而轻松地实现团队代码规范的统一。

10.3　工具一：ESLint

ESLint 是一款非常流行的代码检查工具，提供的配置文件允许开发者自定义代码规范，并依据该规范检查源码。如果编写的代码不符合规范，程序就会警告甚至报错，用这种工具可以倒逼团队成员遵守统一的代码风格。

ESLint 具有以下两种功能。

- 检查代码质量：如是否有已定义但未使用的变量。
- 检查代码风格：如换行、引号和缩进等相关的格式是否符合规范。

在脚手架生成的项目中，一般默认启动 ESLint，并且在项目运行或热更新时自动执行检测。当然，如果项目中没有集成 ESLint，那么也可以从零开始接入。

10.3.1 安装与初始化

在项目根目录下安装 ESLint：

```
$ yarn add -D eslint
```

在 ESLint 安装完成之后会在项目中生成 eslint 命令，该命令可以执行 ESLint 提供的所有功能。使用 ESLint 的第一步是在项目中进行初始化：

```
$ npx eslint --init
```

初始化命令是交互式命令。执行初始化命令后首先会提示选择如何使用 ESLint，3 个可选功能选项如下。

- To check syntax only：仅检查语法。
- To check syntax and find problems：检查语法和发现问题。
- To check syntax, find problems, and enforce code style：检查语法，发现问题，强制格式化。

通常选择第 2 个功能选项，即检查语法和发现问题。因为强制格式化会使用另一款工具实现，所以不选择第 3 个功能选项。

之后还会弹出几个定制化的问题，只选择基本配置（框架和 TS 下一步再配置），问题和选项值如下。

- 使用哪种模块机制？ESM（import/export）。
- 使用哪个框架？None。
- 使用 TypeScript 吗？不使用。
- 在哪里使用？浏览器（Browser）。
- 需要哪种格式的配置文件？JSON。

选择完这些选项后，ESLint 会自动列出需要安装的包，输入"yes"即可开始安装，同时会按照所选格式生成配置文件.eslintrc.json。至此，完成 ESLint 的安装和初始化。

项目中定义的所有代码规范都在配置文件.eslintrc.json 中，ESLint 依据该配置文件执行检查。

10.3.2 配置文件解析

配置文件中可以自定义规范，或者加载插件使用已有的规范。

1. 基本配置

初始化之后生成的.eslintrc.json 文件的配置如下：

```
{
  "env": {
    "browser": true,
    "es2021": true,
  },
  "extends": [
    "eslint:recommended"
  ],
  "parserOptions": {
    "ecmaVersion": "latest",
    "sourceType": "module",
  },
  "rules": {},
};
```

上述配置包含一套默认推荐的规则，该规则定义在 eslint:recommended 扩展中。parserOptions 选项表示如何解析代码，该选项有如下两个可选属性。

- ecmaVersion：ECMAScript 版本，latest 表示最新版本。
- sourceType：模块化机制，module 表示 ESM。

2. Vue.js 配置

在默认配置的基础上，Vue.js 也有一套推荐的语法配置，该配置定义在 plugin:vue/vue3-essential 插件中。我们使用的前端框架是 Vue.js，因此要使用该插件，需要在基本配置上添加如下配置项（下面用符号"+"标记的配置）：

```
  {
    "env": {
      "browser": true,
      "es2021": true
    },
    "extends": [
      "eslint:recommended",
  +   "vue/vue3-essential"
    ],
    "parserOptions": {
      "ecmaVersion": "latest",
      "sourceType": "module",
    },
  + "plugins": [
  +   "vue"
```

```
+ ],
  "rules": {
  }
};
```

至此，ESLint 可以自动检测 .vue 单文件组件中的代码规范。

3. TypeScript 配置

如果要支持 TypeScript，那么还需要在上一步配置的基础上增加 TypeScript 相关的扩展和插件（下面用符号"+"标记的配置），完整的配置项如下：

```
{
  "env": {
    "browser": true,
    "es2021": true
  },
  "extends": [
    "eslint:recommended",
    "plugin:vue/vue3-essential",
+   "plugin:@typescript-eslint/recommended"
  ],
  "parserOptions": {
    "ecmaVersion": "latest",
    "sourceType": "module",
  },
+ "parser": "@typescript-eslint/parser",
  "plugins": [
    "vue",
+   "@typescript-eslint"
  ],
  "rules": {
  }
};
```

至此，通用的 Vue.js 3 + TypeScript 的代码规范已经配置好。接下来尝试使用命令检查代码。

10.3.3 代码检查

上面已经定义好配置文件，下面编写一段代码，并执行规范检查。

新建 index.js 文件，并写入如下内容：

```
const a = '13'
```

```
function add() {
  return '1'
}
```

从 JavaScript 的角度来看，上述代码是没问题的。下面运行检查命令：

```
$ npx eslint index.js
```

此时会在控制台中看到报错：

```
2:7  error  'a' is assigned a value but never used  no-unused-vars
4:10 error  'add' is defined but never used  no-unused-vars

2 problems (2 errors, 0 warnings)
```

上面的报错信息显示，变量 a 和函数 add() 已声明但未使用，这说明代码不符合约定的规范。由报错信息可以看出，规范验证未通过是因为不满足 no-unused-vars 规则，该规则不允许未使用的变量存在。

no-unused-vars 是 eslint:recommended 扩展中默认开启的规则之一，如果确实不需要，那么可以通过自定义规范关闭验证。

10.3.4　自定义规范

在配置文件 .eslintrc.json 的扩展中已经启用了许多默认的规范。如果要自定义规范，那么可以将多条规则定义在 rules 对象下，此时会覆盖默认的规则。

如果要去除 10.3.3 节的报错信息，就是禁用 no-unused-vars 规则，配置方法如下：

```
{
  "rules": {
    "no-unused-vars": ["off", {"vars": "all"}]
  }
}
```

可以看到规则配置的值是一个数组，该数组包含 2 个数组项。第 1 个数组项表示错误级别，是以下 3 个值之一。

- "off"或 0：关闭规范验证。
- "warn"或 1：警告级别验证。
- "error"或 2：错误级别验证。

第 2 个数组项才是真正的规范配置，在规范验证未关闭（错误级别不等于"off"或 0）时生效，并且会根据错误级别提示错误信息。完整的规范请参考规则文档，如图 10-1 所示。

Rules

为了让你对规则有个更好的理解，ESLint 对其进行了分门别类。

所有的规则默认都是禁用的。在配置文件中，使用 `"extends": "eslint:recommended"` 来启用推荐的规则，报告一些常见的问题，在下文中这些推荐的规则都带有一个 ✔ 标记。

命令行的 `--fix` 选项用来自动修复规则所报告的问题（目前，大部分是对空白的修复），在下文中会有一个 🔧 的图标。

Possible Errors

这些规则与 JavaScript 代码中可能的错误或逻辑错误有关：

✔	for-direction	强制 "for" 循环中更新子句的计数器朝着正确的方向移动
✔	getter-return	强制 getter 函数中出现 `return` 语句
✔	no-async-promise-executor	禁止使用异步函数作为 Promise executor
	no-await-in-loop	禁止在循环中出现 `await`
✔	no-compare-neg-zero	禁止与 -0 进行比较
✔	no-cond-assign	禁止条件表达式中出现赋值操作符
	no-console	禁用 `console`
✔	no-constant-condition	禁止在条件中使用常量表达式
✔	no-control-regex	禁止在正则表达式中使用控制字符

图 10-1

从图 10-1 中可以看到支持的规则列表，前面打对钩的规则表示已在 eslint:recommended 扩展中开启（可以在这里找到任意支持的规则，并将其放在 rules 对象下实现自定义）。

10.4 工具二：Prettier

使用 ESLint 可以制定规范和检查规范。当开发者完成某项功能时，在终端执行 eslint 命令可以检查代码，如果看到控制台中有异常提醒，那么修复异常后再继续进行开发。

如果配置的编码规范比较严格（如字符串必须使用单引号，缩进必须是 2 个 Tab 制表符的宽度且不可以用空格，这种细节的规范在开发过程中常常碰到），控制台就会频繁报错，开发者也要频繁地修复，长此以往会非常烦琐。

正因为如此，在脚手架生成的项目中虽然默认开启了 ESLint，但是很多人使用不久就会觉得麻烦，效率低下，所以都会手动关闭 ESLint。

有没有更高效的工具可以更快速地修复不规范的代码呢？当然有，它就是 Prettier。

Prettier 是当前非常流行的代码格式化工具。上面使用 ESLint 定制了编码规范，在检测到不规范的代码时，需要根据提示手动修复。而使用 Prettier 则可以完全省略这一步，将不规范的代码一键自动修改为完全符合规范的代码。

下面从零开始在项目中接入 Prettier。

10.4.1　安装与配置

首先在项目中安装 Prettier：

```
$ yarn add -D prettier
```

然后创建配置文件.prettierrc.json 并使用以下配置：

```
{
  "singleQuote": true,
  "semi": true
}
```

该配置与 ESLint 下的 rules 配置的作用一致，就是定义代码规范。Prettier 也支持自定义规范，并且会按照配置文件中的规范格式化代码。

Prettier 中常用的代码规范的配置项如下：

```
{
  "singleQuote": true,        // 是否使用单引号
  "semi": false,              // 声明结尾使用分号（默认为 true）
  "printWidth": 100,          // 一行的字符数，一旦超过就会换行（默认为 80）
  "tabWidth": 2,              // 每个 Tab 键的宽度相当于多少个空格（默认为 2 个）
  "useTabs": true,            // 是否使用 Tab 键进行缩进（默认为 false）
  "trailingComma": "all",     // 多行使用拖尾逗号（默认为 none）
  "bracketSpacing": true,     // 对象字面量的花括号之间使用空格（默认为 true）
  // 多行 JSX 中的 ">" 放置在最后一行的结尾，而不是另起一行（默认为 false）
  "jsxBracketSameLine": false,
  "arrowParens": "avoid"      // 只有一个参数的箭头函数的参数是否带圆括号（默认为 avoid）
}
```

当然，配置项不止这些，这里只列举了具有代表性的几个。全部配置项请查阅官方文档。

Prettier 还支持针对后缀不同的文件设置不同的代码规范，可以通过在配置文件中设置 overrides 选项来实现，代码如下：

```
{
  "semi": false,
  "overrides": [
    {
      "files": "*.js",
      "options": {
        "semi": true
```

```
      }
    },
    {
      "files": ["*.json"],
      "options": {
        "parser": "json-stringify"
      }
    }
  ]
}
```

上述配置生效后，在格式化.js 文件和.json 文件时会使用不同的规则，像这样有条件的格式化更加灵活。

10.4.2 格式化代码

在定义好配置之后就可以测试格式化效果。创建 index.js 文件并编写以下代码：

```
const a = "13"
function add() {
  return "1"
}
```

在保存之后，在终端运行格式化命令：

```
$ npx prettier --write index.js
```

在格式化之后，index.js 文件会变成如下形式：

```
const a = '13';
function add() {
  return '1';
}
```

可以发现，双引号自动变成单引号，行结尾自动加了分号，刚好与配置文件中定义的规范一致。

除了格式化单个文件，Prettier 还支持批量格式化文件。批量格式化通过模糊匹配查找文件，比较常用，建议定义在 npm 脚本中，代码如下：

```
// package.json
"scripts": {
  "format": "prettier --write \"src/**/*.js\" \"src/**/*.ts\"",
}
```

此时批量格式化 src 目录下的所有脚本文件，执行命令 yarn run format 即可。

> ■提示　如果在项目中同时使用 ESLint 和 Prettier，请确保它们各自的配置文件中定义了相同的规范。如果定义的规范不一致，那么在 Prettier 格式化代码之后，ESLint 会提示规范错误，这样会造成规范冲突。

10.5　工具三：VSCode

通过 ESLint 和 Prettier 两款代码规范工具，可以实现代码规范的制定和检查，以及使用命令快速格式化代码，由此统一团队代码风格就会非常容易。

然而，突破效率的挑战是没有极限的。虽然现在可以快速规范代码，但是检查代码还需要依赖检查命令，格式化代码也需要依赖格式化命令，频繁输入命令总显得不够优雅。

那么，还有更优雅的解决方案吗？当然有，即使用 VSCode 编辑器。将 VSCode 编辑器与两款代码规范工具配合使用，效率会进一步提高。

10.5.1　使用插件

目前，VSCode 编辑器几乎已经成为前端开发者的标配。VSCode 编辑器的功能强大，广受好评，是开发者最称手的开发武器之一。

既然能得到如此广泛的认可，VSCode 编辑器必然有其优越性。除了轻量启动速度快，VSCode 编辑器最强大的特性是具有丰富多样的插件，能满足不同使用者多种多样的需求。

在众多插件中，ESLint 的功能非常强大。该插件为 VSCode 编辑器提供检查代码的功能。ESLint 插件的截图如图 10-2 所示。

图 10-2

在安装好 ESLint 插件之后，之前需要在终端执行 eslint 命令才能检查出来的异常现在直接标记在代码上了。

即使只是错误地输入了一个符号，ESLint 插件也会实时追踪到发生错误的地方，并给出标记和异常提醒。这样可以成倍地提高开发效率，再也不需要执行命令就可以检查代码，一切都以可视化的方式呈现。

既然 VSCode 编辑器有 ESLint 插件，那是不是也有 Prettier 插件呢？是的，插件的全名为 Prettier-Code formatter，如图 10-3 所示。在 VSCode 编辑器中搜索 Prettier-Code formatter 安装即可。

图 10-3

Prettier 插件安装好之后会作为编辑器的一个格式化程序。在代码中通过鼠标右键格式化就可以选择 Prettier 来格式化当前代码。

如果要使用 Prettier 实现自动化，还需要修改编辑器的配置。

10.5.2　编辑器的配置

VSCode 编辑器中有一个用户级别的配置文件 setting.json，该文件中保存了用户对编辑器的自定义配置。VSCode 编辑器提供了丰富的配置项（关于完整配置，请查阅官网）。在 VSCode 编辑器中单击左下角的"设置"图标，选择"设置"→"打开设置"命令就可以打开设置页面。

单击设置页面的右上角就可以看到对应的 setting.json 配置，如图 10-4 所示。

```
{} settings.json ×
Users > yangrui > Library > Application Support > Code > User > {} settings.json   打开设置 (ui)
   1   {
   2       "workbench.colorTheme": "Monokai",
   3       "editor.fontSize": 18,
   4       "editor.tabSize": 2,
   5       "security.workspace.trust.untrustedFiles
   6       "[typescriptreact]": {
   7           "editor.defaultFormatter": "esbenp.pre
   8       },
```

图 10-4

首先在这个配置文件中将 Prettier 设置为默认格式化程序：

```
{
```

```
  "editor.defaultFormatter": "esbenp.prettier-vscode",
  "[javascript]": {
    "editor.defaultFormatter": "esbenp.prettier-vscode"
  }
}
```

然后在配置保存文件时自动格式化：

```
{
  "editor.formatOnSave": true
}
```

此时可以发现：当编写完代码保存时，正在编辑的文件立刻被格式化。也就是说，无论代码是否按照规范编写，保存时都会自动格式化成规范的代码。

这一步其实是保存文件时自动执行了格式化命令。因为上面配置的默认格式化程序为 Prettier，现在又配置了保存时格式化，相当于将文件保存和 prettier 命令连接起来。

至此，已经实现了代码自动检查与自动格式化。此时编写代码不需要考虑规范问题，只要正常保存，编辑器就会自动做好这些事情。

最后将 Vue.js 的默认格式化程序也设置为 Prettier，代码如下：

```
{
  "[vue]": {
    "editor.defaultFormatter": "esbenp.prettier-vscode"
  }
}
```

这样 JavaScript 代码与 Vue.js 组件代码的格式化风格就统一了。

10.5.3　共享配置

在编辑器实现自动格式化之后，如果要把这些设置同步给团队内的其他成员，应该怎么办呢？难道要在每个成员的编辑器中再配置一遍吗？

其实不用这么麻烦。VSCode 编辑器的设置分为以下两类。

- 用户设置：应用于整个编辑器。
- 工作区设置：应用于当前目录/工作区。

这两类的配置内容是一模一样的，区别体现为优先级的不同。如果打开的项目目录包含工作区设置，那么这个工作区设置会覆盖当前的用户设置。

所以要想将设置同步给团队内的其他成员，不需要改动用户设置，只需要在项目目录下新建一个工作区设置即可。

添加工作区设置的方法如下：在项目根目录下新建.vscode/setting.json 文件，在该文件中编写需要统一的编辑器配置。所以，把上面的 Prettier 配置放在这里即可实现共享。

10.6　Git 提交的规范

代码规范是编写代码的过程中需要遵守的规范。在多人协作中，还必须重视另一条非代码的规范，即提交规范。提交规范是指 Git 提交描述的规范。

10.6.1　制定规范

虽然 Git 不会要求如何填写提交的描述信息，但提交是一个阶段完成工作的总结，也是团队审阅代码的依据。因此，提交规范非常重要，会让开发进度变得清晰有条理。

如果团队内的成员提交的描述信息是随意填写的，在协作开发和审阅代码时，其他成员就无法从提交的描述信息中了解该提交完成了什么功能、修复了什么 Bug，只能查看代码变更记录，这样协作者在跟踪某项功能变更时就会困难重重。

为了直观地看出提交的描述信息的更新内容，开发者社区诞生了一种规范，将提交的描述信息按照功能划分，加一些固定前缀，如 fix:和 feat:，用来标记这条提交的描述信息主要做了什么事情，这样就可以清晰地将提交分类。

目前，主流的前缀已经成为通用规范，其关键字及其代表的含义如下。

- feat：新增功能。
- fix：修复 Bug。
- perf：优化性能。
- refactor：代码重构。
- chore：杂项，其他更改。
- build：构建相关更改。
- ci：持续集成配置。
- style：样式更改。
- test：单元测试更改。

假设刚刚开发完成了用户模块功能，创建了一次提交；接着发现用户名展示错误，修改后又创建了一次提交，这两次提交填写的描述信息如下：

```
$ git commit -m "feat:完成用户模块"
```

```
$ git commit -m "fix:修复用户名展示错误"
```

这样来看提交信息就很规范。后期在审阅代码时可以直接看出这些提交做了什么，以便快速定位。

> 📢 提示　提交前缀要放到提交信息的最前面，紧跟着一个英文冒号（不是中文冒号），并且冒号后面有一个空格。

很多人开始使用前缀时记不住关键字，觉得烦琐。笔者推荐一款非常好用的工具，使用该工具可以自动生成前缀，避免手动输入。该工具的名称为 cz-conventional-changelog，关于其详情请查看 GitHub 官网。

在使用 cz-conventional-changelog 工具之前，先全局安装：

```
$ npm install -g commitizen cz-conventional-changelog
```

接着在用户目录下创建配置文件~/.czrc，并使用如下配置：

```
{ "path": "cz-conventional-changelog" }
```

现在创建提交时就可以用 git cz 命令来代替 git commit 命令，效果如图 10-5 所示。

```
? Select the type of change that you're committing: (Use arrow keys)
> feat:     A new feature
  fix:      A bug fix
  docs:     Documentation only changes
  style:    Changes that do not affect the meaning of the code (white-space,
  refactor: A code change that neither fixes a bug nor adds a feature
  perf:     A code change that improves performance
  test:     Adding missing tests or correcting existing tests
(Move up and down to reveal more choices)
```

图 10-5

通过方向键"↑"和"↓"选择前缀，根据提示即可非常方便地创建符合规范的提交。

10.6.2　验证规范

有了规范之后，光靠人的自觉遵守是不行的，还要在流程上对提交信息进行校验。

这时需要使用 git hook，也就是 Git 钩子。

git hook 的作用是在 Git 动作发生前后触发自定义脚本，这些动作包括提交、合并和推送等。可以利用这些钩子在 Git 流程的各个环节实现自己的业务逻辑。

git hook 分为客户端 hook 和服务端 hook。客户端 hook 主要有以下 4 个。

- pre-commit：提交信息前运行，可检查暂存区的代码。
- prepare-commit-msg：不常用。

- commit-msg：非常重要，检查提交信息就用这个钩子。
- post-commit：提交完成后运行。

服务端 hook 包括以下 3 个。

- pre-receive：非常重要，推送前的各种检查都在这里。
- post-receive：不常用。
- update：不常用。

大多数团队在客户端做校验，所以用 commit-msg 钩子在客户端对提交的信息做校验。幸运的是，不需要从头开始编写校验逻辑，社区中有成熟的方案，即 husky+commitlint。

husky 用于创建 Git 客户端钩子，commitlint 提供了用于校验提交的信息是否符合规范的命令。首先安装如下两个模块：

```
$ yarn add -D husky @commitlint/cli @commitlint/config-conventional
```

接着创建配置文件 commitlint.config.js，并编写以下内容：

```
module.exports = {
  extends: ['@commitlint/config-conventional'],
}
```

现在 commitlint 命令可以正常执行。使用 husky 创建 pre-commit 钩子并编写检查提交的命令：

```
$ npx husky add .husky/commit-msg 'npx --no-install commitlint --edit "$1"'
```

至此，Git 校验配置完毕，在下一次执行 git commit 之前会自动进行规范检查。阻止创建不符合规范的提交，从源头保证提交的规范。

10.7 本章小结

本章介绍了什么是代码规范，以及为什么需要代码规范。具有团队协作经验的开发者必然能体会到规范的重要性。还没有关注到代码规范，或者想要尝试但没有参考标准的读者非常适合阅读本章。读者可以按照本章介绍的流程逐步接入相对完善的规范体系。

代码规范也许在小团队中不受重视，但是从个人成长角度来看，代码规范是参与开源项目的前提。全世界最优秀的开发者和开源项目大都集中在 GitHub 上，读者在学习这些项目，甚至与大咖合作时，就会发现不懂代码规范根本无法参与。因此，不管在什么样的团队，都不要忽视代码规范。

第 5 篇

综合实战——全栈开发
"仿稀土掘金"项目

第 11 章
项目需求分析与 API 开发基础

第 1~10 章系统地介绍了前端开发者需要学习的知识大类。只要掌握了这些知识，读者的前端技术在深度和广度方面都会上一个台阶。本篇主要将这些知识融会贯通，带领读者开发一个"仿稀土掘金"（以下简称"掘金"）的博客系统。

本次综合实战会进行全栈开发，包含需求分析→后端接口→前端→上线部署环节。读者可以参与项目从 0 到 1 的全流程，学习全栈开发。

本篇也会实现项目的接口部分。读者不必担心自己不懂后端，不会使用接口。笔者会采用 Serverless 云函数的方式开发接口，主要是对 Node.js 的应用，不会涉及服务器和运维的知识。

本章主要介绍项目需求分析和 API 开发基础两部分内容，下面从项目需求分析开始介绍。

11.1 项目需求分析

掘金是前端开发者最活跃的技术社区之一。选择掘金作为综合实战项目，一方面是因为掘金的功能和体验都做得比较好；另一方面是因为前端开发者对掘金比较熟悉，所以在业务和需求上理解得更快，可以专注于实现功能。

在撰写本章时，笔者发现掘金已经更新了多个版本，功能比以前丰富了很多。但本篇不会把掘金的所有功能都实现一遍，只做掘金中常用的几个核心功能模块。

- 首页模块：包含文章列表、文章分类和作者排行等。
- 文章模块：包含文章的发布、修改、草稿箱，以及文章详情页的展示等。
- 沸点模块：沸点广场，可以看到图文、评论、点赞等。
- 用户中心：包含文章列表，以及统计数据，如沸点、动态等。

● 消息中心：包含社区用户的点赞、评论、关注等消息。

笔者将开发需求划分为以上 5 个大模块，下面分析每个模块需要实现哪些功能。

11.1.1　首页模块

首页往往是用户看到的第一个页面，也是用户最常浏览的页面。在掘金中，首页包含左、中、右 3 个部分：左侧区域展示文章的分类，中间区域展示选中分类下的文章列表，右侧区域展示其他信息，如图 11-1 所示。

图 11-1

左侧区域的文章分类单独维护，与文章建立关联。文章列表数据除了支持分类筛选，还可以按照"最新"和"最热"两种排序筛选，并且文章列表项可以直接点赞。

右侧区域可以放一些咨询信息，或者一些快捷入口、版权信息等，也可以单独放到一个组件内自定义内容。首页的重点还是文章数据。

11.1.2　文章模块

文章模块是最核心的模块。博客系统本来就是为写文章而服务的，因此文章模块的功能稍微复杂一些。可以将文章模块的功能按照读者和作者划分为两个部分。

1．读者功能

一个普通用户进入首页，首先看到的是文章列表。如果发现感兴趣的文章，他可能会进入文章详情页阅读。文章详情页是打开率仅次于首页的第二个页面，其中会展示该文章的所有数据，包括文章内容、阅读量、点赞量、作者信息和评论等，如图 11-2 所示。

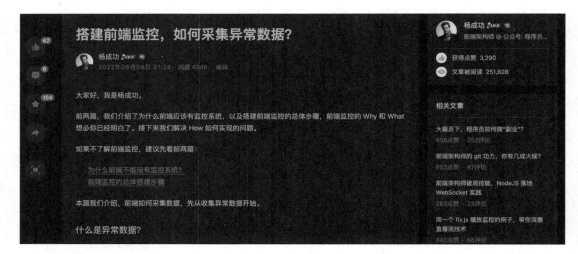

图 11-2

当然，用户在浏览过程中也会参与交互：进入文章详情页会记录一次浏览，认为文章写得不错可以点赞，如果遇到有意思的内容也可以在评论区讨论。因此，不仅要保存文章的内容，还要记录有关文章的点赞、评论和浏览等数据，以及文章的分类、标签等。

2. 作者功能

对作者而言，除了查看文章，还需要有文章管理的功能。文章管理包括文章的创建、修改、查询和删除。在文章发布前，草稿箱用于临时保存文章。

作者的掘力值是通过创作文章和文章的阅读量积累得到的，所以需要设计掘力值的计算规则，具体如下。

- 发表 1 篇文章：掘力值+10。
- 文章被点赞 1 次：掘力值+1。
- 文章被收藏 1 次：掘力值+1。
- 文章被阅读 100 次：掘力值+1。
- 文章被评论 1 次（一级评论）：掘力值+1。

写文章必须有一个文章编辑器。掘金的编辑器默认使用 Markdown 语法，这种语法非常适合写技术文章，因为它支持代码高亮、图文上传、实时预览等功能。另外，Markdown 语法非常简单，作者不用考虑排版问题。编辑器页面如图 11-3 所示。

图 11-3

在创建文章时还要添加标签。分类和标签会统一设置为静态数据，不需要作者编辑。分类和标签会在筛选文章时用到，因此查询文章时需要提供过滤参数。

11.1.3　沸点模块

掘金中的"沸点"其实就是帖子，用户可以在沸点广场发帖子，其他人点赞或评论，和微信的朋友圈一样。沸点是一个单独的社交属性的论坛，与文章没有关联，因此是一个单独的模块。

沸点的创建、删除、点赞和评论功能对所有用户开放，用户可以随时发沸点。沸点页的布局与文章相似，左侧区域是沸点圈子（一种分类），中间区域是沸点列表，右侧区域是精选沸点。沸点页如图 11-4 所示。

图 11-4

沸点没有详情页，也不能编辑，但用户可以在个人中心删除自己的沸点。掘金中的沸点具有话题功能，从本质上来说也是一种分类，因此就不再重复实现话题功能。

沸点圈子也是静态数据，设置几个常用的圈子即可。

11.1.4　用户中心

新版掘金新增了创作者中心入口，在这里可以进行文章管理、数据统计等。常用的只有文章管理，因此将其集成到用户中心即可。用户中心页如图 11-5 所示。

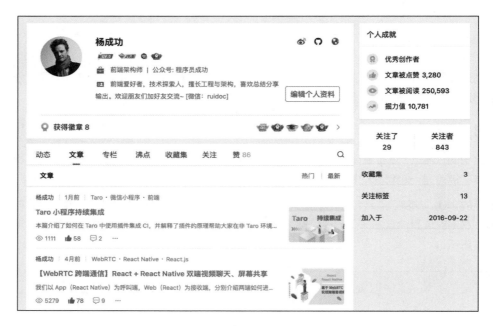

图 11-5

该页面展示了用户基本信息，以及当前用户发布的文章、沸点等。右侧区域展示了用户的个人成就（统计数据），包括点赞量、阅读量、掘力值的统计总量，以及粉丝数和关注者数。该页面 URL 需要根据用户的唯一标识生成。

如果是普通用户，那么该页面没有发布的文章；如果是作者，那么该页面会展示自己发布的文章并且提供编辑按钮。

与此同时，还要有一个简单的编辑用户信息的页面，该页面也可以绑定其他额外信息。用户中心页主要展示某个用户的基本数据，以及与该用户关联的文章、沸点等相关数据。

11.1.5　消息中心

当用户发布的文章和沸点得到点赞和评论，或者被其他用户关注时，当前用户会收到一条通知信息，并在页面顶部的小铃铛上标记未读数量，如图 11-6 所示。

图 11-6

单击小铃铛就会进入消息中心页，在该页面可以看到具体的评论、点赞和粉丝等消息。消息中心页是社区互动的关键，在该页面可以准确查询未读消息的数量并标记。

在默认情况下，新消息都处于未读状态，用户浏览或单击之后才会变成已读。当刷新页面时，未读的消息依然保持未读状态，继续为用户展示未读提醒，不可以被刷新重置。

经过需求分析可以划分好要做的模块，接下来进入实现环节。

11.2　使用 Serverless 云函数创建接口

在确定项目需求之后，下一步就要进入接口开发环节。本项目需要自己动手开发接口，但读者可能不了解服务端，因此 Serverless 云开发是最好的选择。

什么是 Serverless 云开发？ 1.5 节介绍了 Serverless 时代下无服务和云函数的概念，这里不再赘述。简单来说，Serverless 云函数是一种无服务器的开发模式，允许在没有服务器的情况下快速产出接口。

> 💬 提示　云函数的开发语言首选 Node.js。前端开发者可能不懂服务器，但多多少少懂一点 Node.js，因此可以快速上手 API 开发。

在开始开发之前，首先要选择云厂商。目前国内规模较大的云厂商为阿里云和腾讯云。笔者实践的结论如下：腾讯云的云函数产品相对简单，扩展性不高；阿里云的云函数产品相对完善一些，但稍微复杂一些。综合考虑，本项目选择阿里云。

"Node.js + 阿里云的云函数"是本项目使用的接口开发方案。

11.2.1 注册阿里云，开通函数计算

阿里云的云函数产品名为函数计算 FC。如果读者没有使用过阿里云，那么首先要注册一个阿里云账号，然后进行实名认证。只有完成了这两步才可以开通函数计算。

1. 注册账号并认证

（1）进入阿里云官网，单击"注册"按钮，如图 11-7 所示。

图 11-7

阿里云支持支付宝扫码注册。这种方式最快捷，可以直接授权获取用户信息。通过支付宝扫码后会要求绑定手机号，用来接收验证码。注册成功之后会生成一个默认的用户名，此时账号就注册成功了。

（2）单击"快速实名认证"按钮，跳转到认证页面。认证有两种方式，分别是个人认证和企业认证，笔者选择的是个人认证。

（3）单击"开始认证"按钮，弹出提示框提示使用支付宝扫码认证。

扫码后在手机上同意授权即可快速完成认证。完成认证后在网页上单击个人头像即可进入账号中心，在"基本信息"栏中就可以看到认证结果。

2. 开通函数计算

函数计算是一款云产品，可以在顶部的"产品"菜单中找到，也可以直接搜索。

（1）在搜索框中输入"函数计算"就会出现"函数计算 FC"快捷导航，单击该导航即可进入函数计算产品页面，如图 11-8 所示。

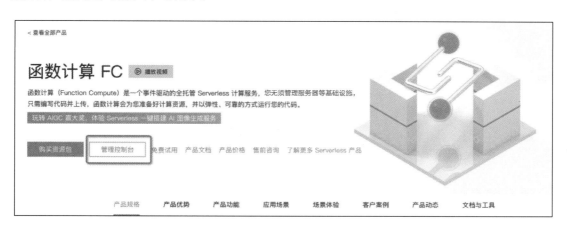

图 11-8

（2）单击"管理控制台"按钮即可进入函数计算的控制台面板。

控制台是用户的个人工作台，可以在这里管理和使用购买的云产品。首次开通函数计算的用户有试用资格，因此进入后页面会弹出试用提示。

> 📌 提示　函数计算是按量付费的服务，即用多少资源花多少钱，不用就不花钱，成本比自己购买服务器低得多。函数计算为新用户提供了 3 个月的免费试用期，领取使用即可。

（3）单击"领取试用套餐并开通"按钮，根据提示 0 元下单就可以领取 3 个月的试用套餐。

（4）再次进入控制台，此时会弹出提示框提示用户创建角色，根据引导创建一个默认的角色即可（用于授权）。至此，函数计算已经开通。

开通函数计算后就可以在控制台创建自己的云函数。先在云函数中编写 API 接口代码，再发布并使用。

11.2.2　创建服务，编写项目所需的云函数

在函数计算控制台可以看到左侧有很多菜单（见图 11-9）。"概览"菜单用来查看函数的使用统计信息；"服务及函数"是最常用的菜单，用来创建和管理云函数。

服务可以被看作函数的一个分组：一个服务包含一个或多个函数，同一个服务下的所有函数共享一些相同的设置。因此，在创建函数前，需要先创建一个服务。

图 11-9

（1）单击图 11-9 中的"创建服务"按钮，在弹出的对话框中输入以下信息。

- 服务名称：blog-server。
- 服务描述：仿掘金博客服务。
- 日志功能：禁用（启用后可以记录函数调用结果，会产生费用）。

单击"确认"按钮创建服务，之后可以看到该服务下的函数列表。默认在服务下没有函数，如图 11-10 所示。

图 11-10

（2）单击"创建函数"按钮，创建第一个函数，页面如图 11-11 所示。

创建函数的选项比较多，最终输入的每个选项的值如下。

- 创建函数的方式：自定义运行时。
- 函数名称：blog-fun。

图 11-11

- 请求处理程序类型：处理 HTTP 请求。
- 运行环境：Node.js 16。
- 代码上传方式：使用示例代码。
- 启动命令：npm run start。
- 监听端口：9000。

以上 7 个选项都是必填项，其他选项使用默认值即可。

> **提示**　运行环境选择 Node.js，目的是让函数在 Node.js 环境下运行。为了保持环境一致，可以统一使用 Node.js 16。

函数创建方式为什么要选择自定义运行时呢？理解这个问题非常重要。运行时的作用是设置函数如何运行，常用的两个选项为内置运行时和自定义运行时。

如果选择内置运行时，就相当于定义了一个由 Node.js 直接处理的函数，该函数接收请求和响应两个参数，用户可以直接在函数内编写业务逻辑，并返回 HTTP 响应。这是真正意义上的云函数。

但是选择内置运行时有两方面问题。

- 单个函数不适合处理复杂逻辑，只适用于简单功能。
- Node.js 使用流处理 HTTP 响应，对于开发者来说不够友好。

如果选择自定义运行时，就允许使用更成熟的 Node.js 框架来编写代码，只需要提供一个框架的启动命令即可。以 Express 框架为例，它比单个函数更适合编写复杂的业务功能，并且处理请求和响应更简单，更适合开发 API 接口。

上面创建的 blog-fun 函数从本质上来说就是使用 Express 框架创建了一个 Node.js 应用，该应用通过 npm run start 命令启动，并监听 9000 端口。

💡 提示　理解自定义运行时很重要。云函数并不一定是函数，通过自定义运行时可以使其变成框架、脚本或其他形式，因此用户才能使用 Express 框架来开发云函数。

（3）函数创建后，使用在线编辑器打开函数代码，页面如图 11-12 所示。

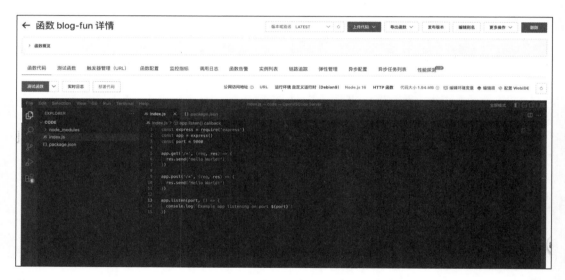

图 11-12

可以看到，这是一组标准的 Node.js 代码。在 index.js 文件中引用了 Express 框架，并且定义了简单的 GET 请求和 POST 请求。

（4）编辑函数代码，将 GET 方法的响应数据修改为如下形式：

```
const express = require('express')
const app = express()
const port = 9000

app.get('/*', (req, res) => {
  res.send({
    code: 202,
message: '[GET]欢迎使用云函数',
```

```
  })
})

app.listen(port, () => {
  console.log(`函数启动并监听${port}端口`)
})
```

保存后单击"部署代码"按钮，云函数代码会立即更新。

（5）测试云函数接口，并查看接口返回结果。

测试云函数有两种方式：一是单击"测试函数"按钮，对该函数发起请求并显示响应结果；二是获取函数的 URL 地址，手动发起请求。

单击"触发器管理（URL）"选项卡即可看到函数的 URL 地址，如图 11-13 所示。

图 11-13

⚫提示　上述地址不可以在浏览器中直接打开，可以用接口测试工具（如 Postman）测试。

在 Postman 中使用 GET 方法请求函数的 URL 地址，结果如图 11-14 所示。

图 11-14

可以看到，接口测试结果和代码中定义的一致。后续可以继续在线编辑代码，保存后单击"部署代码"按钮，这样接口就可以快速更新。

（6）先使用 Express 框架在本地开发接口，再上传到云函数中。

为了方便调试和节约流量，大部分人会选择本地开发，开发完成后将代码部署到云函数中。也可以使用 Express 框架在本地创建项目，开发调试，需要发布时再将代码上传部署。

函数详情页提供了"上传代码"按钮，如图 11-15 所示。

图 11-15

11.3　API 开发基础——Express 框架的使用

11.2 节基于 Express 框架创建了云函数，编写了简单的接口并进行了测试。可以看出，创建的云函数从本质上来说就是一个基于 Express 框架搭建的项目，因此接口功能都要基于 Express 框架来开发，开发完成后将代码部署到云函数中。

所以，开发云函数实际上就是在使用 Express 框架编写接口。这就要求用户先学会 Express 框架的使用。

Express 是老牌的 Node.js 框架，以简单和轻量著称，只需要几行代码就可以启动 Web 服务器。Express 框架使用标准的 Node.js 语法，主要由以下 3 个核心部分组成。

- 路由。
- 中间件。
- 错误处理。

下面从介绍基本结构开始，逐步进入核心部分。

11.3.1　Express 框架的基本结构

Express 框架的基本结构很简单，只需要使用 3 行代码就可以将应用运行起来。

（1）在本地创建一个项目文件夹，新建文件 index.js 并写入下面 3 行代码。

```
const express = require('express')
const app = express()

app.listen(9000, () => console.log('启动成功'))
```

（2）在终端使用命令 node ./index.js 启动项目，控制台会输出"启动成功"。可以使用 npm init 命令生成 package.json 文件并创建快捷命令，代码如下：

```
{
  "scripts": {
    "start": "node ./index.js"
  }
}
```

现在可以用 npm run start 命令代替 node ./index.js 命令启动项目。如果读者观察得够仔细，就会发现该命令和在创建云函数 blog-fun 时配置的启动命令一样，因为云函数也是通过 npm run start 命令启动的。

在本地项目中运行 npm run start 命令存在一个弊端——代码修改后不会立即生效，需要重新启动项目才行。为了提高效率，一般会使用一个名为 pm2 的进程管理器管理 Node.js 项目。

（3）全局安装 pm2 模块，代码如下：

```
$ npm install -g pm2
```

（4）在项目目录下创建 pm2 模块的配置文件 ecosystem.config.js，代码如下：

```
module.exports = {
  apps: [{
    name: 'alifc-blog',
    script: './index.js',
  }],
}
```

上述配置中定义了应用名称和入口文件，使用 pm2 模块启动项目时会读取该配置。

（5）在项目目录下执行以下命令启动项目：

```
$ pm2 start --watch
```

上述命令中的 --watch 选项表示监听文件修改，在监听到修改时会自动重启项目，此时修改后的代码才会立即生效。

> 📌 提示　pm2 模块有以下两条常用命令。
> · $ pm2 list：查看应用列表。
> · $ pm2 logs：查看日志输出。

应用启动成功后会监听 9000 端口，但访问"http://localhost:9000"会发现没有反应，这是因为没有设置如何处理请求。Express 框架通过定义路由来处理请求。

11.3.2　使用路由创建 API 接口

路由用于定义如何处理请求，在定义时可以采用以下结构：

```
app.METHOD(PATH, HANDLER)
```

其中，app 表示 Express 框架的实例，其余的 3 个部分都属于路由配置，表示的含义如下。

- METHOD：路由方法。
- PATH：路由地址。
- HANDLER：路由处理函数。

下面列举一个简单的路由例子，代码如下：

```
app.get('/', (req, res) => {
  res.send('Hello World')
})
```

上述代码使用 app.get()定义了一个 GET 请求的路由，第 1 个参数是路由地址；第 2 个参数是路由处理函数，并且是一个回调函数，该函数接收两个参数分别表示请求和响应。当路由方法和路由地址匹配到用户请求时，就会执行路由处理函数。

Express 框架支持的 5 个路由方法如下。

- app.get()：GET 请求。
- app.post()：POST 请求。
- app.put()：PUT 请求。
- app.delete()：DELETE 请求。
- app.all()：匹配所有请求。

以上 5 个方法的参数都与例子中的一致。在定义好路由之后，可以在路由处理函数中编写业务代码，包括接收请求参数、返回接口响应等，主要用到路由处理函数的两个参数，即请求对象和响应对象。

1. 请求对象

路由处理函数的第 1 个参数表示请求对象，包含客户端请求携带的相关数据，常用的属性包括如下几个。

- req.query：URL 附加参数。
- req.body：请求体参数。

- req.method：请求方法。
- req.headers：请求头对象。
- req.params：URL 地址参数。

在实际代码中获取请求对象，查看这几个属性的值是什么。

（1）定义一个路由，返回请求对象的常用属性：

```
app.post('/first/:id', (req, res) => {
  let { method, query, body, params, headers } = req
  res.send({ method, query, body, params, headers })
})
```

（2）在 Postman 中请求地址 http://localhost:9000/first/8?tag=test，并传入请求体参数 {data: "xxx"}。可以看到，请求结果如图 11-16 所示。

图 11-16

对照请求参数和返回结果，可以发现路由地址中的占位符:id 解析后被放到 req.params 对象下；地址参数?tag=test 解析后被放到 req.query 对象下。但是，req.body 没有解析出来。

这是因为 Node.js 中的请求体是以流的方式处理的，Express 框架无法直接获取到，需要借助第三方工具包 body-parser 来获取请求体参数。

（3）安装 body-parser，代码如下：

```
$ yarn add body-parser
```

（4）在 index.js 文件中引入并加载 body-parser，代码如下：

```
const bodyParser = require('body-parser')
app.use(bodyParser.json())
```

（5）重新请求，可以看到 req.body 对象的返回结果，如图 11-17 所示。

图 11-17

2．响应对象

路由处理函数的第 2 个参数表示响应对象，用于向客户端返回结果，也就是定义接口的返回值。路由处理函数中必须设置响应，否则客户端请求会一直处于挂起状态。

常用的响应方法有以下 3 个，用于返回不同类型的数据。

- res.json()：发送 JSON 响应。
- res.render()：发送视图响应（HTML）。
- res.send()：发送各种类型的响应。

可以统一使用 res.send() 方法响应数据。一般在响应前还可以通过 res.status() 方法设置 HTTP 状态码，示例如下：

```
res.send('哈哈')                      // 状态码：200，返回值：'哈哈'

res.status(201).send({
  msg: 'created',
})                                    // 状态码：201，返回值：{msg:'created'}

res.status(401).send('请登录')        // 状态码：401，返回值：'请登录'
```

如果响应之后不想执行后面的代码，那么可以在响应方法前加上关键字 return。

💬 提示　在发送响应时也常常会遇到问题，以下两条原则应牢记，避免踩坑。

- 一个路由处理函数中只能响应一次，不能重复响应。
- **res.send()方法不能直接返回数字。**

3. 分组路由

使用 app 实例注册路由固然方便，但是如果定义的路由很多，那么很可能会带来全局污染，这与全局变量的道理相同。为了提高应用的健壮性，应该将路由分组。

Express 框架提供的 Router 类用来创建模块化的路由程序，该类像一个微应用，可以随时被 app 实例挂载。这样就可以把一组路由保存在一个单独的文件中，需要时加载，从而实现路由的分组。

（1）先创建一个 router 文件夹用于保存路由文件，再创建 router/test.js 路由文件，并在该文件中写入路由代码：

```
var express = require('express')
var router = express.Router()

router.post('/info', (req, res) => {
  res.send('TEST 路由组')
})
module.exports = router
```

这样简单的几行代码就把一个基本的路由模块写好了。要让其生效，还需要在主程序中加载该模块。

（2）在入口文件中导入路由模块，并指定"/test"路径加载该模块：

```
const testRouter = require('./router/test.js')
app.use('/test', testRouter)
```

这样就可以访问路由模块中定义的路由了，可以通过以下地址访问：

```
http://localhost:9000/test/info
# 返回'TEST 路由组'
```

为了使开发规范，需要统一把路由定义在路由模块中，避免直接在 app 实例下注册。

11.3.3　理解中间件，搞懂框架的原理

Express 应用是由一系列中间件构成的。虽然中间件是一个"听着很玄乎"的词，但它其实一点都不复杂。下面引入一个中间件代码示例：

```
var myLogger = function (req, res, next) {
  console.log('LOGGED')
```

```
    next()
  }
```

上述代码定义了一个名为 myLogger 的函数，该函数就是一个简单的中间件——中间件从本质上来说就是一个函数。

与普通函数有所不同：中间件共有 3 个参数，分别表示请求对象（req）、响应对象（res）和 next()函数。路由处理函数也采用这样的结构，这是因为路由处理函数本身也是一个中间件。

（1）任何中间件都需要挂载到应用上才能生效。可以使用 app.use()方法挂载中间件：

```
app.use(myLogger)
```

读者是不是很熟悉上述代码？因为加载请求体解析包 body-parser 时也使用了 app.use()方法，这说明该包也是一个中间件。

直接使用 app.use()方法挂载中间件，在应用收到任何请求时该中间件都会执行。如果要限定中间件的执行条件，那么可以添加路径进行匹配。

（2）为 app.use()方法的第 1 个参数传入路径，第 2 个参数传入中间件：

```
app.use('/test/*', myLogger)
```

这样，只有以/test 开头的请求才会匹配执行 myLogger 中间件，这看起来与路由注册很相似。其实，注册路由的本质就是挂载中间件，只不过是添加了请求路径和请求方法的限制。

在 Express 框架中一切皆是中间件。路由是中间件，大多数第三方模块也是中间件。

（3）一个 Express 应用中会有多个中间件，并且按照匹配顺序依次调用。此时中间件的第 3 个参数（next()方法）就能派上用场了。

next()方法的作用是进入下一个中间件。例如，在将代码中的 myLogger 中间件挂载到所有路由上之前，每次请求都会执行并打印出"LOGGED"。因为 myLogger 中间件内部调用了 next()方法，所以请求才会进入后面的路由中间件。

如果在 myLogger 中间件内部没有调用 next()方法，那么请求会被堵在这里，无法进入路由中间件，此时请求就会被挂起。

11.3.4 统一错误处理，提升应用的健壮性

既然 Express 框架中一切皆是中间件，那么错误处理自然也是一个中间件。Express 框架支持在应用中定义错误处理中间件用于捕获异常。与其他中间件不同的是，错误处理中间件多了一个 err 参数（表示错误信息），代码如下：

```
app.use((err, req, res, next) => {
  console.error(err.stack)
```

```
  res.status(500).send('服务器出错了!')
})
```

当应用发生异常时，该错误处理中间件会自动执行并捕获到错误信息，此时要设置 HTTP 状态码为 500，并根据错误信息向客户端返回错误响应。

如果请求进入错误处理中间件，就说明前面的所有中间件都没有匹配到。但如果因为客户端请求地址未匹配而进入错误处理中间件，那么此时返回 500 错误显然不合理，返回的应该是 404 错误（资源未找到）。

> 📢提示　错误处理中间件是一个"兜底"中间件，请确保它定义在所有中间件之后，是应用中的最后一个中间件。

在错误处理中间件之前，还应该定义一个 404 中间件。该中间件要在"所有路由之后，错误处理之前"，是应用的倒数第二个中间件，代码如下：

```
app.use((req, res, next) => {
  res.status(404).send('Not Found')
})
```

有了这两个中间件"兜底"，整个应用的健壮性就强多了。

11.4　API 开发基础——数据库操作

Express 框架的基本用法搞定之后，还有另一个绕不开的环节，即数据库操作。前端几乎不会与数据库打交道，因此读者需要仔细阅读本节，着重理解。

但是读者也不必担心，本项目使用的数据库是 MongoDB，笔者会采用纯前端的方式介绍如何使用数据库，就像在操作一个普通的 JSON 对象一样。

> 📢提示　在函数计算中可以使用其他云产品，最佳搭配是 MongoDB 版的云数据库。当然，用户也可以自己搭建数据库服务，它们的使用方法都是一样的。

本章不介绍如何搭建 MongoDB，只介绍其基础操作，以及如何在 Express 框架中使用。MongoDB 的版本比较多，下面的介绍和案例都是基于 5.0 版本展开的。

11.4.1　MongoDB 的基本概念

提到数据库，大家听得最多的就是后端广泛应用的 MySQL。在公司中经常听到员工在聊设计表结构、编写 SQL 语句等，因为 MySQL 是关系型数据库，数据操作需要使用 SQL 语句，这对前端开发者来说确实有一定的难度。

MongoDB 是文档型数据库，没有关系型数据库中的数据表、SQL 语句等，而是一个灵活的存储 JSON 数据的大仓库。对于前端开发者来说，操作数据只是调用一些 MongoDB 内置的方法，就像是使用 JavaScript 函数一样，因此可以从 JavaScript 的角度理解 MongoDB。

MongoDB 中有以下 3 个基本概念。

- 数据库（Database）：一个存储集合的仓库。MongoDB 允许创建多个数据库，数据库之间互相隔离。
- 集合（Collection）：一个数据库可以有多个集合，可以把集合看作一个数组，存储一类数据。
- 文档（Document）：一个集合可以存储多个文档，可以把文档看作一个普通对象，文档就是数据。

文档是 MongoDB 中的数据。操作数据库就是在集合间检索和修改文档。文档就是一个普通的 JSON 对象。

11.4.2　实现增、查、改、删操作

假设有一个名为 testdb 的数据库，并且该数据库中有一个用来存储日志的 logs 集合，下面介绍如何在 logs 集合中实现数据的增、查、改、删。"增、查、改、删"是前端开发者常用的一种简称，对应关系如下：增——插入文档，查——查询文档，改——更新文档，删——删除文档。

1. 插入文档

MongoDB 使用 insertOne()方法向集合中插入文档，示例如下：

```
testdb.logs.insertOne({
  title: '登录操作',
  content: '用户使用微信登录',
})
```

当然，MongoDB 也支持使用 insertMany()方法批量插入文档，示例如下：

```
testdb.logs.insertMany([
  {
    title: '登录操作',
    content: '用户使用微信登录',
  },
])
```

insertMany()方法的参数是一个文档数组。

在文档插入成功之后，MongoDB 会为每个文档自动添加一个_id 字段，该字段的值是使用

ObjectId()方法生成的一个全局唯一的字符串，这样每个文档就有了唯一标识，以便后期检索。插入
_id 字段后的文档如下：

```
{
  _id: '507f191e810c19729de860ea'
  title: '登录操作',
  content: '用户使用微信登录',
}
```

2. 查询文档

查询文档主要使用 find()方法，该方法的参数是一个对象，可以传入任意筛选条件。例如，可以
根据_id 字段查到上一步添加的文档，代码如下：

```
testdb.logs.find({
  _id: ObjectId('507f191e810c19729de860ea'),
})
```

> 📖 提示　如果涉及对_id 字段的查询和修改，就必须使用 ObjectId()方法将其包裹，直接使用字符
> 串是匹配不到的。_id 字段是文档的唯一标识，下面使用 ID 来表示当前集合的_id 字段。

在默认情况下，查询条件都是等于操作。如果要执行非等于操作，就需要使用操作符。例如，要
查询集合中 title 字段包含"登录"两个字的文档，则查询方法如下：

```
testdb.logs.find({
  title: {
    { $regex: /登录/ }
  },
})
```

在上述代码中，$regex 是一个操作符，表示用正则表达式匹配 title 字段。

MongoDB 提供了非常多的查询操作符，常用的查询操作符如表 11-1 所示。

表 11-1　MongoDB 中常用的查询操作符

操　作　符	说　　明	操　作　符	说　　明
$eq	等于	$not	取反
$ne	不等于	$or	或运算
$gt	大于	$exists	字段是否存在
$gte	大于或等于	$regex	正则表达式
$lt	小于	$size	数组长度
$lte	小于或等于	—	—

查询返回数组使用 find()方法。如果想查询符合条件的一个文档，请使用 findOne()方法。

3. 更新文档

更新文档主要使用 updateOne()方法实现，该方法有两个参数，分别是过滤参数和更新操作符对象。假设要根据 ID 找到某个文档并更新 content 字段，则使用如下方法：

```
testdb.logs.updateOne(
  { _id: ObjectId('507f191e810c19729de860ea') },
  {
    $set: { content: '用户使用支付宝登录' },
  }
)
```

在上述代码中，必须使用$set 操作符来更新字段，不可以直接传入要更新的字段。MongoDB 也提供了很多操作符用于更新文档，常见的更新操作符如下。

- $set：批量设置字段。
- $currentDate：为字段设置当前时间。
- $unset：批量删除字段。

> 📌 提示　更新文档也支持批量更新，只需要把 updateOne()方法替换成 updateMany()方法即可。这两个方法接收的参数是一致的，只是更新逻辑不一致。前者只会更新匹配到的第一个文档，后者会更新匹配到的所有文档。

4. 删除文档

删除文档可以使用 deleteOne()方法和 deleteMany()方法，这两个方法分别表示删除一个文档和删除批量参数文档。两个方法都接收一个过滤参数，并且与查询文档的过滤规则一致。

下面的代码用来删除所有 title 字段的值不为空的文档：

```
testdb.logs.deleteMany({
  title: { $ne: '' },
})
```

11.4.3　高级查询——聚合管道

使用 find()方法可以在一个集合中查询数据。如果有更复杂的查询需求（如多集合关联查询，以及一些数据处理筛选的操作），find()方法就无能为力了，此时需要使用 MongoDB 的高级查询功能——聚合管道。

聚合管道，顾名思义，用于定义一批处理数据的管道，从第一个管道开始接收原始数据并做处理，然后将处理结果传给下一个管道，经过多个管道层层处理后返回最终的结果。

聚合管道使用 aggregate()方法实现，该方法的参数是一个数组，每个数组项代表一个聚合管道，代码如下：

```
testdb.logs.aggregate([
  { $match: { title: 'xxx' } },        // 第 1 个管道：筛选数据
  { $project: { title: 0 } },          // 第 2 个管道：隐藏不需要的字段
])
```

每个管道有且只有一个管道阶段，不同的管道阶段执行不同的操作，如上述代码中的$match 和 $project 就表示管道阶段。

MongoDB 提供了许多高级的管道阶段用来应对各种各样的查询需求，常用的管道阶段如表 11-2 所示。

表 11-2　MongoDB 中常用的管道阶段

阶　　段	说　　明	阶　　段	说　　明
$match	筛选数据	$lookup	集合关联查询
$group	分组查询	$sort	列表排序
$project	控制字段的显示/隐藏	$limit	限制返回条数
$addFields	添加字段	$facet	重组数据格式

聚合管道的各个管道阶段单独介绍不好理解，后面在实际开发接口时用到某个管道阶段，再结合实际情况展开介绍。

11.4.4　使用 mongoose 操作数据库

在了解了 MongoDB 的基本概念及用法之后，就可以在 Express 框架中接入并使用 MongoDB。

为了更优雅地在 Node.js 环境下操作 MongoDB，还需要一个好用的第三方包 mongoose。下面先安装 mongoose：

```
$ yarn add mongoose
```

接下来在项目中使用 mongoose 提供的 API 实现一系列数据库相关的操作。

1．连接数据库

假设已有可用的 MongoDB 数据库服务，先创建一个名为 juejin_blogs 的数据库，再创建连接该数据库的用户名和密码。

- 数据库地址（IP 地址+端口）：127.0.0.1:11027。
- 数据库名称：juejin_blogs。
- 数据库用户名：ruidoc。

- 数据库密码：z7h47suy5h8e。

> 📢 提示　在创建数据库用户时需要指定用户角色，并且角色必须是 dbOwner，否则后面可能会遇到权限级别不够的问题。

（1）创建 config/mongo.js 文件，编写一个连接数据库的中间件，代码如下：

```
const mongoose = require('mongoose')
const connect = (req, res, next) => {
  mongoose
    .connect('mongodb://127.0.0.1:11027/juejin_blogs', {
      user: 'ruidoc',
      pass: 'z7h47suy5h8e',
    })
    .then(() => {
      console.log('数据库连接成功')
      next()
    })
    .catch(err => {
      console.log('数据库连接失败：', err)
      res.status(500).send({
        message: '数据库连接失败',
      })
    })
}
module.exports = connect
```

在上述代码中，mongodb://127.0.0.1:11027/juejin_blogs 是数据库的连接地址，这个地址由"mongodb://"协议+ IP 地址+端口+数据库名称组成。

若连接成功，则进入下一个中间件；若连接失败，则直接响应 500 错误。

（2）在入口文件 index.js 中加载连接数据库的中间件：

```
const mongoInit = require('./config/mongo')
app.use(mongoInit)
```

此时重新启动程序，控制台会打印出"数据库连接成功"。

2. 规范文档结构

在数据库连接成功之后，创建集合和文档完全由程序控制，MongoDB 不会限制文档的格式。这种高度的灵活性既有好处，也有弊端——可能会添加不规范的数据。

为了规范文档的数据格式，mongoose 提供了 Schema 的概念。Schema 的作用是提前设定某个集合中文档的格式（文档有哪些字段及对字段的约束），与使用 TypeScript 定义 interface 类似。

这里还是以一个存储日志的集合为例，介绍如何用 Schema 规范文档。

（1）使用 Schema 定义文档结构，代码如下：

```
const mongoose = require('mongoose')
const logsSchema = new mongoose.Schema({
  title: String,
  content: {
    type: String,
    required: true
  }
  date: {
    type: Date,
    default: Date.now
  },
})
```

在上述代码中，定义的文档共有 3 个字段，各个字段的含义及约束条件如下。

- title：日志标题，类型是字符串。
- content：日志内容，类型是字符串，必填。
- date：创建时间，默认为当前时间。

字段的值可以是类型（如 String），也可以是一个对象，对象中包含多个约束条件。Schema 支持的常用的约束条件及含义如表 11-3 所示。

表 11-3　Schema 支持的常用的约束条件及含义

操　作　符	说　　　明
type	字段类型，包括 String、Number、Date、Boolean 和 Array 等常见类型
required	字段是否必填，值为 true 或 false
default	字段默认值，设置后字段会自动创建
unique	字段的值是否唯一，设置后多个文档的字段的值不能重复
enum	给定一个数组，验证字段的值是否在数组中
validate	函数，自定义验证字段是否满足要求

（2）创建一个日志集合的 Model 模型（mongoose 提供的用于操作集合的类），指定集合名称为 logs，并使用该 Schema 约束集合，代码如下：

```
const LogsModel = mongoose.model('logs', logsSchema)
```

之后就可以使用 LogsModel 来操作 logs 集合。在集合中添加文档时，Schema 会验证传入的数据是否符合约束条件，若不符合则拒绝添加，这样就能保证集合中数据的可靠性。

3. 操作文档

文档的增、查、改、删操作都是基于上一步创建的 Model 模型实现的。Model 模型提供了与
MongoDB 一样的数据操作方法，并且有一些优化的快捷方法可供使用。

下面使用 LogsModel 来操作 logs 集合。

（1）使用 create()方法插入新文档，示例如下：

```
const insert = async data => {
  let res = await LogsModel.create(data)
  console.log(res)                          // 返回插入后的文档
}
```

在 MongoDB 中插入文档使用 insertOne()方法和 insertMany()方法，mongoose 将这两个
方法合并为 model.create()方法，并且支持插入单个文档和批量插入文档。

（2）使用 find()方法和 findOne()方法可以查询文档，示例如下：

```
const getLogs = async () => {
  let res = await LogsModel.find({
    _id: ObjectId('507f191e810c19729de860ea'),
  })
  return res
}
```

上述代码使用 ObjectId()方法将_id 字段的值包裹起来，这与 MongoDB 中的逻辑一致。但是
Node.js 中并没有提供这个方法，所以要自己实现并定义在全局对象 global 下：

```
const { Types } = require('mongoose')
global.ObjectId = id => new Types.ObjectId(id)
```

（3）使用 aggregate()方法聚合管道，这与 MongoDB 的操作完全一致。

（4）使用 updateOne()方法和 updateMany()方法可以更新文档，不过可以免去使用$set 操作
符直接更新数据，示例如下：

```
const updateLogs = async () => {
  let res = await LogsModel.updateMany(
    { _id: ObjectId('507f191e810c19729de860ea') },
    { content: '用户使用支付宝登录' }
  )
}
```

对于上面根据 ID 查询文档并更新的场景，mongoose 还提供了一个快捷方法，其参数 ID 不需

要使用 ObjectId()方法包裹，操作更方便一些，代码如下：

```
let id = '507f191e810c19729de860ea'
let res = await LogsModel.findByIdAndUpdate(id, {
  content: '用户使用支付宝登录',
})
```

（5）对于根据 ID 删除对应文档的场景，mongoose 也提供了一个快捷方法：

```
let id = '507f191e810c19729de860ea'
let res = await LogsModel.findByIdAndDelete(id)
if (res) {
  console.log('删除成功')
}
```

11.5　本章小结

本章主要介绍了项目需求分析和 API 开发的基础知识。本章首先说明了为什么要使用 Serverless 云开发，然后注册并开通了阿里云的函数计算，编写了第一个云函数。在创建云函数并选择自定义运行时的时候，可以将 Express 框架作为云函数的基础代码。

本章还基于 Express 框架介绍了 API 开发的基础知识（这部分内容是本章的重点），主要包括 Express 框架的使用和 MongoDB 的操作。只有了解了这些基础知识才能进入后面的业务开发环节。

第 12 章
后端 API 接口开发与部署

第 11 章介绍了项目需求分析、云开发基础知识和 API 开发基础知识，项目实战的准备工作已经完成。如果读者还未掌握 API 开发基础知识，请继续阅读第 11 章。

笔者按照需求将 API 开发任务分为如下 5 个部分。

（1）开发用户管理接口。

（2）开发文章管理接口

（3）开发沸点管理接口。

（4）开发消息与关注接口。

（5）项目完善与部署。

前 4 个部分是业务接口功能开发，最后一个部分根据整体流程完善并部署项目。

12.1　开发用户管理接口

第 11 章开通了函数计算，并且介绍了 Express 框架的使用及数据库操作，下面正式开始编写第 1 组接口，即用户管理接口。

在编写接口之前需要先创建一个用户集合用来存储数据，并设计好集合需要的字段，再用 mongoose 编写集合对应的 Model 模型以供 Node.js 操作，步骤如下。

（1）参照掘金用户中心设定用户文档需要的字段，如表 12-1 所示。

表 12-1 用户文档需要的字段

字 段	说 明	字 段	说 明
_id	用户 ID	company	公司
phone	手机号，必填	introduc	个人介绍
username	用户名，必填	jue_power	掘力值
password	密码，必填	good_num	获赞数量
avatar	头像	read_num	阅读数量
position	职位	—	—

（2）将表 12-1 中的字段编写为 Model 模型。创建 model/users.js 文件，编写用户集合的 Schema 和 Model 模型并导出，代码如下：

```
const mongoose = require('mongoose')
const usersSchema = new mongoose.Schema({
  phone: { type: String, required: true, unique: true },
  username: { type: String, required: true },
  password: { type: String, required: true },
  avatar: { type: String, default: 'http://xxx.png' },
  introduc: { type: String, required: true},
  position: { type: String, default: '' },
  company: { type: String, default: '' },
  jue_power: { type: Number, default: 0 },
  good_num: { type: Number, default: 0 },
  read_num: { type: Number, default: 0 },
})
const Model = mongoose.model('users', usersSchema)
module.exports = Model
```

第 11 章已经介绍了 Schema 和 Model 模型，此处不再赘述。需要注意的是，字段_id 是 MongoDB 自动生成的唯一 ID，因此不需要在 Schema 中定义。

（3）创建路由文件 router/users.js，并导入用户集合 Model 模型：

```
var express = require('express')
var router = express.Router()
var UsersModel = require('../model/users')
router.get('/', (req, res) => {
  res.send('用户管理 API')
})
module.exports = router
```

（4）注册路由，使其可以通过 API 访问。

每个路由都需要注册才能生效，因此新建一个 config/router.js 文件专门用于注册路由。添加以下代码注册用户路由：

```
const userRouter = require('./router/users.js')
const router = app => {
  app.use('/users', userRouter)
}
module.exports = router;
```

（5）在入口文件 index.js 中挂载路由，让所有注册生效：

```
const routerInit = require('./config/router')
routerInit(app)
```

12.1.1 用户注册接口

用户注册就是在 users 集合中添加数据，我们要做的就是编写路由、接收提交数据并写入集合中。在这个过程中需要注意两件事：一是用户密码要加密，二是要做错误处理。用户注册接口的详细步骤如下。

（1）创建一个地址为 "/create"、方法为 POST 的路由，代码如下：

```
var UsersModel = require('../model/users')
router.post('/create', async (req, res) => {
  let body = req.body
  try {
    ...
  } catch (err) {}
})
```

上面的代码使用 req.body 获取客户端传来的请求体参数，并且加上 try...catch 捕获错误。因为路由代码中使用了 async/await 语法，所以必须要有错误捕获，以防止接口崩溃。

（2）编写密码加密函数，验证并加密密码。

密码不能明文写入数据库中，一般需要对其进行加密，所以要引入一个加密的工具函数。加密需要 Node.js 内置包 crypto，无须安装即可直接使用该包。

创建文件 utils/crypto.js，并在该文件中编写加密函数，代码如下：

```
const crypto = require('crypto')
// 密钥
const SECRET_KEY = 'my_custom_8848'    // 自定义密钥
// MD5 加密
```

```
function md5(content) {
  let md5 = crypto.createHash('md5')
  return md5.update(content).digest('hex')  // 把输出编成十六进制的格式
}
// 加密函数
function encrypt(password) {
  const str = `password=${password}&key=${SECRET_KEY}`
  return md5(str)
}
module.exports = encrypt
```

在路由中引入加密函数，需要先校验密码长度，验证通过后对密码加密：

```
var encrypt = require('../utils/crypto')
if (!body.password || body.password.length < 6) {
  return res.status(400).send({ message: '密码必传且长度不小于 6 位' })
}
body.password = encrypt(body.password)
```

（3）调用 create() 方法，将请求体数据写入集合中：

```
let result = await UsersModel.create(body)
res.send(result)
```

（4）添加异常处理，执行出错时返回异常。

向集合中写入数据会触发 Schema 的参数验证，验证不通过时会抛出 ValidationError 类型的错误，并且被 catch 捕获到。因此，要在 catch 中处理异常并向客户端返回。

参数错误的 HTTP 状态码是 400，其他情况的 HTTP 状态码是 500。可以先在 catch 中通过 err.name 判断是否是参数异常，并返回正确的状态码和错误信息：

```
try {
  ...
} catch (err) {
  let code = err.name == 'ValidationError' ? 400 : 500
  let { name, message } = err
  res.status(code).send({
    name, message,
  })
}
```

> 📢 提示　后面所有接口的 catch 部分都是这样处理的，因此下面不再展示该处的代码。

用户注册接口已经完成，更详细的代码请参考本书的配套资源。

（5）在 Postman 中测试并调用该接口，执行结果如图 12-1 所示。

图 12-1

可以看到，接口状态码为 200，这说明执行成功，并且返回了注册成功的用户数据。用户数据中自动生成了_id 字段，它是全局唯一的值。password 字段也被加密；没有传入的字段（如 jue_power 等）是因为设置了默认值，所以它们也被自动创建。

12.1.2　用户登录接口

编写完用户注册接口，登录接口即可。用户集合中的手机号是唯一的，因此登录时用户在输入手机号和密码之后，就可以确定该用户在集合中是否存在。

（1）创建一个地址为"/login"、方法为 POST 的路由：

```
router.post('/login', async (req, res) => {
  let body = req.body
  try {
    if (!body.phone || !body.password) {
      return res.status(400).send({ message: '请输入手机号和密码' })
    }
    let { phone, password } = body
    password = encrypt(password)
  } catch (err) { ... }
})
```

上述代码要求必须传入 phone（手机号）和 password（密码）两个参数，若不传则返回参数错误。因为要与数据库中的值匹配，所以也要对 password 参数加密。

（2）使用 model.findOne()方法查询单条数据，并根据返回结果判断是否登录成功：

```
let result = await UsersModel.findOne({ phone, password })
if (result) {
  res.send({
    code: 200, data: result,
  })
} else {
  res.send({
    code: 20001,
    message: '用户名或密码错误',
  })
}
```

在上述代码中，使用 findOne()方法传入参数之后会在用户集合中根据 phone 和 password 两个字段过滤数据。如果有返回值，就表示找到了用户（即登录成功），向客户端返回 code=200 和用户数据；如果没有找到，就说明手机号或密码错误，返回 code=20001 并提示错误信息。

（3）在 Postman 中测试接口，测试登录成功和登录失败的返回结果。

传入正确的用户名和密码，结果如图 12-2 所示。

图 12-2

换一个错误的密码再请求一次，结果如图 12-3 所示。

图 12-3

测试结果符合预期。当前端调用该接口时，就可以先根据返回的 code 值判断是否登录成功，然后进行后面的逻辑处理。

12.1.3　修改用户信息接口

在修改用户接口时，允许修改 username、position、avatar、company 和 introduc 5 个字段，绝对不允许修改 jue_power、good_num 和 read_num 这些字段，因此要做好参数验证。下面进行具体的开发。

（1）创建一个地址为 "/update/:id"、方法为 PUT 的路由：

```
router.put('/update/:id', async (req, res, next) => {
  let body = req.body
  let { id } = req.params
  try {
    ...
  } catch (err) {...}
})
```

上面的代码通过 req.params 获取地址参数中的 ID，该参数为更新条件；通过 req.body 获取请求体参数，这是实际要修改的数据。

（2）验证参数有效性，删除多余参数并判断参数是否为空：

```
let allow_keys = ['username', 'introduc', 'avatar', 'position', 'company']
Object.keys(body).forEach(key => {
  if (!allow_keys.includes(key)) {
    delete body[key]
  }
```

```
})
if (Object.keys(body).length == 0) {
  return res.status(400).send({
    message: '请传入要更新的数据',
  })
}
```

在变量 allow_keys 中定义了允许更新的字段，并且将请求体参数中的无效属性删除。若参数中没有有效字段，则设置 HTTP 状态码为 400 并返回错误信息。

（3）使用 model.findByIdAndUpdate()方法更新数据，并根据返回结果判断是否更新成功：

```
let result = await UsersModel.findByIdAndUpdate(id, body)
if (result) {
  res.send({ message: '更新成功' })
} else {
  res.status(400).send({ message: '更新失败，用户 ID 错误' })
}
```

在上面的代码中，若没有返回结果（result 为空），则表示根据 ID 没有查询到对应的数据，此时返回 400 错误。若在更新过程中发生异常，则执行 catch 的逻辑，返回标准错误。

> 📖 提示　在更新头像时，请传入一个在线图片地址。后面的所有图片字段都一样。
> 本项目不介绍文件上传功能，感兴趣的读者可以基于阿里云的 OSS 对象存储实现。

（4）在 Postman 中测试结果，并更新一个 position 字段，测试结果如图 12-4 所示。

图 12-4

再次调用登录接口，发现 position 字段已经更新。

12.1.4　更新掘力值、点赞量和阅读量

更新掘力值、点赞量和阅读量不需要单独编写一个接口，只需要在文章的操作接口完成后更新

即可。这 3 个字段的修改方式都是自增或自减，需要使用$inc 操作符实现。

$inc 操作符可以对多个数值字段进行增/减操作，值为正数是自增，值为负数是自减。假设作者的某篇文章被用户看到了，如果用户觉得不错就可能会点赞。

（1）如果用户点赞，那么作者的掘力值和点赞量分别自增 1，代码如下：

```
let user_id = 'xxx';  // 作者 ID
await UsersModel.findByIdAndUpdate(user_id, {
  $inc: { jue_power: 1, good_num: 1 },
})
```

（2）如果用户取消了点赞，那么作者的掘力值和点赞量分别自减 1，代码如下：

```
let user_id = 'xxx';  // 作者 ID
await UsersModel.findByIdAndUpdate(user_id, {
  $inc: { jue_power: -1, good_num: -1 },
})
```

通过这种方式，可以在文章发布/删除接口、文章点赞/取消点赞接口、文章评论/删除评论接口、文章详情接口等多个位置添加以上代码，实时更新用户的掘力值、点赞量和阅读量。这部分代码后面不再赘述，读者记得在对应的接口中添加即可。

12.2 开发文章管理接口

文章管理接口是博客系统最主要的接口，这组接口需要的字段和设计细节比较多，逻辑稍微复杂一些。像文章的标签、点赞、评论等数据，还需要多个集合关联操作。但是依然可以从基本的逻辑梳理开始，逐步实现这些功能。

（1）分析文章功能，设计文章需要的字段，如表 12-2 所示。

表 12-2　文章需要的字段

字　段	说　明	字　段	说　明
title	文章标题，必填	created_by	文章创建者，必填
intro	文章简介，必填	status	文章状态
content	文章内容，必填	tags	文章标签
page_view	文章浏览量	category	文章分类
created_at	文章创建时间	updated_at	文章更新时间

其中，created_by 字段存储的是用户 ID，是文章作者的标识。之后在查询文章信息时可以用

created_by 字段关联查询到的作者信息。status 字段表示文章状态，当值为 0（默认值）时表示未发布（即在草稿箱中），当值为 1 时表示已发布。

需要特别说明的是，tags 字段表示文章标签，存储的是标签 ID 的数组；category 字段表示文章分类，存储的是分类标识。因为分类数据很简单，所以直接在代码中定义一个静态数据即可。

（2）创建 config/static.js 文件，定义文章分类数据 categories 并导出，代码如下：

```
const categories = [
  { key: 'frontend', label: '前端' },
  { key: 'backend', label: '后端' },
  { key: 'android', label: 'Android' },
  { key: 'ios', label: 'iOS' },
  { key: 'ai', label: 'AI' },
  { key: 'tool', label: '开发工具' },
  { key: 'life', label: '代码人生' },
  { key: 'read', label: '阅读' },
]
module.exports = { categories }
```

该文章分类是参考掘金的文章分类设计的，共 8 个分类，可以在文章数据中绑定任意一个分类。

（3）创建 model/articles.js 文件，导入文章分类数据，根据表 12-2 中的字段编写文章 Model 模型并导出，详细代码请参考本书的配套资源。

除了表 12-2 中定义的字段，最重要的还有点赞和评论数据。点赞和评论不在文章集合中创建字段，而是分别创建点赞和评论的集合，在集合中与文章的 ID 关联绑定。当查询文章时，即可关联查询出文章对应的点赞和评论。

（4）新建路由文件 router/articles.js，并导入文章 Model 模型，代码如下：

```
var express = require('express')
var router = express.Router()
var ArtsModel = require('../model/articles')

router.all('/', (req, res) => {
  res.send('文章管理 API')
})
module.exports = router
```

（5）在 config/router.js 文件中注册文章路由，使其可以通过 API 访问，代码如下：

```
const artRouter = require("../router/articles.js");
const router = (app) => {
  ...
```

```
  app.use("/arts", artRouter);
};
```

12.2.1 创建与发布文章接口

创建接口比较简单，直接向文章集合中写入数据即可；发布接口从本质上来说是修改文档，将 status 字段的值从 0 改为 1 即可完成发布。

（1）新增创建文章路由，该路由的地址为"/create"、方法为 POST，代码如下：

```
router.post('/create', async (req, res, next) => {
  let body = req.body
  try {
    let result = await ArtsModel.create(body)
    res.send(result)
  } catch (err) {...}
})
```

创建接口比较简单，直接接收参数入库就可以，字段规则交由 mongoose 验证。model.create() 方法执行后会返回创建的数据。

（2）测试并调用该接口，结果如图 12-5 所示。

图 12-5

可以看到，文章创建成功并返回了创建后的数据。但 status 字段的值默认是 0，表示在草稿箱内，还需要发布文章。

（3）创建一个发布文章的路由，该路由的地址为"/publish"、方法为 POST，代码如下：

```
router.post('/publish/:id', async (req, res, next) => {
  let { id } = req.params
  try {
    let result = await ArtsModel.findByIdAndUpdate(id, { status: 1 })
if (result) {
  res.send({ message: '发布成功' })
} else {
  res.status(400).send({ message: '发布失败，文章 ID 错误' })
}
  } catch (err) {...}
})
```

使用 model.findByIdAndUpdate()方法更新字段，并且通过返回的结果判断是否发布成功，这样创建文章和发布文章的接口就写好了。

12.2.2　修改与删除文章接口

修改文章接口，允许修改文章标题、基本介绍、文章内容、分类和标签等基础字段，并且修改成功后要自动更新 updated_at 字段；删除文章则直接根据 ID 删除即可。

（1）新增修改文章路由，该路由的地址为"/update/:id"、方法为 PUT，代码如下：

```
router.put('/update/:id', async (req, res, next) => {
  let body = req.body
  let { id } = req.params
  try {
    let allow_keys = ['title', 'intro', 'content', 'category', 'tags']
    Object.keys(body).forEach(key => {
      if (!allow_keys.includes(key)) {
        delete body[key]
      }
    })
    body.updated_at = new Date()
    let result = await ArtsModel.findByIdAndUpdate(id, body)
if (result) {
  res.send({ message: '更新成功' })
} else {
  res.status(400).send({ message: '更新失败，文章 ID 错误' })
}
  } catch (err) {...}
})
```

更新文章与更新用户信息的逻辑基本上是一致的。在上面的代码中，先定义 allow_keys 变量指定允许更新的字段，再做无效参数过滤和参数非空验证，验证通过即可证明参数有效。

执行更新操作前还要自动更新 updated_at 字段，该字段表示更新时间，将其修改为当前时间。直接使用 JavaScript 的 new Date()方法获取当前时间，并为该字段赋值即可。

（2）新增删除文章路由，该路由的地址为 "/remove/:id"、方法为 DELETE，代码如下：

```
router.delete('/remove/:id', async (req, res, next) => {
  let { id } = req.params
  try {
    let result = await ArtsModel.findByIdAndDelete(id)
    if (result) {
      res.send({ message: '删除成功' })
    } else {
      res.status(400).send({ message: '文档未找到，删除失败' })
    }
  } catch (err) {...}
})
```

删除接口比较简单，根据 ID 删除即可。上述代码使用 model.findByIdAndDelete()方法删除文档，并根据返回结果判断是否删除成功。

12.2.3　文章的点赞和收藏接口

经过分析发现，文章的点赞和收藏需要存储的字段几乎是一样的，并且在掘金的消息中心有一个 "赞和收藏" 的消息列表，所以可以把点赞和收藏放在一个集合中，用一个 type 字段进行区分。

从扩展性的角度来看，沸点中也有点赞，而点赞的逻辑基本上都一样，所以也可以把沸点的点赞存储在这个集合中，并且用另一个字段进行区分。

（1）设计点赞和收藏文档需要的字段，详细信息如表 12-3 所示。

表 12-3　点赞和收藏文档需要的字段

字　　段	说　　明	字　　段	说　　明
target_id	目标，文章或沸点的 ID	type	类型，1 表示点赞，2 表示收藏
target_type	目标类型，1 表示文章，2 表示沸点	target_user	目标用户，文章或沸点的创建者 ID
created_by	点赞或收藏的创建者 ID	created_at	创建时间

表 12-3 中的几个字段清晰地描述了点赞和收藏的信息，在查询时可以根据类型、目标类型、目标用户等多个维度筛选和统计数据。

（2）创建 model/praises.js 文件，依据表 12-3 中的字段编写点赞和收藏的 Model 模型，代码如下：

```
const praisesSchema = new mongoose.Schema({
  target_id: { type: ObjectId, required: true },    // 文章或沸点 ID
  target_type: {
    type: Number, enum: [1, 2],
    required: true,
  }, // 1 表示文章，2 表示沸点
  target_user: { type: ObjectId, required: true }, // 目标用户 ID
  type: {
    type: Number, enum: [1, 2],
    default: 1, required: true,
  }, // 1 表示点赞，2 表示收藏
  created_by: { type: ObjectId, required: true },
  created_at: { type: Date, default: Date.now },
})
const Model = mongoose.model('praises', praisesSchema)
```

（3）创建 router/praises.js 文件，并导入 Model 模型，代码如下：

```
var express = require('express')
var router = express.Router()
var PraisModel = require('../model/praises')
router.all('/', (req, res) => {
  res.send('赞和收藏 API')
})
module.exports = router
```

点赞和取消点赞从本质上来说就是创建和删除数据，并且点赞数据不能重复创建，因为一个人不能对一篇文章点赞两次。

所以，为了防止重复创建数据，并且减少接口数量，可以把点赞（收藏）和取消点赞（取消收藏）写成一个接口，接收同样的参数。如果根据参数查到了数据，就删除，执行取消操作，反之就创建数据。

（4）新建创建点赞和收藏的路由，该路由的地址为"/toggle"、方法为 POST，代码如下：

```
router.post('/toggle', async (req, res, next) => {
  let body = req.body
  try {
    let { target_user, target_id, created_by, target_type } = body
    if (!target_id || !target_type || !target_user || !created_by) {
      return res.status(400).send({ message: '参数缺失' })
```

```
  }
  let action = 'delete'
  let result = await PraisModel.findOneAndDelete(body)
  if (!result) {
    action = 'create'
result = await PraisModel.create(body)
  }
  res.send({
    action, message: action == 'create' ? '创建成功' : '取消成功',
  })
} catch (err) { ... }
})
```

上述代码首先验证参数，然后尝试使用 model.findOneAndDelete()方法删除文档。如果返回结果不为空，就表示删除操作成功；如果返回结果为空，就表示没有找到文档，此时应该创建点赞，并将执行结果输出。

返回结果中还包含 action 字段。若该字段的值为 create，则表示创建点赞；若该字段的值为 delete，则表示取消点赞。可以根据返回结果判断该接口执行了什么操作，这样做的好处是只需要调用一个接口，该接口会自动判断出应该创建还是删除。

（5）注册路由，在 config/router.js 文件中添加如下代码：

```
const praisRouter = require("../router/praises.js");
const router = (app) => {
  ...
  app.use("/praises", praisRouter);
};
```

（6）测试并调用接口。为已有文章添加一个赞，结果如图 12-6 所示。

图 12-6

参数保持不变，再请求一次，可以看到已经取消点赞，如图 12-7 所示。

图 12-7

创建和取消实现之后，暂时不需要编写列表接口，因为获取赞和收藏的数据会在查询文章、沸点和个人消息时关联查询，不需要单独的接口。

12.2.4　文章评论接口

文章的评论同样与沸点通用，并且在消息中心页有评论列表，所以可以设计一个单独的集合来存储文章和沸点的评论数据。

笔者特别观察了掘金的评论，发现评论的逻辑还是比较有意思的。从整体上来看，评论可以分为 3 种类型。

- 对文章的评论。
- 对文章下评论的评论。
- 对文章下评论的评论的回复。

图 12-8 所示为截取的掘金的评论界面。

图 12-8

因此，设计的集合要同时兼顾这 3 种类型，并且用尽可能少的字段来实现。集合名为 comments，设计字段、创建模型和编写路由的详细步骤如下。

（1）根据评论的特点设计评论文章需要的字段，如表 12-4 所示。

表 12-4　评论文章需要的字段

字　　段	说　　明	字　　段	说　　明
source_id	来源，文章或沸点的 ID	parent_id	父级评论的 ID
source_type	来源类型，1 表示文章，2 表示沸点	type	评论类型，source 表示内容，comment 表示评论，reply 表示回复
reply_id	回复某个评论的 ID	target_usert	评论对象创建者的 ID
content	评论内容	created_at	创建时间
created_by	评论创建者	—	—

（2）创建 model/comments.js 文件，根据表 12-4 中的字段编写评论 Model 模型，具体实现请参考本书的配套资源。模型中的 parent_id 字段比较特殊，代码如下：

```
{
  type: {
    type: String,
    enum: ['source', 'comment', 'reply'],
    required: true,
  },
  parent_id: {
    type: ObjectId, default: null,
    required() {
      return this.type != 'source'
    },
  },
}
```

在上面的代码中，parent_id 字段的 required 条件是一个函数，它的值根据 type 字段的不同而动态变化。相比固定值，required()函数可以让字段验证逻辑更严谨。

> 📢提示　Schema 中的约束方法（如 required()）不可以写成箭头函数，那样会使 this 指向失效。

1. 创建评论接口

有了评论的 Model 模型，接下来就可以创建评论接口，步骤如下。

（1）创建路由文件 router/comments.js，添加一个创建评论的路由，代码如下：

```
var CommsModel = require("../model/comments");
```

```
// 创建评论
router.post("/create", async (req, res, next) => {
  let body = req.body;
  try {
    let result = await CommsModel.create(body)
    res.send(result);
  } catch (err) {...}
});
```

（2）在 config/router.js 文件中注册路由：

```
const commsRouter = require("../router/comments.js");
const router = (app) => {
  ...
  app.use("/comments", commsRouter);
};
```

（3）测试该接口，可以看到请求结果正常，如图 12-9 所示。

图 12-9

2. 评论列表接口

评论列表接口是第一个需要多集合关联查询的复杂接口。如图 12-9 所示，可以看到评论列表是按层级展示的，并且展示创建者的用户信息，以及回复对象的信息，此时需要使用高级查询聚合管道（aggregate）来实现。

（1）使用 aggregate 过滤评论集合，并关联查询创建者数据，代码如下：

```
router.get('/list/:source_id', async (req, res, next) => {
  let { source_id } = req.params
  try {
    let lists = await CommsModel.aggregate([
      { $match: { source_id: ObjectId(source_id) } },
      {$lookup: {
        from: 'users',
        localField: 'created_by',
        foreignField: '_id',
        as: 'created_by',
      }},
    ])
    res.send(lists)
  } catch (err) { ...}
})
```

在上面的代码中，第一个管道的操作符是$match，表示从评论集合中匹配数据，条件是集合文档的 source_id 等于请求参数的 source_id。

第二个管道的操作符$lookup 就是关联查询的操作符，它有如下 4 个属性。

- from：从哪个集合关联。
- localField：当前集合的关联字段。
- foreignField：被关联集合的关联字段。
- as：关联查询后数据存放的字段。

因此，第二个管道的含义就是关联 users 集合，关联条件是 comments.created_by == users._id，并且将关联查询后的用户文章放在 created_by 字段下。

（2）测试该接口，结果如图 12-10 所示。

可以看到，created_by 字段已经从用户 ID 变成用户信息。但如果希望它是一个对象而不是数组，并且返回很多字段，那么还需要精简。

（3）定义两个工具函数 filterJson()和 handle()，分别用于字段过滤和字段判空。同时遍历处理用户数据，使用 handle()方法判空并过滤数据，将返回值处理为符合评论页面的层级结构（具体实现请参考本书的配套资源）。

（4）再次测试并调用该接口，结果如图 12-11 所示。

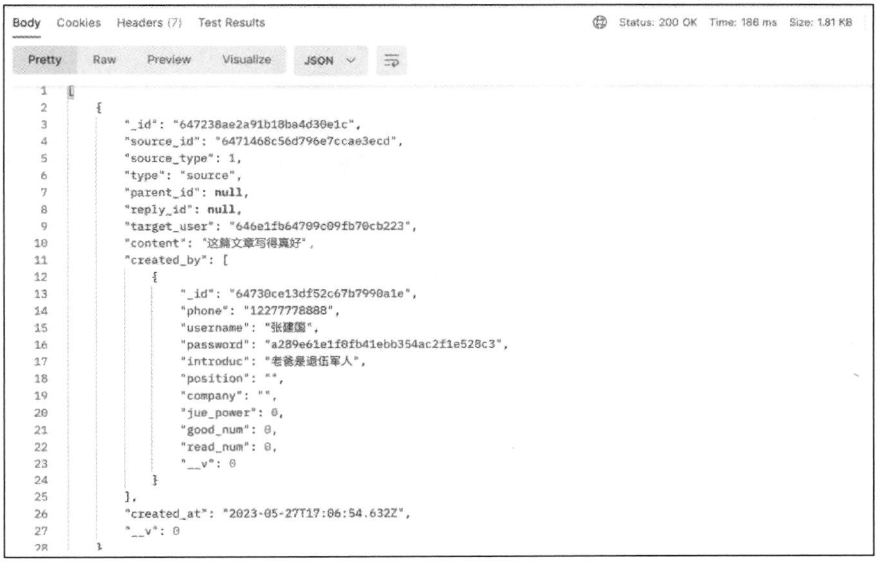

图 12-10

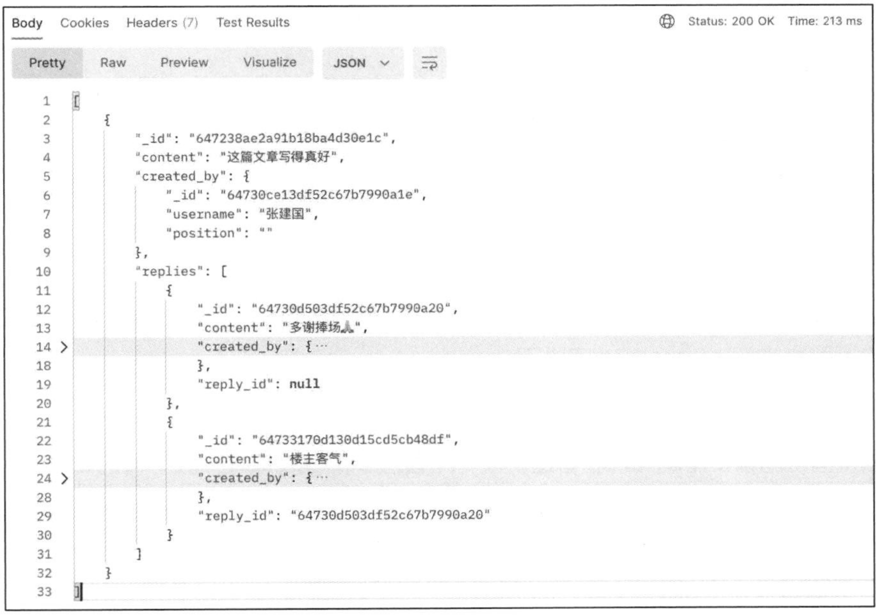

图 12-11

可以看到，返回格式已经是我们需要的层级结构。

12.2.5 文章列表接口

在编写好点赞和评论的集合之后，下面编写完整的文章列表接口。首页的文章列表只包含点赞和评论的数量，因此使用聚合管道查询文章数据，并关联查询到的对应的点赞和评论数据。

（1）创建文章列表路由，该路由的地址为"/list"、方法为 GET，代码如下：

```
router.get('/list', async (req, res, next) => {
  let { user_id } = req.query
  try {
    let result = await ArtsModel.aggregate([])
    res.send(result)
  } catch (err) {...}
})
```

上面的代码使用了聚合管道高级查询，下面介绍管道的实现。

（2）管道 1 的实现：关联查询评论集合。

关联查询使用$lookup 管道阶段，代码如下：

```
{
  $lookup: {
    from: 'comments',
    localField: '_id',
    foreignField: 'source_id',
    as: 'comments',
  },
},
```

上面的代码表示，关联 comment 集合，关联条件是"articles._id==comments.source_id"，关联查询的返回值放在 comments 字段下。

（3）管道 2 的实现：关联查询点赞集合。

查询点赞集合同样使用$lookup 管道阶段，与管道 1 的实现原理一致，代码如下：

```
{
  $lookup: {
    from: 'praises',
    localField: '_id',
    foreignField: 'target_id',
    as: 'praises',
  },
}
```

经过两个管道的处理，每项文章数据都多了 comments 字段和 praises 字段，这两个字段的值都为数组。

（4）管道 3 的实现：处理点赞和评论数据。

使用$addFields 管道阶段添加或修改已有的字段，代码如下：

```
{
  $addFields: {
    praises: {
      $filter: {
        input: '$praises',
        as: 'arrs',
        cond: { $eq: ['$$arrs.type', 1] },
      },
    },
    comments: {
      $size: '$comments',
    },
  },
}
```

因为文章列表只需要展示评论数量，所以用$size 操作符获取 comments 字段的长度并覆盖该字段；点赞集合中可能包含收藏数据，所以用$filter 操作符进行过滤。

$filter 操作符支持以下 3 个属性。

- input：输入的源数组。
- as：将源数组自定义一个变量名。
- cond：过滤条件，代码中的条件是文档的 type 字段的值为 1。

$size 操作符比较简单，返回数组的长度。

（5）管道 4 的实现：返回点赞数量和当前用户是否点赞。

先将管道 4 输出的 praises 字段取长度变成点赞数量，再添加 is_praise 字段表示当前用户是否点赞，需要依据传入的 user_id 参数判断，代码如下：

```
{
  $addFields: {
    is_praise: {
      $in: [ObjectId(user_id), '$praises.created_by'],
    },
    praises: {
```

```
        $size: '$praises',
      },
    },
}
```

$in 操作符的值是一个数组，判断条件是第一个数组项的值在第二个数组项（也是一个数组）中。

（6）测试该接口，返回的结果如图 12-12 所示。

图 12-12

现在文章列表的每条数据都会返回点赞和评论的数量，并且返回当前用户是否点赞。

12.2.6 文章详情接口

文章详情接口的实现方式几乎与文章列表的实现方式一致，即使用聚合管道关联多个集合查询并处理结果，因此各个管道的具体实现就不再一一介绍。从文章详情页来看，需要关联的数据包括用户、点赞、收藏和评论。

因为已经有一个单独的评论列表接口，所以文章详情接口中不包含评论数据，这样只需要关联 users 集合和 praises 集合。

创建文章详情路由的地址为"/detail/:id"，方法为 GET（具体实现请参考本书的配套资源）。最终在查询文章详情数据的返回结果中添加了如下 5 个字段。

- user：当前文章的创建者数据。
- praises：文章的点赞数量。
- stars：文章的收藏数量。
- is_praise：当前用户是否收藏。
- is_start：当前用户是否点赞。

测试上面的接口，返回的结果如图 12-13 所示。

图 12-13

最后通过评论列表接口获取文章的评论数量和列表。至此，文章详情页需要展示的数据就全部获取到了。

12.3　开发沸点管理接口

沸点是一个交友论坛，与微信的朋友圈差不多，用于分享简短的图文消息。从数据来看，沸点是一个小型的文章集合。开发沸点管理接口的思路可以参考开发文章管理接口的思路。下面介绍开发沸点管理接口详细的实现步骤。

（1）参考文章的设计，设置的沸点文档的字段如表 12-5 所示。

表 12-5　沸点文档的字段

字　段	说　明	字　段	说　明
content	沸点内容，必填	images	沸点图片，数组
created_by	沸点创建者，必填	group	所属圈子的标识
created_at	沸点创建时间	—	—

沸点文档包含 5 个字段，已经可以覆盖业务需求。由于点赞和评论的数据放在单独的集合中，查询时做关联查询即可，因此不需要在这里用字段标记。

（2）在 config/static.js 文件中添加一个 groups 变量，用于保存圈子数据并导出。与文章分类数据一样，圈子数据也是一组很小的静态数据，没有必要存放在一个专门的集合中，直接定义在代码中即可（请参考本书的配套资源）。

（3）新建 model/shortmsgs.js 文件，创建沸点 Model 模型并导入上面的 group 变量：

```
const { ObjectId } = mongoose.Types
const { groups } = require('../config/static')

const shortmsgsSchema = new mongoose.Schema({
  content: { type: String, required: true },
  images: { type: [String], default: [] },
  created_by: { type: ObjectId, required: true },
  created_at: { type: Date, default: Date.now },
  group: {
    type: String,
    enum: groups.map(group => group.key),
    required: true,
  },
})
const Model = mongoose.model('shortmsgs', shortmsgsSchema)
```

上述代码中 group 字段的定义方式与文章分类一样，使用 enum 属性将字段的值限定为圈子数据中的 key 之一。

（4）创建路由文件 router/shortmsgs.js，并导入 Model 模型：

```
var express = require('express')
var router = express.Router()
var StmsgsModel = require('../model/shortmsgs')
router.all('/', (req, res) => {
  res.send('沸点管理 API')
})
module.exports = router
```

（5）在 config/router.js 文件中注册路由：

```
const stmsgsRouter = require("../router/shortmsgs.js");
const router = (app) => {
  ...
  app.use("/stmsgs", stmsgsRouter);
};
```

12.3.1　创建沸点接口

创建沸点接口没有什么特殊之处，直接获取 body 参数写入集合。

（1）新增创建沸点路由，该路由的地址为"/create"、方法为 POST，代码如下：

```
router.post('/create', async (req, res, next) => {
  let body = req.body
  try {
    let result = await StmsgsModel.create(body)
    res.send(result)
  } catch (err) {...}
})
```

（2）测试并调用该接口，返回的结果如图 12-14 所示。

图 12-14

12.3.2　沸点列表接口

沸点列表需要关联查询点赞和评论数据，因此需要使用聚合管道，具体的实现方法和文章列表的实现方法类似，步骤如下。

（1）创建路径为"/list"、方法为 GET 的沸点列表路由，代码如下：

```
router.get('/lists', async (req, res, next) => {
  let { group, user_id, orderby } = req.query
  try {
    let orderby = orderby || 'new'
```

```
    if(!['new', 'hot'].includes(orderby)) {
      return res.status(400).send({ message: 'orderby参数错误' })
    }
    let where = { }
    if (group) {
      where.group = group
    }
    ...
  } catch (err) {...}
})
```

上面的代码接收 group 参数表示圈子标识，支持通过圈子筛选沸点；根据 orderby 参数决定数据排序规则，支持按时间、按热度两种排序方式。参数处理后，查询沸点列表依然要使用聚合管道，具体实现请参考本书的配套资源。

（2）编码完成后测试该接口，返回的结果如图 12-15 所示。

图 12-15

12.3.3 沸点评论与点赞接口

沸点评论与点赞接口不需要重新开发，因为文章的评论与点赞接口已经兼容沸点，可以直接使用，只需要在传参时使用正确的标识参数即可。

当使用评论相关接口时，参数传入 source_type=2；当使用点赞相关接口时，参数传入 target_type=2，这样就能标记沸点内容，并与文章的数据区分开。

12.3.4　沸点删除接口

删除沸点依然使用 model.findByIdAndDelete()方法，根据 ID 找到文档直接删除，并根据返回结果判断是否删除成功。

新增删除沸点路由，该路由的地址为"/remove/:id"、方法为 DELETE，代码如下：

```
router.delete('/remove/:id', async (req, res, next) => {
  let { id } = req.params
  try {
    let result = await StmsgsModel.findByIdAndDelete(id)
    if (result) {
      res.send({ message: '删除成功' })
    } else {
      res.status(400).send({ message: '文档未找到，删除失败' })
    }
  } catch (err) {...}
})
```

12.4　开发消息与关注接口

消息中心的接口大多数是对已有集合的数据查询，但是需要添加消息的已读和未读逻辑。为了维护用户的消息状态，需要再新建一个消息集合，并开发消息的创建和查询接口。

（1）根据分析，设置的消息文档的字段如表 12-6 所示。

表 12-6　消息文档的字段

字　　段	说　　明	字　　段	说　　明
user_id	接收消息的用户 ID	source_id	评论、收藏或关注的 ID
type	消息类型，1 表示评论，2 表示收藏和点赞，3 表示关注	status	状态，0 表示未读，1 表示已读
created_at	消息创建时间	—	—

（2）新建 model/messages.js 文件，将表 12-6 中的字段编写为模型，代码如下：

```
const mongoose = require('mongoose')
const { ObjectId } = mongoose.Types
const messagesSchema = new mongoose.Schema({
```

```
  user_id: { type: ObjectId, required: true },
  source_id: { type: ObjectId, required: true },
  type: { type: Number, enum: [1, 2, 3], required: true },
  status: { type: Number, enum: [0, 1], default: 0, required: true },
  created_at: { type: Date, default: Date.now },
})
const Model = mongoose.model('praises', messagesSchema)
```

（3）创建路由文件 router/messages.js 并导入模型中，代码如下：

```
var express = require('express')
var router = express.Router()
var MessModel= require('../model/messages')
router.all('/', (req, res) => {
  res.send('消息管理 API')
})
module.exports = router
```

（4）在路由配置中注册路由，代码如下：

```
const messRouter = require('../router/messages.js')
const router = (app) => {
  ...
  app.use('/messages', messRouter)
};
```

12.4.1 未读消息接口

获取未读消息接口主要是统计各个类别未读消息的数量，该接口返回一个对象。

（1）新增未读消息路由，该路由的地址为“/info”、方法为 GET，代码如下：

```
router.get('/info, async (req, res, next) => {
  let { user_id } = req.query
  try {
    let result = await MessModel.aggregate([
      { $match: { user_id: ObjectId(user_id), status: 0 } },
      {$group: {
        _id: '$type',
        count: { $sum: 1 },
      }},
    ])
    let rsinfo = Object.fromEntries(
      result.map(json => ['type' + json._id, json.count])
```

```
  )
  let resjson = {
    comment: rsinfo['type1'] || 0,
    praise: rsinfo['type2'] || 0,
    follow: rsinfo['type3'] || 0,
    total: result.reduce((a, b) => a.count + b.count),
  }
  res.send(resjson)
} catch (err) {...}
})
```

上面的代码首次使用了$group 管道阶段，主要用于分组统计查询。先分别统计评论、点赞和关注的未读数量，再经过处理，将其组合为一个对象返回。

（2）测试该接口，运行结果如图 12-16 所示。

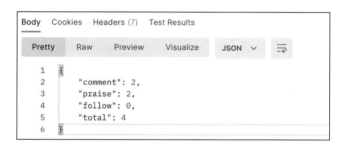

图 12-16

由图 12-16 可知，准确统计了评论、点赞、关注的未读数量及总的未读数量，满足展示消息的要求。

（3）在创建评论接口中添加消息。

有了消息列表，还需要添加消息的接口吗？其实不需要，只要在创建评论、创建点赞/收藏、添加关注的接口中添加 MessModel.create()方法，在这些接口调用成功后自动创建消息即可。

例如，要在创建评论之后添加一条消息，可以修改 router/comments.js 文件中的创建评论路由，代码如下：

```
router.post('/create', async (req, res, next) => {
  let body = req.body
  try {
    let result = await CommsModel.create(body)
    await MessModel.create({
```

```
    source_id: result._id,
    type: 1,
    user_id: body.target_user,
  })
  res.send(result)
} catch (err) {...}
})
```

12.4.2　关注与取消关注接口

消息中心还可以用于展示关注者列表，并且用户可以快速关注或取消关注，如图 12-17 所示。

图 12-17

因此，需要一套用户关注的逻辑，也就是需要一个新的集合。不过这个集合中的文档结构简单，可以直接创建模型。

（1）创建 model/follows.js 文件，编写关注集合的模型，代码如下：

```
const { ObjectId } = mongoose.Types
const followsSchema = new mongoose.Schema({
  user_id: { type: ObjectId, required: true }, // 用户 ID
  fans_id: { type: ObjectId, required: true }, // 粉丝 ID
  created_at: { type: Date, default: Date.now },
})
const Model = mongoose.model('follows', followsSchema)
```

可以看到，文档只需要 3 个字段：用户 ID、粉丝 ID 和创建时间。

（2）编写路由文件 router/follows.js，并导入关注模型和消息模型，代码如下：

```
var express = require('express')
```

```
var router = express.Router()
var FollowsModel = require('../model/follows')
var MessModel = require('../model/messages')
router.all('/', (req, res) => {
  res.send('关注和粉丝 API')
})
module.exports = router
```

（3）在 config/router.js 文件中注册路由：

```
const follRouter = require('../router/follows.js')
const router = app => {
  ...
  app.use('/follows', follRouter)
}
```

和点赞与取消点赞的逻辑类似，关注也不存在一个人对另一个人关注两次的情况，因此这里也非常适合将关注与取消关注放在一个接口中实现，自动执行创建或删除。

（4）创建关注路由，该路由的地址为"/toggle"、方法为 POST，代码如下：

```
router.post('/toggle', async (req, res, next) => {
  let body = req.body
  try {
    let { user_id, fans_id } = body
    if (!user_id || !fans_id) {
      return res.status(400).send({ message: '参数缺失' })
    }
    let action = 'delete'
    let result = await FollowsModel.findOneAndDelete(body)
    if (!result) {
      action = 'create'
      result = await FollowsModel.create(body)
      await MessModel.create({
        source_id: result._id,
        type: 3, user_id,
      })
    }
    res.send({
      action, message: action == 'create' ? '关注成功' : '取消关注成功',
    })
  } catch (err) {...}
})
```

上述代码尝试删除操作（即取消关注），没有返回值表示没有找到数据，此时进入创建数据（关注）的逻辑。因为关注有消息通知，所以还要在消息集合中添加数据。

（5）测试接口。添加一个关注，返回的结果如图 12-18 所示。

图 12-18

相同参数再调用一次，可以看到已取消关注，如图 12-19 所示。

图 12-19

12.4.3　关注者列表接口

有了关注和取消关注的功能，就可以获取某个用户的粉丝列表。

（1）创建粉丝列表路由，该路由的地址为 "/lists"、方法为 GET（具体实现请参考本书的配套资源）。核心思路是将两个 follows 集合关联查询，使 user_id 与 fans_id 互相比较，从而查询该粉丝是否已被关注。

（2）测试列表接口，返回的结果如图 12-20 所示。

图 12-20

由图 12-20 可知，返回的结果中的数据符合我们的需求。

12.5　项目完善与部署

至此，已经完成用户管理、文章管理、沸点管理、消息管理、关注/评论等全部接口的开发。

业务功能虽然已全部实现，但是从全局来讲，还有许多没有处理的细节。这些细节是 API 架构方面的通用设计，不涉及具体业务，下面简单处理一下。

12.5.1　添加 JWT 登录验证

前面编写的所有列表或修改接口，以及当前用户的 user_id 都采用明文传递，这就存在一个很明显的问题，接口可以执行任何用户的操作，这显然是不正确的。因此，需要做登录验证。

所谓登录验证，就是在登录之后创建一个 token 表示当前用户的令牌，请求接口时需要携带这个令牌并经过验证，否则接口会拒绝访问。有了这个令牌后，可以自动解析出该用户的 user_id，避免明文传递不安全的问题。

目前，登录验证的常用方案是 JWT，也就是将用户信息加密后生成 token 令牌，请求接口时携带在请求头中。需要使用第三方包 express-jwt 来实现该逻辑。

（1）在命令行中安装 express-jwt：

```
$ yarn add express-jwt
```

（2）创建 utils/jwt.js 文件，编写生成 token 和验证 token 的两个方法并导出，代码如下：

```
const { expressjwt: exjwt } = require('express-jwt')
```

```
            }
var jwt = require('jsonwebtoken')
// 密钥
const SECRET_KEY = 'alifn_jueblog_jwt_8756'
// 生成 JWT
function genoJwt(data) {
  let token = jwt.sign(data, SECRET_KEY, { expiresIn: '7d' })
  return token
}
// 验证 JWT
function verifyJwt() {
  return exjwt({
    secret: SECRET_KEY,
    algorithms: ['HS256'],
    requestProperty: 'auth',
  })
}
module.exports = {
  genoJwt, verifyJwt,
}
```

上述代码中的常量 SECRET_KEY 是一个密钥，用于加密/解密，使用加密方法可以将信息加密生成 token，使用解密方法可以从 token 中解析出用户信息。

（3）改造登录接口，登录成功后返回 token，代码如下：

```
const { genoJwt } = require('../utils/jwt')
...
if (result) {
  let { _id, username } = result
  let token = genoJwt({ _id, username })
  res.send({
    code: 200,  data: result,  token: token,
  })
} else {
  res.send({
    code: 20001,  message: '用户名或密码错误',
  })
}
```

上述代码引入了 genoJwt()方法，并且基于用户的_id 字段和 username 字段生成 token。

（4）重新测试登录接口，可以看到已输出 token，如图 12-21 所示。

图 12-21

返回 token 后就要对其他接口进行拦截验证。

（5）在入口文件 index.js 中加入验证 token 的中间件（需要在路由之前），代码如下：

```
const { verifyJwt } = require('./utils/jwt')
app.use(
  verifyJwt().unless({
    path: ['/users/create', '/users/login'],
  })
)
```

上述代码在 path 属性下添加绕过验证的路由。注册和登录接口是必须绕过的，因为注册和登录时肯定没有 token，必须绕过是为了保证用户可以正常登录，其他路由可以自定义。

（6）测试一个除注册和登录之外的接口，如粉丝列表接口。可以看到，返回 401 状态并输出错误信息，如图 12-22 所示。

图 12-22

这说明没有登录不允许调用接口，应该怎么办呢？这一步前端开发者比较熟悉，在请求时将登录返回的 token 添加到请求头中，添加完成后的测试结果如图 12-23 所示。

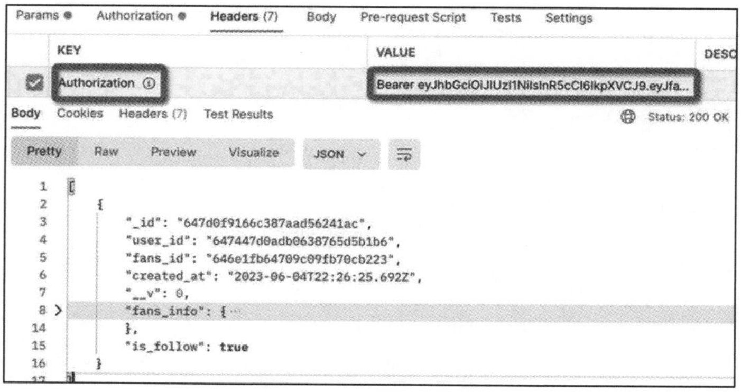

图 12-23

可以看到，接口正常返回 200，说明验证通过。

（7）从 token 中获取当前用户 ID，代替明文传递。

在传递了 token 的路由中，可以通过 req.auth 获取到 token 中的用户 ID。因此，在之前编写的所有接口中，有需要传递当前用户 ID 的地方都要改成如下形式：

```
router.get('/lists', async (req, res, next) => {
  // 删除 let { user_id } = req.query
  // 用下面这行代替
  let user_id = req.auth._id
})
```

这样，一方面减少了参数传递，另一方面避免了其他用户信息被修改的隐患，此时接口的安全验证才算完成了。

12.5.2 使用分页查询列表

为了减少多余篇幅，之前的所有列表接口都没有加分页，因为分页的逻辑都是一样的，所以这里统一介绍。大多数分页是在聚合管道中通过两个管道阶段实现的。

- $skip：跳过多少条数据，实现分页逻辑。
- $limit：限制返回条数，控制每页的数量。

在有分页的 GET 请求中，还需要从 URL 地址中接收统一的分页参数。

- per_page：每页的条数，默认为 10 条。
- page：当前页码，默认为第 1 页。

在请求中获取统一的分页参数，代码如下：

```
router.get('/lists', async (req, res, next) => {
```

```
let query = req.query
let per_page = +query.per_page || 10
let page = +query.page || 1
let skip = (page - 1) * per_page      // 跳过多少条数据
})
```

需要特别说明的是，上述代码中的 skip 变量根据当前页和每页的条数计算查询时要跳过多少页，供后面查询分页时使用。下面举例介绍。

（1）以沸点列表为例，获取查询结果的总数量：

```
let where = {}
let total = await StmsgsModel.count(where)
```

（2）在聚合管道中的最后两个管道进行分页查询：

```
let result = await StmsgsModel.aggregate([
  ...
  { $skip: skip },
  { $limit: per_page},
])
```

（3）将两个查询的结果汇总为一个对象返回，分页信息放在 meta 属性下，实际数据赋值给 data 属性：

```
res.send({
  meta: { total, page, per_page },
  data: result,
})
```

（4）测试该接口，返回的结果如图 12-24 所示。

图 12-24

这就是标准的分页返回格式。其他需要分页的接口（如文章列表、沸点列表和消息列表等）均按照这种方式修改，这里不再赘述。

12.5.3　统一处理路由异常

前面在每个路由的 catch 部分都做了错误处理，并且错误处理的代码几乎完全一样。错误处理的代码如下：

```
try {...} catch (err) {
  let code = err.name == 'ValidationError' ? 400 : 500
  let { name, message } = err
  res.status(code).send({
    name, message,
  })
}
```

如果每个路由都加上这段代码，设计就很不优雅。之前在应用中添加的最后一个中间件就是错误处理中间件，如果能让路由异常进入这个中间件，就能省去这些重复工作。

如何进入错误处理中间件呢？其实很简单，只要切换中间件的 next()方法传入一个错误参数，就可以直接进入错误处理中间件，代码如下：

```
var err = new Error()
next(err)
```

路由的 catch 部分正好捕获的是一个错误，因此可以对所有路由做以下修改。

（1）在路由定义中接收 next 参数，并在 catch 部分调用 next(err)方法，将错误转交给统一的错误处理中间件：

```
router.get('/list', (req, res, next)=> {
  try {...} catch (err) {
    next(err)
  }
})
```

（2）在错误处理中间件中解析 error 对象，并将路由的验证逻辑放到这里，最终将错误处理中间件修改为如下形式：

```
app.use((err, req, res, next) => {
  let err400 = ['ValidationError', 'CastError']
  let code = err400.includes(err.name) ? 400 : err.status || 500
  res.status(code).send({
    name: err.name,
    message: err.message,
```

```
  })
})
```

上述代码的主要逻辑是设置响应状态码，变量 err400 中存放的是需要返回 400 状态码的错误名称，这部分可以根据实际情况自定义。其他异常可以先获取错误码，若没有错误码则直接返回 500。

12.5.4　将代码发布到云函数中

API 接口已经全部开发完成，最后一步是将最终代码上传到云函数中。

云函数的项目启动不依赖 pm2 模块，而是使用 npm run start 命令（请确保该命令已经在 package.json 文件中配置了），代码如下：

```
{
  "scripts": {
    "start": "node ./index.js"
  }
}
```

使用浏览器打开云函数 blog-fun 的详情页，找到"上传代码"按钮。单击"上传代码"按钮，上传整个文件夹，上传完成后单击"保存并部署"按钮，如图 12-25 所示。

图 12-25

保存后稍等一会儿就会部署成功，如果不出意外就可以在公网访问接口。

这种部署方式没有门槛，直接上传文件夹即可。不过这里有一个非常重要的优化项，就是要上传 node_modules 文件夹，这会成倍增加函数的体积。

在详情页可以看到上传后的函数的体积，具体为 4.27MB，如图 12-26 所示。

图 12-26

云函数有一个冷启动的概念，就是函数在调用时会频繁启动和卸载，如果代码的体积大就会大大增加接口的响应时间。阿里云提供了一个层的概念，可以将 Npm 依赖包缓存，提取到云函数之外，从而提高函数性能。

创建层缓存依赖的步骤如下。

（1）在函数计算的控制台首页左侧的菜单中，展开"高级功能"→"层管理"菜单，单击"创建层"按钮，输入如图 12-27 所示的信息。

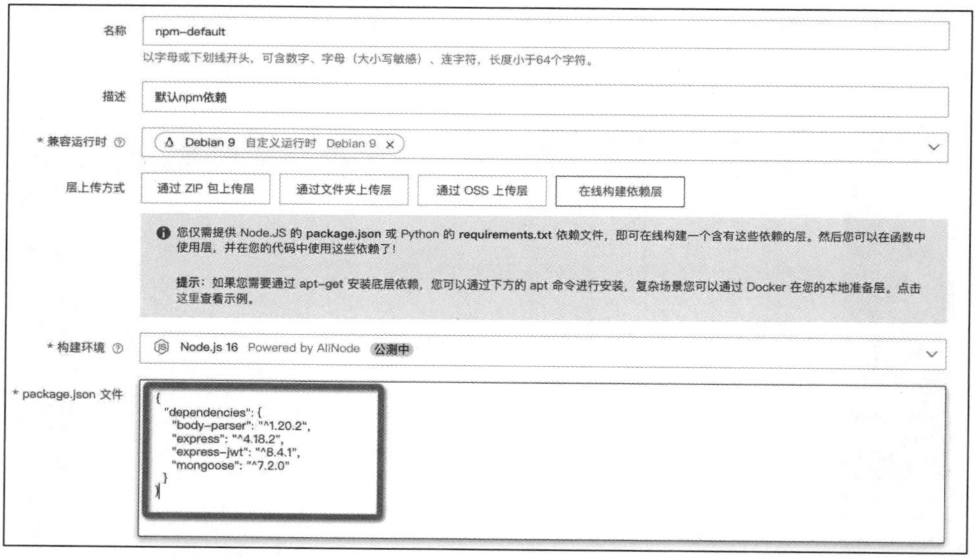

名称	npm-default
	以字母或下划线开头，可含数字、字母（大小写敏感）、连字符，长度小于64个字符。
描述	默认npm依赖
* 兼容运行时 ⑦	⚠ Debian 9 自定义运行时 Debian 9 × ▽
层上传方式	通过 ZIP 包上传层 / 通过文件夹上传层 / 通过 OSS 上传层 / 在线构建依赖层

ℹ 您仅需提供 Node.JS 的 package.json 或 Python 的 requirements.txt 依赖文件，即可在线构建一个含有这些依赖的层。然后您可以在函数中使用层，并在您的代码中使用这些依赖了！

提示：如果您需要通过 apt-get 安装底层依赖，您可以通过下方的 apt 命令进行安装，复杂场景您可以通过 Docker 在您的本地准备层。点击这里查看示例。

| * 构建环境 ⑦ | Node.js 16 Powered by AliNode 公测中 ▽ |
| * package.json 文件 | |

```
{
  "dependencies": {
    "body-parser": "^1.20.2",
    "express": "^4.18.2",
    "express-jwt": "^8.4.1",
    "mongoose": "^7.2.0"
  }
}
```

图 12-27

"兼容运行时"选项和"构建环境"选项请遵循图 12-27 中的选择。可以把 package.json 文件中的依赖项放到这里，并单击"创建层"按钮，等待创建成功。

（2）创建成功后进入函数详情页，添加上一步创建的依赖层。

编辑器右上方有一个"编辑层"按钮，单击该按钮会出现弹框，单击"添加层"下拉按钮，在下拉菜单中选择"添加自定义层"命令，并选择创建的层和对应的版本，如图 12-28 所示。

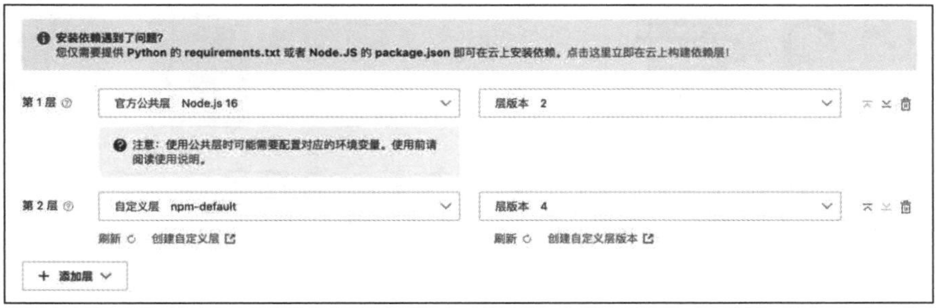

图 12-28

在添加自定义层后保存，层中的依赖缓存就会生效。

（3）在 Web 编辑器中删除 node_modules 文件夹，并单击"部署代码"按钮。

此时继续测试接口，接口会正常响应，这说明函数此时不依赖 node_modules 文件夹。此时函数的体积如图 12-29 所示。

图 12-29

从 4.27MB 到 26.64KB，函数的体积减小了很多，响应速度提升非常明显。

12.6　本章小结

本章是纯粹的实战开发，严格按照需求分析开发各个模块的接口。在实战过程中，笔者根据不同的场景介绍了 Express 框架和 MongoDB 的用法，并且使用接口对实际返回的结果进行验证，这样读者就可以快速理解具体的代码逻辑，特别是复杂的聚合管道查询。

开发接口时是在本地开发测试的，测试完成后上线接口，将代码部署到云函数中。第 13 章进入前端开发环节，将本章开发的接口接入并进行调试。

第 13 章

前端页面功能开发与部署

第 11 章介绍了掘金实战项目的需求分析和 API 基础，第 12 章完成了项目的接口功能开发。现在进入前端应用开发。本章从零开始创建前端应用，在开发过程中对接真实接口，并将应用部署上线。

本章要使用的技术栈就是 Vue.js 3 + Pinia + TypeScript + Vite。笔者会将这些知识在项目中综合实践，使读者在使用过程中可以深入理解其原理和作用。

本项目的前端功能比较复杂，考虑到篇幅问题，笔者会省略大部分组件的 CSS 代码（读者可以从本书的配套资源包中找到项目源码，一边阅读本章内容一边对照着源码学习）。

13.1 搭建项目框架和页面结构

搭建项目框架从 Vue.js 3 的脚手架开始，在生成的默认项目的基础上添加自定义配置。第 4 章和第 6 章已经介绍了这些配置，读者若不熟悉可以查阅对应章节的内容。

13.1.1 创建项目、安装依赖和修改目录结构

确保计算机中安装了 Node.js（版本不低于 Node.js 16），下面使用脚手架创建项目。

（1）打开命令行工具，执行以下命令：

```
$ npm create vue@3
```

执行上述命令后会提示输入项目创建选项，最终选择如下。

- 项目名称：jueblog-frontend。
- 选择集成的依赖：TypeScript、JSX、Vue Router、Pinia。

稍等几分钟命令行会提示项目创建成功。

（2）使用 VSCode 编辑器打开项目，安装项目依赖并运行。

执行 code jueblog-frontend 命令可以快速启动 VSCode 编辑器并打开项目，在 VSCode 编辑器的终端执行以下命令：

```
$ yarn                              # 安装依赖
$ yarn run dev                      # 运行项目
```

之后可以看到 Vue.js 3 默认的欢迎页面，表示项目启动成功。默认依赖中不包含请求库、UI 框架等，所以还需要安装其他依赖。

（3）安装 UI 框架、请求库等其他必要的第三方依赖：

```
$ yarn add element-plus less axios dayjs
```

使用上述命令安装的几个依赖的作用如下。

- element-plus：基于 Vue.js 3 的 UI 组件库。
- less：让项目支持使用 Less 语法编写样式。
- axios：请求库，封装全局统一的请求方法。
- dayjs：时间处理函数。

组件库 element-plus 需要在入口文件 src/main.ts 中注册，代码如下：

```
// src/main.ts
import ElementPlus from 'element-plus'
...
app.use(ElementPlus);
```

（4）默认生成的项目目录结构基本够用，但是还需要拓展其他的功能，因此需要一个更加规范统一的目录结构来应对大部分场景。

修改 src 源码目录下的结构，修改结果如下。

- assets：静态资源目录，存放图片、文字。
- components：组件目录，存放公共组件。
- router：路由目录，存放路由的配置。
- stores：状态管理目录，存放 Pinia 仓库。
- pages：页面目录，存放页面级别的组件。
- utils：工具函数目录，存放自定义的函数。
- styles：样式目录，存放全局样式文件。
- request：请求目录，存放 axios 全局请求对象。

- App.vue：根组件，页面最外层的组件。
- main.ts：入口文件，在该文件中创建 Vue App。

完成上面几个步骤后，就可以进入自定义项目配置阶段。

13.1.2　添加全局样式和代码规范配置

全局样式配置包括全局 UI 样式加载、公共样式封装和 CSS 变量定义等。代码规范主要用于配置格式化风格和设置保存自动格式化。

1. 添加全局样式

在处理样式时，统一用 Less 文件代替 CSS 文件，具体步骤如下。

（1）在 styles 目录下创建 main.less 文件，用于定义全局样式。

在 main.less 文件中一般会统一修改某些元素或 UI 组件的默认样式，或者将使用频率较高的布局样式封装为公共类名，这样可以避免常用样式在多个组件中重复定义。关于 main.less 文件中的样式代码，请参考本书的配套资源。

除定义全局样式外，在 main.less 文件中还可以加载其他的 Less 文件或 CSS 文件。在入口文件中注册了 Element Plus 框架，但是没有引入样式，所以可以在 main.less 文件顶部引入样式：

```less
// main.less
@import 'element-plus/dist/index.css';
```

（2）创建 styles/variable.css 文件，用于自定义 CSS 变量。

CSS 变量是浏览器新支持的样式复用方式，极大地方便了修改主题这类功能的实现。Element Plus 框架也使用 CSS 变量来定义主题配置。下面是笔者定义的 CSS 变量：

```css
:root {
  --el-color-primary: #1e80ff;      // 主颜色
  --font-color1: #252933;           // 文本颜色1
  --font-color2: #515767;           // 文本颜色2
  --font-color3: #8a919f;           // 文本颜色3
  --bg-color1: #f7f8fa;             // 背景颜色1
  --bg-color2: #ecf5ff;             // 背景颜色2
  --border-color: #e4e6eb;          // 边框颜色
  --header-height: 60px;            // 头部高度
}
```

上述代码中定义的--el-color-primary 变量表示 Element Plus 框架的主题色。在定义--el-color-primary 变量之后就会覆盖 Element Plus 框架的默认主题色，从而实现自定义主题的效果。

在样式入口文件 styles/main.less 中引入 variable.css 文件后，该文件会立即生效：

```
// main.less
@import 'element-plus/dist/index.css';
@import './variable.css';
```

（3）在入口文件 main.ts 中导入全局样式文件并且使其生效：

```
// main.ts
import './styles/main.less'
```

在加载样式之后，在页面中使用 Element Plus 框架的组件，可以发现 UI 已经生效。

（4）在.vue 组件中使用 Less 语法定义局部样式。

在组件中使用 Less 语法很简单：在 style 标签上添加 lang="less"标识即可。另外，组件中的样式也可以直接使用 CSS 变量，代码如下：

```
<style lang="less">
span {
  color: var(--el-color-primary);
}
</style>
```

2. 添加代码规范配置

代码规范配置主要是指 Prettier 的配置。Prettier 是一款代码格式化工具，需要搭配编辑器插件使用。Prettier 提供的配置文件.prettierrc.json 用于定义格式化规则。

提示　关于 Prettier 更详细的使用方法及代码规范的相关知识请参考 10.4 节。

（1）创建配置文件.prettierrc.json，在其中写入如下代码：

```
{
  "singleQuote": true,              // 使用单引号
  "semi": false,                    // 结尾不使用分号
  "arrowParens": "avoid",
  "bracketSpacing": true,
  "jsxBracketSameLine": true,
  "requirePragma": false,
  "overrides": [
    {
      "files": ["*.json"],
      "options": {
        "parser": "json-stringify"
      }
```

```
    }
  ]
}
```

（2）在 VSCode 编辑器中搜索并安装 Prettier – Code formatter 插件。

搜索到 Prettier – Code formatter 插件的界面如图 13-1 所示，安装完成后即可使用编辑器格式化代码。

图 13-1

（3）在编辑器设置中配置"保存自动格式化"。

如果没有配置过"保存自动格式化"，就单击编辑器左下角的"设置"图标，选择"设置"→"打开设置"命令，切换到 JSON 格式，并添加以下配置：

```
{
  "editor.defaultFormatter": "esbenp.prettier-vscode", // 配置默认格式化方式
  "editor.formatOnSave": true                          // 开启自动格式化
}
```

在开启自动格式化之后，当保存文件时代码会按照配置文件的规则自动格式化。

13.1.3　添加统一路由配置、统一请求配置

在项目中，通常一个路由代表一个页面，只有把项目中单独的页面都配置成路由，才能实现页面切换功能。因为在页面交互时会调用接口，所以还需要配置一个公共的请求对象，用于统一处理请求逻辑。

1. 配置路由

在项目生成后，创建了默认的路由文件 router/index.ts 并在入口文件中注册了该文件。需要修改 router/index.ts 文件的代码，将其变成适合本项目的路由配置。

（1）将路由文件 router/index.ts 中的代码修改为如下形式：

```
import { createRouter, createWebHistory } from 'vue-router'
import routes from './routes'
const router = createRouter({
```

```
  history: createWebHistory(import.meta.env.BASE_URL),
  routes,
})
export default router
```

（2）创建 router/routes.ts 文件，先在其中定义路由配置数组，再将其导出。

下面定义首页路由。首先创建首页组件 pages/home/index.vue，然后在其中添加首页路由配置，代码如下：

```
import HomeView from '@/pages/home/index.vue'
const routes = [{
  path: '/',
  name: 'home',
  component: HomeView,
}]
export default routes
```

将首页组件与路径"/"绑定在一起，在访问该路径时就能匹配到首页组件。

2. 配置请求

基于 Axios 定义一个全局请求实例，并添加请求拦截器和响应拦截器，这样可以统一执行一些请求和响应的处理，具体步骤如下。

（1）先创建 request/index.ts 文件，再在该文件中创建一个 Axios 实例并导出：

```
import axios, { type AxiosInstance } from 'axios'
const instance: AxiosInstance = axios.create({
  baseURL: 'https://xxxx',
  timeout: 15000,
  headers: {
    'Content-Type': 'application/json',
  },
})
export default instance
```

在上述代码中，baseURL 选项表示接口的基础 URL 地址，需要填写第 12 章发布的云函数的 URL 地址，这样使用该实例时才能请求到自己开发的接口。

（2）添加请求拦截器，在每次请求前自动添加请求头参数：

```
instance.interceptors.request.use(request => {
  request.headers.Authorization = 'Bearer ' + (localStorage.token || '')
  return request
})
```

上述代码中的 localStorage.token 存储的是登录接口返回的 token，并将其添加到请求头 Authorization 上，以保证每次请求都会经过接口权限验证。

（3）添加响应拦截器，以统一处理不同情况下的返回异常并提示，代码如下：

```
import { ElMessage } from 'element-plus'
instance.interceptors.response.use(
  response => response.data,
  error => {
    if (error.response) {
      let response = error.response
      if (response.status === 401) {
        ElMessage.error('登录已过期，请重新登录')
        localStorage.removeItem('token')
      } else {
        ElMessage.error(response.message)
      }
    }
    return Promise.reject(error)
  }
)
```

在上述代码中，响应拦截器接收了两个函数作为参数，这两个函数分别在响应成功和响应失败后执行。在第二个函数中通过判断 401 状态码可以捕捉到用户登录验证失败的情况，此时会清除本地缓存并提示用户重新登录。

13.1.4 初始化 Git 仓库并添加相关配置

在项目初始化之后，如果没有集成 Git 仓库，就需要手动配置。集成 Git 仓库比较简单，主要步骤如下。

（1）执行以下命令生成本地 Git 仓库，默认生成的本地仓库分支为 main：

```
$ git init
```

（2）创建.gitignore 文件，编写 Git 仓库忽略的文件或目录：

```
npm-debug.log*
yarn-debug.log*
yarn-error.log*

node_modules
.DS_Store
dist
```

```
.vscode/*
!.vscode/extensions.json
.idea
```

在大多数情况下，Git 仓库只会将源码文件纳入版本管理，一些自动生成的文件或文件夹会被排除在外（如 node_modules 目录和 dist 目录）。因此，将不需要进行版本管理的文件放在.gitignore文件中，它们会自动被 Git 仓库忽略。

（3）修改一些代码，并创建第一个提交：

```
$ git add .
$ git commit -m 'feat: 初始化提交'
```

创建后的提交存储在本地，可以通过 git log 命令查看。

（4）先在 GitHub 中新建一个名为 jueblog-frontend 的仓库，再在项目中关联此仓库。假设创建的仓库的地址为 https://github.com/***/jueblog-frontend，那么关联该仓库的方法就是在项目根目录下执行以下命令，这样便为项目添加了一个名为 origin 的远程仓库：

```
$ git remote add origin https://github.com/***/jueblog-frontend
```

（5）将本地仓库的 main 分支推送到远程仓库中：

```
$ git push -u origin main
```

推送代码和拉取代码是常用的操作。从远程仓库中拉取最新代码的命令如下：

```
$ git pull origin main
```

（6）使用 git cz 命令（代替 git commit 命令）规范要提交的信息。

git cz 命令由工具 cz-conventional-changelog 提供。cz-conventional-changelog 是用来规范提交信息的工具（如果读者不熟悉该工具，请查阅 10.6 节的内容，此处不再赘述）。

（7）创建新分支 develop 表示开发分支：

```
$ git checkout -b develop
```

之后的代码编写都要在 develop 分支上进行。在准备上线时，把需要上线的代码合并到 main 分支上，并将 main 分支上的代码进行部署。

13.2　开发全局公共组件

定义在 pages 文件夹下的组件是页面组件，其他的组件则是公共组件。在入口文件中加载的第一个组件是 App.vue，该组件是项目的根组件，用于定义页面结构和加载路由。

13.2.1　开发根组件 App.vue

根组件 App.vue 是所有页面都会加载的组件。分析掘金项目的页面布局，可以看出其采用的是经典的上下结构，所以笔者将 App.vue 中的模板也编写为上下结构。

（1）编写组件模板部分，采用简单的上下结构：

```
<template>
  <div id="root-layout">
    <div id="header-layout">
      <!--头部组件区域-->
    </div>
    <div id="main-layout">
      <!--路由区域-->
    </div>
  </div>
</template>
```

（2）定义一个表示头部高度的 CSS 变量（后续会在多处使用）：

```
// styles/variable.css
:root {
  --header-height: 60px;
}
```

（3）在 styles/main.less 文件中添加根组件样式时会使用上一步添加的 CSS 变量来设置头部高度，并为路由区域填充剩余高度，样式代码如下：

```
#root-layout {
  overflow: auto;
  #header-layout {
    height: var(--header-height);
    position: fixed;  left: 0;  right: 0;  top: 0px;
    background: #fff;
  }
  #main-layout {
    max-width: 1200px;
    margin: var(--header-height) auto 0px auto;
  }
}
```

（4）在模板的路由区域引入路由视图组件 RouterView，可以将匹配到的路由渲染到这里，代码如下：

```
import { RouterView } from 'vue-router'
// 模板部分
<div id="main-layout">
  <RouterView />
</div>
```

（5）创建公共头部组件 components/cus-header/index.vue 并导入，在头部组件区域添加该组件，代码如下：

```
import CusHeader from '@/components/cus-header/index.vue'
// 模板部分
<div id="header-layout">
  <CusHeader />
</div>
```

此时根组件的基本代码已经编写完成，下面编写公共头部组件代码。

13.2.2　开发头部组件

公共头部组件存放在 components/cus-header 文件夹中。因为头部组件中包含的内容比较多，所以需要将较为复杂的消息弹框和用户弹框划分为两个单独的子组件，下面分别实现这两个子组件。

1. 消息弹框子组件

消息弹框子组件会展示当前用户未读消息的数量，并用小红点表示。该组件需要请求未读消息接口，并按照分类展示消息。详细的开发步骤如下。

（1）创建消息弹框子组件 message.vue，并编写组件的模板，代码如下：

```
<div class="header-message">
  <el-popover popper-class="header-message-popover">
    <template #reference>
      <el-badge :value="msgInfo.total" class="total-badge">
        <span class="icon-wrap">
          <el-icon :size="25"><BellFilled /></el-icon>
        </span>
      </el-badge>
    </template>
    <div class="btn-wrap">
      <el-button text>
        <span>评论</span> <el-badge :value="msgInfo.comment" />
      </el-button>
      <el-button text>
```

```
      <span>赞和收藏</span> <el-badge :value="msgInfo.praise"/>
    </el-button>
    <el-button text>
      <span>新增粉丝</span> <el-badge :value="msgInfo.follow"/>
    </el-button>
  </div>
 </el-popover>
</div>
```

（2）创建文件 stores/message/index.ts 表示消息 Store，并定义消息状态 msgInfo 和获取消息的方法 getMessage()，代码如下：

```
const mesgStore = defineStore('message', {
  state: () => ({
    msgInfo: {
      comment: 0, praise: 0,
      follow: 0, total: 0,
    } as MessageType,  // 各类消息数量
  }),
  actions: {
    getMessage: async () => {
      try {
        let res = await request.get('/messages/preview')
        this.msgInfo = res;
      } catch (error) {
        console.log(error)
      }
    },
  },
})
```

上述代码通过 getMessage()方法调用获取消息的接口，并将返回数据赋值给 msgInfo 状态。在组件的 JavaScript 代码中导入消息 Store 并调用 getMessage()方法即可。

最终消息弹框子组件的界面如图 13-2 所示。

图 13-2

2.　用户弹框子组件

在用户登录之后，头部组件的最右侧会显示用户头像，单击用户头像会出现一个弹框展示用户信息和部分操作按钮。用户弹框子组件与消息弹框子组件的实现方式非常类似，前者绑定的是消息数据，而后者绑定的是用户数据。

创建 user.vue 文件表示用户弹框子组件，在该组件中会展示一个"退出登录"按钮。在用户单击"退出登录"按钮时，需要清除本地存储中的 token 和 user_info，此时应用就变成未登录状态。最终的界面如图 13-3 所示。

图 13-3

最后创建头部组件 index.vue，并将子组件 message.vue 和 user.vue 导入其中，同时添加 Logo、菜单和"开始创作"按钮等基础元素，一个公共头部组件就完成了（具体代码请查阅本章的配套资源）。

13.2.3　开发登录组件

在掘金项目的设计中，登录入口不是一个页面而是一个弹框，这意味着用户无论登录与否都可以进入首页。但如果用户触发了需要登录的按钮，或者调用接口时返回 401 状态码，那么页面会阻止默认行为并弹出登录框提示用户登录。

因此，不同于其他组件，登录组件需要通过一个外部状态来控制是否显示登录框。在项目中的任意地方需要弹出登录框时，可以通过修改该状态来实现。

（1）创建登录组件 components/cus-login/index.vue，编写模板代码：

```
<el-dialog v-model="visible" :show-close="false" width="26%">
  <div class="form-wrap">
```

```
      <div class="form-item">
        <el-input v-model="form.phone" placeholder="请输入手机号" />
      </div>
      <div class="form-item">
        <el-input v-model="form.password" placeholder="请输入密码" />
      </div>
      <div class="form-item button">
        <el-button type="primary" @click="toLogin">登录/注册</el-button>
      </div>
    </div>
  </el-dialog>
```

模板代码中提供了手机号和密码输入框，单击"登录"按钮后要请求登录接口，执行登录逻辑。同时会检测账号是否已注册，若未注册则执行注册逻辑。

（2）编写组件的 JavaScript 代码，引入资源并添加登录方法 toLogin()：

```
import { userStore } from '@/stores'
const lostore = userStore()
const visible = ref(false)
const form = ref({
  phone: '', password: '',
})
// 登录方法
const toLogin = () => {
  let { phone, password } = form.value
  if (!phone && !password) {
    return ElMessage.error('账号密码不为空')
  }
  lostore.login(form.value, bool => {
    visible.value = false
  })
}
defineExpose({ visible })
</script>
```

在上述代码中，变量 visible 用于控制弹框显示，可以通过 defineExpose()方法将该状态抛出去，这样就可以在组件外部（父组件）修改该状态。

在上述代码中，最关键的是导入了用户 Store。该仓库中定义的 need_login 状态用来表示是否需要登录，login()方法用来执行具体的登录逻辑。下面创建该仓库。

（3）创建文件 stores/user/index.ts 表示用户 Store：

```
const userStore = defineStore('user', {
  state: () => ({
    need_login: false,                    // 是否需要登录
    user_info: null as UserInfoType | null, // 用户信息
  }),
  actions: {
    showLogin() {
      this.need_login = true
    },
    // 登录执行的方法
    async login(form: any, fun: (bool: boolean) => void) {
      try {
        let res: any = await request.post('/users/login', form)
        if (res.code != 200) {
          fun(false)
          return ElMessage.error(res.message)
        }
        localStorage.setItem('token', res.token)
        fun(true)
      } catch (error) {
        fun(false)
      }
    },
  },
})
```

上述代码定义了 need_login 状态和 user_info 状态，这两个状态分别表示是否需要登录和用户信息。login()方法用来调用登录接口，登录成功后会将 token 存储在 localStorage 中。

登录成功后往往要获取并存储用户信息（具体实现请参考本书的配套资源）。

（4）在根组件 App.vue 中注册登录组件，并监听仓库状态控制登录弹框的显示。

在模板中注册登录组件，并添加一个 ref 引用：

```
<div id="main-layout">
  <RouterView />
  <CusLogin ref="L" />
</div>
```

在 JavaScript 代码中导入用户 Store，通过 watch 监听 need_login 状态变为 true 时显示登录框：

```
<script setup lang="ts">
```

```
import { userStore } from '@/stores'
const ustore = userStore()
const L = ref(null)
const need_login = computed(() => ustore.need_login)
watch(need_login, val => {
  if (val) L.value.visible = true;  // 显示登录框
})
</script>
```

（5）在全局请求库 request/index.ts 中拦截到 401 状态码时弹出登录框：

```
import { userStore } from '@/stores'
...
if (response.status === 401) {
  localStorage.removeItem('token')
  userStore().showLogin()                    // 显示登录框
}
```

如果要在单击其他按钮时也弹出登录框，那么可以采用上述方法来完成。

至此，登录组件和相关登录功能已经开发完成。页面中的登录框如图 13-4 所示。

图 13-4

13.2.4　开发编辑器组件

掘金的文章编辑器特别好用。该编辑器是一个开源项目，并且有 Vue.js 3 版本的组件，因此可以快速集成。编辑器组件的开发步骤如下。

（1）安装编辑器组件@bytemd/vue-next 及需要使用的插件：

```
$ yarn add @bytemd/vue-next @bytemd/plugin-gfm @bytemd/plugin-highlight
@bytemd/plugin-medium-zoom @bytemd/plugin-mermaid
```

上述命令中安装了许多插件，这些插件用于拓展编辑器的功能。

（2）创建编辑器组件 components/cus-editor/index.vue，代码如下：

```
<div class="cus-editor-comp">
  <Editor
    :value="props.modelValue"
    :plugins="plugins"
    :locale="zhHans"
    @change="handleChange"
  />
</div>
```

Editor 是@bytemd/vue-next 导出的组件，在使用时传入要编辑的内容和修改内容的方法，支持传入语言选项和插件。

（3）添加组件的 JavaScript 代码，导入组件并定义相关的属性和方法。

因为在外部使用该组件时需要用 v-model 指令，所以要定义 v-model 指令对应的 props（modelValue）和 event（update:modelValue），代码如下：

```
<script lang="ts" setup>
import { Editor } from '@bytemd/vue-next'
import 'bytemd/dist/index.min.css'
const props = defineProps<{
  modelValue: string
}>()
const emit = defineEmits<{
  (e: 'update:modelValue', ctx: string): void
}>()
const handleChange = (ctx: string) => {
  emit('update:modelValue', ctx)
}
</script>
```

还需要加载编辑器需要的插件列表，引入汉化语言配置，代码如下：

```
import gfm from '@bytemd/plugin-gfm'
import hig from '@bytemd/plugin-highlight'
import zoom from '@bytemd/plugin-medium-zoom'
import ig from '@bytemd/plugin-mermaid'
import zhHans from 'bytemd/lib/locales/zh_Hans.json' //汉化
const plugins = [gfm(), hig(), zoom(), ig()]
```

（4）创建一个单独的文件 index.less 定义 Markdown 内容的样式，并且在组件的样式中导入，代码如下：

```
<style lang="less">
@import './index.less';
.cus-editor-comp {
  .cus-markdown-style();
}
</style>
```

最终编辑器的界面如图 13-5 所示。

图 13-5

13.3 开发首页

首页主要用来展示文章数据，包含左侧的文章分类和中间的文章列表，以及右侧的其他信息模块。所以，首页采用的是典型的左-中-右布局。

13.3.1 开发文章分类子组件

文章分类子组件需要获取文章分类数据，因此，需要先定义文章 Store 存储该数据，再创建组件并关联数据做渲染，详细步骤如下。

（1）创建首页左侧的文章分类组件 pages/home/nav.vue，代码如下：

```
<div class="main-nav">
  <div
    :class="['cato-item', { active: active == item.key }]"
    v-for="item in props.category"
    @click="onClick(item)"
  >
```

```
    <el-icon :size="18"><Opportunity /></el-icon>
    <span class="text">{{ item.label }}</span>
  </div>
</div>
```

上述代码用来接收传入的文章分类数据 category，并在单击选中时添加一个 active 类名。

（2）添加文章分类组件的 JavaScript 代码，定义所需的 Props 和自定义事件，并通过路由地址获取当前选中的分类，代码如下：

```
import { Opportunity } from '@element-plus/icons-vue'
const props = defineProps<{
  category: any[]
}>()
const emit = defineEmits<{
  (e: 'onFilter', json: Record<string, string>): void
}>()
const route = useRoute()
const active = ref('all')
const onClick = (item: any) => {
  active.value = item.key
  emit('onFilter', { category: item.key })
}
onMounted(() => {
  active.value = (route.query['category'] as string) || 'all'
})
```

13.3.2　开发文章列表子组件

文章列表子组件包括顶部的排序方式切换和下方的文章列表。该组件需要从文章 Store 中获取文章数据，并且在切换排序方式时重新请求数据。

（1）创建首页的文章组件 pages/home/articles.vue，编写的模板代码如下：

```
<div class="main-articles">
  <div class="cus-tabs-header">
    <ul @click="onFilter">
      <li data-val="hot" :class="{ active: orderby == 'hot' }">最热</li>
      <li data-val="new" :class="{ active: orderby == 'new' }">最新</li>
    </ul>
  </div>
  <Articles :articles="props.articles" />
</div>
```

模板代码很简单，只定义了排序方式和一个 Articles 组件。Articles 组件负责渲染文章列表数据，因为文章列表在个人中心也会用到，所以将它提取出来作为公共组件。Articles 组件的具体实现请参考本书的配套资源。

（2）创建组件的 JavaScript 代码，这里要引入 Articles 组件，以及定义父组件传递的 Props（articles）和自定义事件（onFilter），代码如下：

```javascript
import Articles from '@/pages/article/lists.vue'
const route = useRoute()
const orderby = ref('hot')
const props = defineProps<{
  articles: any[]
}>()
const emit = defineEmits<{
  (e: 'onFilter', json: Record<string, string>): void
}>()
const onFilter = (e: MouseEvent) => {
  let dom: any = e.target
  orderby.value = dom.dataset.val
  emit('onFilter', { orderby: orderby.value })
}
onMounted(() => {
  orderby.value = (route.query['orderby'] as string) || 'hot'
})
```

最终文章列表的界面效果如图 13-6 所示。

图 13-6

13.3.3 创建文章 Store，定义状态和方法

文章 Store 主要存储文章数据和文章分类数据，以及定义从接口中获取数据的方法。此外，文章

Store 还要定义文章操作相关的接口，包括点赞、收藏和修改文章等。下面先定义获取列表的方法。

（1）创建文件 store/article/index.ts 表示文章 Store，添加文章分类状态、文章列表状态，以及获取状态的方法，代码如下：

```
const artiStore = defineStore('article', {
  state: () => ({
    articles: [] as ArticleType[],      // 文章列表
    categories: [] as CategoryType[],   // 文章分类
    meta: {
      page: 1, per_page: 10, total: 0,
    }, // 分页信息
  }),
  actions: {
    // 获取文章分类
    async getCategory() {
      try {
        let res: any = await request.get('/arts/category')
        this.categories = res
      } catch (error) {}
    }
  }
})
```

在上述代码中，文章列表数据包含分页，所以需要存储分页状态。getCategory()方法用于获取文章分类数据。关于获取文章列表数据的 getArticles()方法、文章类型 ArticleType 的定义，请参考本书的配套资源。

（2）在 store/index.ts 文件中导出文章 Store 供组件使用：

```
export { default as articleStore } from './article'
```

13.3.4　创建首页入口组件，组合各个子组件

前面已经开发了文章分类子组件和文章列表子组件，本节将这两个组件组合到一起，创建一个新的首页入口组件。在该组件中不仅可以获取文章 Store 的数据并将其传递给子组件，还可以定义页面布局和数据筛选的方法。具体的实现步骤如下。

（1）创建文件 pages/home/index.vue 表示首页入口组件，编写 JavaScript 代码：

```
import { articleStore } from '@/stores'
import NavComp from './nav.vue'
import Articles from './articles.vue'
import Others from './other.vue'
```

```
const store = articleStore()
const filter = ref({})
const onFilter = (json: Record<string, string>) => {
  filter.value = {
    ...filter.value, ...json,
  }
  store.getArticles(filter.value)
}
onMounted(() => {
  store.getCategory()
  store.getArticles(filter.value)
})
```

在上述代码中，不仅导入了文章分类子组件和文章列表子组件，还导入了文章 Store，并且在组件初始化时获取了文章分类数据和文章列表数据。

其中，onFilter()方法由子组件的自定义事件触发，表示修改了文章的过滤参数。触发该方法时用新的参数请求文章列表数据。

（2）编写组件的模板代码：

```
<main class="main-box">
  <NavComp :category="store.categories" @on-filter="onFilter" />
  <div class="main-ctx">
    <Articles :articles="store.articles" @on-filter="onFilter" />
    <Others />
  </div>
</main>
```

因为大部分代码都在子组件中，所以上面的模板代码比较简洁。在此之前已经为首页配置了路由，现在访问首页地址就可以定位到该组件，页面效果如图 13-7 所示。

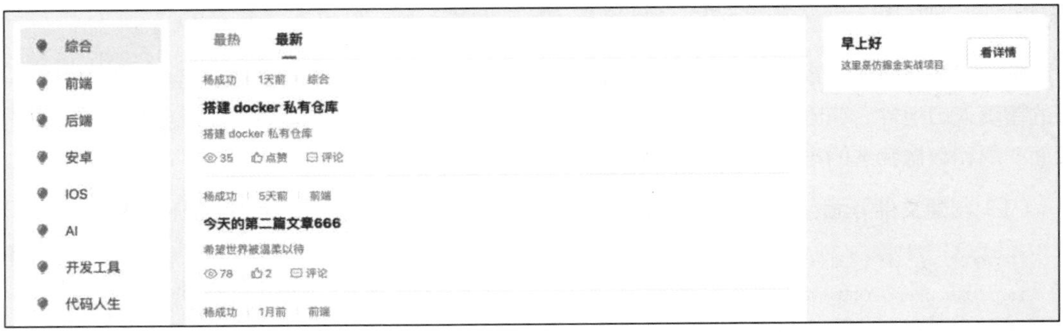

图 13-7

13.4　开发文章详情页

文章详情页是本项目中比较复杂的页面，包括 Markdown 渲染页面，点赞、收藏、评论，以及目录解析等功能。该页面整体采用左-中-右三栏布局，分别是操作模块、内容模块和目录模块。定义的模板结构如下：

```
<div class="article-detail-page">
  <div class="handle-box">
    <!--操作模块-->
  </div>
  <div class="main-box fx">
    <div class="content-panel">
      <!--内容模块-->
    </div>
    <div class="other-panel">
      <!--目录模块-->
    </div>
  </div>
</div>
```

13.4.1　开发文章的点赞、收藏功能

页面左侧有"点赞"按钮、"收藏"按钮和"评论"按钮，单击后调用接口并根据执行结果计算状态（如计算点赞数量、计算是否已点赞）。

（1）在文章 Store 中定义获取文章详情、点赞/取消点赞、收藏/取消收藏的方法：

```
{
  // 文章详情
  async getArtDetail(id: string, fun: (data: ArticleType) => void) {
    try {
      let res: any = await request.get('/arts/detail/' + id)
      fun(res)
    } catch (error) {}
  },
  // 操作点赞/收藏
  async togglePraise(data: any, fun: (bool: boolean) => void) {
    try {
      data.target_type = 1
```

```
      let res: any = await request.post('/praises/toggle', data)
      fun(res.action == 'create' ? true : false)
    } catch (error) {}
  },
}
```

（2）创建文件 pages/article/detail.vue 表示文章详情组件，在模板代码中添加左侧的 3 个操作按钮，分别是"点赞"按钮、"评论"按钮和"收藏"按钮：

```html
<div class="handle-box" v-if="article">
  <div :class="icon-act fx-c" @click="toPraiseOrStart(1)">
    <el-badge :value="article.praises" :hidden="article.praises == 0">
      <span class="iconfont icon-zan2"></span>
    </el-badge>
  </div>
  <div class="icon-act fx-c">
    <el-badge :value="article.comments" :hidden="article.comments == 0">
      <span class="iconfont icon-wenda2"></span>
    </el-badge>
  </div>
  <div :class="icon-act fx-c" @click="toPraiseOrStart(2)">
    <el-badge :value="article.stars" :hidden="article.stars == 0">
      <span class="iconfont icon-xing"></span>
    </el-badge>
  </div>
</div>
```

在上述代码中，文章的点赞数量、收藏数量和评论数量等都已经通过接口返回，只要取字段展现即可。在单击按钮时，触发 toPraiseOrStart()方法，在该方法中调用点赞或收藏接口，并计算更新本地数据中的点赞数量/收藏数量（详细代码请参考本书的配套资源）。

（3）为文章详情页添加一条路由配置，使其可以通过 URL 地址访问：

```
{
  path: '/article/:id',
  name: 'article',
  component: () => import('@/pages/article/detail.vue'),
}
```

至此，文章详情页就可以通过/article/xxx 路径进行访问。

13.4.2 开发 Markdown 渲染组件

文章内容要通过渲染 Markdown 展示，因此需要一个名为 showdown 的第三方解析库，根据该库封装一个公共的 Markdown 渲染组件，具体步骤如下。

（1）安装 showdown 的相关依赖：

```
$ yarn add showdown showdown-highlight
```

（2）创建 components/mk-render/index.vue 文件表示渲染组件，模板代码如下：

```
<article className="cus-mk-render" v-html="content"></article>
```

模板代码只是一个解析内容的标签，将 Markdown 内容渲染为 HTML 节点。

（3）编写组件的 JavaScript 代码，接收字符串文本并解析，代码如下：

```
import showdown from 'showdown'
import showdownHighlight from 'showdown-highlight'

const content = ref('')
const props = defineProps<{
  content: string
}>()
onMounted(() => {
  let converter = new showdown.Converter({
    extensions: [
      showdownHighlight({ pre: true }),
    ],
  })  // 将文本转成 HTML
  content.value = converter.makeHtml(props.content)
})
```

（4）添加组件样式。因为渲染的样式要和编辑器预览模块的样式一致，所以导入并复用编辑器的样式即可，代码如下：

```
<style lang="less">
@import '../cus-editor/index.less';
.cus-mk-render {
  padding: 0 30px;
  line-height: 1.75;
  font-size: 15px;
  .cus-markdown-style();
}
</style>
```

13.4.3　开发文章内容展示模块

内容模块主要用于解析 Markdown 内容。引入 13.4.2 节创建的渲染组件，并添加一些其他元素，如标题、时间等。解析时间需要使用第三方模块 dayjs。

（1）安装 dayjs：

```
$ yarn add dayjs
```

（2）编写内容模块的模板代码：

```
<div class="content-panel">
  <div class="content" v-if="article">
    <h1 className="art-title">{{ article.title }}</h1>
    <div className="options">
      <span className="uname">{{ article.user.username }}</span>
      <span className="time">
        {{ dayjs(article.created_at).format('YYYY-MM-DD HH:mm') }}
      </span>
      <span class="fx">
        <span class="iconfont icon-liulan"></span>
         {{ article.page_view }}
      </span>
      <a className="edit" @click="toEdit">编辑</a>
    </div>
    <MkRender :content="article.content" />
  </div>
</div>
```

（3）添加内容模块的 JavaScript 代码：

```
import dayjs from 'dayjs'
import MkRender from '@/components/mk-render/index.vue'
const toEdit = () => {
  window.open('/operate/' + article.value._id)
}
```

13.4.4　开发文章作者和目录模块

右侧的目录模块主要用于展示作者基本信息和文章目录结构，比较简单。

（1）在获取文章详情数据之后，通过正则表达式从文章内容中取出一级目录和二级目录：

```
const directs = ref([])
directs.value = article.content.match(/#{1,2}.*/g)
```

（2）编写右侧模块的模板代码，其中目录结构是根据上一步取出的标题数据生成的（目前支持展示一级目录和二级目录），代码如下：

```
<div class="other-panel">
  <div class="direct-pan pan">
    <div class="title">目录</div>
    <ul>
      <template v-for="item in directs">
        <li v-if="item.includes('##')"> {{ item.trim().slice(2) }}</li>
        <li v-else>{{ item.trim().slice(1) }}</li>
      </template>
    </ul>
  </div>
</div>
```

右侧组件还具有用户信息展示、单击目录跳转到文章对应位置等功能，具体实现请参考本书的配套资源。

13.5　开发用户中心页

单击头部组件中的用户名和头像，或者文章详情页的用户名和头像，就会进入用户详情页。用户详情页 URL 地址中携带用户 ID，页面中展示用户的基本信息，以及用户已经发布的文章、沸点等。

13.5.1　开发用户基本信息模块

（1）创建文件 pages/user/index.vue 表示用户中心页，并添加一条路由配置：

```
{
  path: '/user/:id',
  name: 'user',
  component: () => import('@/pages/user/index.vue'),
},
```

（2）在组件的左侧部分编写个人信息模块，主要用于展示用户的基本信息。该模块中还有一个"编辑"按钮，单击该按钮会跳转到修改信息页面，但每个用户只能修改自己的基本信息。关于该模块的模板代码和样式代码请参考本书的配套资源。

（3）在 JavaScript 代码中，先从 URL 地址中获取用户 ID，再查询当前用户信息并保存，该信息会展示在模板代码中：

```
import { userStore } from '@/stores'
import { Ticket, UserFilled } from '@element-plus/icons-vue'
const { getUser } = userStore()
```

```
const route = useRoute()
const curuser = ref<UserType | null>(null)
const uid = ref(null)
onMounted(() => {
  let { id } = route.params
  uid.value = id as string
  getUser(uid.value, res => {
    curuser.value = res
  })
})
```

通过编写上面的代码，在访问个人中心页时就可以看到用户的基本信息和数据。

13.5.2　展示用户的文章和沸点数据

在用户的基本信息的下方要展示用户当前的文章和沸点列表。前面在首页和沸点页开发过公共列表组件，因此不需要重复开发，导入已有组件并传递数据即可。

（1）添加一个 tab 切换组件展示当前用户的文章和沸点数据，模板代码如下：

```
<div class="datainfo panel">
  <div class="cus-tabs-header">
    <ul @click="onChange">
      <li data-val="article" :class="{ active: tab == 'article' }">文章</li>
      <li data-val="shortmsg" :class="{ active: tab == 'shortmsg' }">沸点</li>
    </ul>
  </div>
  <Articles v-if="tab == 'article'" :articles="articles.data" />
  <ShortMsgs v-if="tab == 'shortmsg'" :shortmsgs="short_msgs.data" />
</div>
```

（2）编写 tab 切换组件的 onChange()方法，获取文章和沸点的列表数据并存储，导入公共文章和沸点列表组件。在 JavaScript 代码中添加如下代码：

```
import Articles from '@/pages/article/lists.vue'
import ShortMsgs from '@/pages/short-msg/lists.vue'
const tab = ref('article')
const articles = ref({
  meta: null, data: [],
})
const short_msgs = ref({
  meta: null, data: [],
})
const onChange = (e: MouseEvent) => {
  let dom: any = e.target
```

```
  tab.value = dom.dataset.val
  getData()
}
const getData = () => {
  ...
}
```

13.5.3　开发用户的个人成就模块

右侧用来展示个人成就，包括点赞量、阅读量和掘力值等（在个人信息数据中包含这些字段，直接获取展示即可），模板代码如下：

```
<div class="other-panel" v-if="curuser">
  <div class="achieve panel">
    <h3 class="achi-title">个人成就</h3>
    <div class="achi-body">
      <div class="row fx">
        <span>文章被点赞<span class="n">{{ curuser.good_num }}</span></span>
      </div>
      <div class="row fx">
        <span>文章被阅读<span class="n">{{ curuser.read_num }}</span></span>
      </div>
      <div class="row fx">
        <span>掘力值<span class="n">{{ curuser.jue_power }}</span></span>
      </div>
    </div>
  </div>
</div>
```

此外，还需要展示粉丝数量和关注者数量，这部分数据需要单独获取（关于本组件更详细的代码请参考本书的配套资源）。最终的用户中心页如图 13-8 所示。

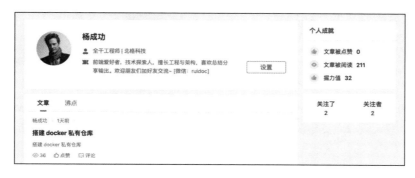

图 13-8

13.6 开发消息中心页

单击头部组件的小铃铛图标就可以进入消息中心页。该页面用于展示用户收到的消息列表，包括评论消息、点赞与收藏消息、关注消息，可以通过 tab 标签切换查看。

在 tab 标签上还会标记当前未读消息的数量，单击查阅后消息会标记为已读。该功能会在查询消息列表时自动标记。

13.6.1 开发消息类型 tab 标签

（1）创建文件 pages/messages/index.vue 表示消息中心页，并添加一条路由配置：

```
{
  path: '/messages',
  name: 'messages',
  component: () => import('@/pages/messages/index.vue'),
},
```

（2）编写 tab 标签的模板代码，并根据状态判断某个标签是否已被选中，当有未读消息时展示未读消息的数量：

```
<div class="banner-box">
  <ul class="fx" @click="onChange">
    <li data-val="1" :class="['hover', { active: type == '1' }]">
      评论 <el-badge :value="store.msgInfo.comment" />
    </li>
    <li data-val="2" :class="['hover', { active: type == '2' }]">
      点赞和收藏 <el-badge :value="store.msgInfo.praise"/>
    </li>
    <li data-val="3" :class="['hover', { active: type == '3' }]">
      新增粉丝 <el-badge :value="store.msgInfo.follow"/>
    </li>
  </ul>
</div>
```

（3）在消息 Store 中添加 getComment()方法、getPraises()方法和 getFollows()方法，分别用于获取评论消息、获取点赞与收藏消息和获取关注消息。关于这 3 个方法的具体实现请参考本书的配套资源。

（4）编写组件的 JavaScript 代码，包含引入 Store、获取 URL 地址、获取各类消息列表的 getMessage()方法：

```
const store = messageStore()
const type = ref('1')
const comments = ref([])              // 评论列表
const praises = ref([])               // 点赞列表
const follows = ref([])               // 关注者列表
const getMessage = () => {
  if (type.value == '1') {
    store.getComment(res => comments.value = res.data)
  }
  if (type.value == '2') {
    store.getPraises(res => praises.value = res.data)
  }
  if (type.value == '3') {
    store.getFollows(res => follows.value = res.data)
  }
}
```

13.6.2　开发消息列表模块

消息列表会随着 tab 标签切换成对应的列表，下面以评论消息列表为例展开介绍。

将获取到的评论消息列表数据进行渲染，并展示出评论的内容、创建者、被评论的文章或沸点的基本信息等，模板代码如下：

```
<div class="msgs-list" v-if="type == '1'">
  <div v-for="item in comments" class="msg-item fxt">
    <el-avatar :size="45">
      <img src="@/assets/avatar.png" />
    </el-avatar>
    <div class="msg-infos">
      <div class="udesc">
        <span class="u" @click="toLink(item.created_by, 1)"
          >{{ item.user.username }}</span>
        <span
          >{{ item.type == 'source' ? '评论了你的' : '回复了你在' }}{{
          item.source_type == 1 ? '文章' : '沸点' }}</span>
        <span v-if="item.source_type == 1" class="source">
          {{ item.article.title }}
        </span>
```

```
        <span v-else>沸点</span>
        <span v-if="item.type != 'source'">下的评论</span>
      </div>
      <div class="content">{{ item.content }}</div>
      <div class="time">{{ getTimer(item.created_at) }}</div>
    </div>
  </div>
</div>
```

评论列表主要用于展示各种类型的评论消息，需要处理的细节比较多。更多其他消息类型的列表展示与评论消息列表类似，具体的代码请参考本书的配套资源。

最终的消息列表页面如图 13-9 所示。

图 13-9

13.7 开发文章编辑发布页

文章编辑发布页对于作者来说是最重要的，因为要在该页面发布和编辑文章。该页面基于公共编辑器组件实现，并添加文章发布的参数选择、自动保存草稿箱等功能。

13.7.1 导入编辑器，编写页面基本结构

（1）创建文件 pages/article/operate.vue 表示文章编辑发布页，并添加一条路由配置：

```
{
  path: '/operate/:tag',
  name: 'operate',
  component: () => import('@/pages/article/operate.vue'),
}
```

（2）添加页面模板代码，包含文章标题输入框和编辑文章内容的编辑器组件，并且标题输入框右侧还有"草稿箱"按钮和"发布"按钮：

```
<div className="article-editor-page">
  <div className="top-bar fx-b">
    <input v-model="form.title" placeholder="请输入文章标题"/>
    <div className="right-box fx">
      <span class="tip">文章将自动保存至草稿箱</span>
      <el-button class="actmo">草稿箱</el-button>
      <div class="user-wrap">
        <el-avatar :size="32">
          <img src="@/assets/avatar.png" />
        </el-avatar>
      </div>
    </div>
  </div>
  <div className="main">
    <CusEditor v-model="form.content"/>
  </div>
</div>
```

（3）编写组件的 JavaScript 代码，导入编辑器组件，并定义存储数据的 from 对象。组件初始化后要从 URL 地址中获取参数，判断当前页面是新建文章还是编辑文章，在编辑时要获取文章详情数据，代码如下：

```
import CusEditor from '@/components/cus-editor/index.vue'
import { articleStore, userStore } from '@/stores'
const artstore = articleStore()
const route = useRoute()
const form = ref<Partial<ArticleType>>({
  title: '', content: '', category: 'all', intro: '',
})
const mode = ref('create')
onMounted(() => {
  let tag = route.params.tag as string
  mode.value = tag
  artstore.getCategory()
  if (tag != 'create') {
    artstore.getArtDetail(tag, data => form.value = data)
  }
})
```

在完成以上 3 个步骤之后看到的页面如图 13-10 所示。

图 13-10

13.7.2　添加发布弹框，编辑发布选项

在输入文章标题和内容之后，单击右上角的"发布"按钮会弹出一个完善发布选项的弹框，在弹框中可以编辑文章分类和文章简介。

（1）定义一个发布弹框组件，在组件内添加发布或修改文章需要完善的选项，并根据不同模式（创建或修改）展示不同的文字。该组件用于完善文章数据，因此还要做表单必填验证，详细的模板代码和样式代码请参考本书的配套资源。

（2）在文章 Store 中添加 createArt()方法、updateArt()方法和 publishArt()方法，分别表示创建文章、修改文章和发布文章，每个方法都请求对应的接口，请求成功后执行回调函数。以 updateArt()方法为例，代码如下：

```
// 修改文章
async updateArt(id: string, data: Partial<ArticleType>, fun: () => void) {
  try {
    let res: any = await request.put('/arts/update/' + id, data)
    fun()
  } catch (error) { }
},
```

（3）在 JavaScript 代码中添加 toPublish()方法，并根据当前页面的模式判断执行发布文章还是修改文章的逻辑，代码如下：

```
const loading = ref(false)
const toPublish = () => {
  let { title, content, category, intro } = form.value
  if (!title || !content || !category || !intro) {
```

```
    return ElMessage.error('选项不能为空')
  }
  loading.value = true
  if (form.value.status && form.value.status == 1) {
    artstore.updateArt(mode.value, form.value, () => {
      loading.value = false
      location.href = '/article/' + mode.value
    })
  } else {
    artstore.publishArt(mode.value, () => {
      loading.value = false
      location.href = '/article/' + mode.value
    })
  }
}
```

经过上面的开发步骤，发布的弹框如图 13-11 所示。

图 13-11

13.7.3　监听文本编辑，实现自动保存

在正式发布文章之前，需要监听文本编辑并自动将文章保存在草稿箱中，以防止文章丢失。

自动保存文章功能需要监听文本修改事件，同时要控制自动保存的触发频率，因此需要一个防抖函数。下面使用防抖函数监听文本修改，实现自动保存。

（1）在 utils/index.ts 文件中添加一个防抖函数，代码如下：

```
export const debounce = (fn: Function, delay = 1600) => {
  let timer: number | null = null
```

```
return (...args: any[]) => {
  if (timer) {
    clearTimeout(timer)
  }
  timer = setTimeout(function () {
    fn(...args)
  }, delay)
}
}
```

（2）在组件的 JavaScript 代码中导入防抖函数，并实现自动保存的 ctxChange()方法：

```
import { debounce } from '@/utils'
const ctxChange = debounce((key: 'title' | 'content') => {
  if (form.value.status && form.value.status == 1) return
  if (loading.value) return
  if (mode.value == 'create' && form.value[key]) {
    loading.value = true
    artstore.createArt(form.value, res => {
      mode.value = res._id
      router.push({ params: { tag: res._id } })
      loading.value = false
    })
  }
  if (mode.value != 'create') {
    loading.value = true
    artstore.updateArt(mode.value, form.value, () => {
      loading.value = false
    })
  }
}, 3000)
```

在上述代码中，自动保存的 ctxChange()方法被限制为最多 3 秒执行一次。首次调用该方法时会执行创建文章的逻辑，之后的保存都会执行更新文章的逻辑。

13.8　开发沸点页

沸点页用于查看和发布沸点消息。沸点的发布和列表在同一个页面展示，并且没有修改和删除，比文章简单不少。沸点页采用和首页一样的左-中-右布局。

13.8.1　开发沸点圈子组件

沸点圈子组件与首页的文章分类组件大部分是一致的，只是数据不一样，只需要修改一些接收的 Props 名称即可。

（1）创建文件 pages/short-msg/nav.vue 表示沸点圈子组件，先复制文章分类组件的代码并粘贴到该组件中，再将 Props 的定义修改为如下形式：

```
const props = defineProps<{
  groups: any[]
}>()
```

（2）模板代码中的数据绑定也不一样，修改的部分如下：

```
<div
  :class="['cato-item', { active: active == item.key }]"
  v-for="item in props.groups"
  @click="onClick(item)"
>
  <el-icon :size="18"><Opportunity /></el-icon>
  <span class="text">{{ item.label }}</span>
</div>
```

至此，一个沸点圈子组件就完成了。

13.8.2　创建沸点 Store，定义状态和方法

沸点 Store 主要存储沸点列表数据和沸点圈子数据，定义获取数据的方法。同时，还要有创建、点赞和删除沸点的操作方法。

（1）创建文件 store/short-msg/index.ts 表示沸点 Store，定义状态 shortmsgs 和 groups 分别存储沸点列表数据和沸点圈子数据，代码如下：

```
const stmsgStore = defineStore('short-msg', {
  state: () => ({
    shortmsgs: [] as ShortMsgType[],
    groups: [] as GroupType[],
    meta: {
      page: 1, per_page: 10, total: 0,
    },
  }),
  actions: {
    // 沸点圈子
    async getGroups() {
      try {
```

```
        let res: any = await request.get('/stmsgs/group')
        this.groups = res
      } catch (error) {}
    },
  },
})
```

上述代码先通过 getGroups()方法从接口中获取沸点分类数据，再为状态赋值。getShortmsgs()方法用于获取沸点列表数据，这里不再赘述。

（2）添加 createMsg()方法、removeMsg()方法和 togglePraise()方法分别表示创建沸点、删除沸点和点赞/取消点赞沸点。下面以 togglePraise()方法为例进行介绍，代码如下：

```
// 点赞/取消点赞沸点
async togglePraise(data: any, fun: (bool: boolean) => void) {
  try {
    data.type = 1
    data.target_type = 2
    let res: any = await request.post('/praises/toggle', data)
    fun(res.action == 'create' ? true : false)
  } catch (error) {}
}
```

沸点 Store 中还定义了其他用于操作沸点数据的方法，具体实现请参考本书的配套资源。

（3）在 store/index.ts 文件中导出沸点 Store：

```
export { default as shortmsgStore } from './short-msg'
```

13.8.3 开发沸点列表组件，展示和操作沸点

沸点列表组件是一个公共组件，在用户中心页也会用到。因此，该组件只接收列表数据并渲染，同时在列表项中添加删除功能。

（1）创建文件 pages/short-msg/lists.vue 表示公共沸点列表组件，模板代码如下：

```
<div class="shortmsg-lists">
  <div class="msgs-item" v-for="item in props.shortmsgs">
    <div class="pad-wrap">
      <div class="user-meta fx">
        <el-avatar :size="48" :src="item.user.avatar"></el-avatar>
        <div class="desc-area">
          <h3 @click="toUser(item.user._id)">{{ item.user.username }}</h3>
          <span class="desc fx">
            {{item.user.position}} <i /> {{getTimer(item.created_at) }}
          </span>
```

```
        </div>
      </div>
      <div class="content-box">
        <p>{{ item.content }}</p>
      </div>
    </div>
  </div>
</div>
```

上述代码遍历了 props.shortmsgs 并展示了沸点内容和作者信息。shortmsgs 是从组件外部传入的沸点列表数据，只需要接收并渲染即可。

（2）编写 JavaScript 代码导入沸点 Store，定义 Props 和自定义事件，代码如下：

```
import { shortmsgStore } from '@/stores'
import { getTimer } from '@/utils'
const store = shortmsgStore()
const props = defineProps<{
  shortmsgs: ShortMsgType[]
}>()
const emit = defineEmits<{
  (e: 'onFilter', json: Record<string, string>): void
}>()
```

最终的沸点列表页面如图 13-12 所示。

图 13-12

13.8.4　开发沸点入口组件，新增创建沸点模块

沸点入口组件包含创建沸点模块、沸点排序 tab 标签，并且导入了上一步创建的沸点列表组件。沸点入口组件中包含沸点的所有功能。

（1）创建文件 pages/short-msg/index.vue 表示沸点入口组件，并添加一条路由配置：

```
{
  path: '/shortmsg',
  name: 'shortmsg',
  component: () => import('@/pages/short-msg/index.vue'),
}
```

（2）在组件中编写一个创建沸点的模块，主要用来提供一个内容输入框和一个发布沸点的按钮，以便用户快捷地发布沸点。该模块还会提供一个选择圈子的选项，用户可以决定将沸点发布在哪个圈子下。沸点入口组件的模板代码和样式代码请参考本书的配套资源。

（3）编写 JavaScript 代码，引入沸点 Store 并定义沸点数据和创建沸点的方法：

```
import { shortmsgStore } from '@/stores'
const store = shortmsgStore()
const loading = ref(false)
const form = ref({
  content: '', group: 'all',
})
const toCreate = () => {
  loading.value = true
  store.createMsg(form.value, res => {
    loading.value = false
    if (res) {
      ElMessage.success('发布成功！')
      store.getShortmsgs(filter.value)
    }
  })
}
```

最终沸点页的效果如图 13-13 所示。

图 13-13

13.9　项目打包、部署与解析

经过一步步的设计与开发，已经完成了备忘录的所有功能。然而现在的项目只能在本地运行，如果要让所有人都能访问，还差最后一步——打包项目并部署到服务器上。假设服务器安装的是 Linux 系统，那么部署步骤如下。

13.9.1　打包项目并上传到服务器上

使用以下命令打包项目，打包后的文件会输出到 dist 目录下：

```
$ yarn run build
```

打包后，将 dist 文件夹上传到服务器上，并且重命名为 vue3-memo。将文件上传到服务器上可以使用 FTP 工具，也可以使用命令行。假设文件夹上传的位置是/home/libai，那么服务器上的项目目录就是/home/libai/vue3-memo。

13.9.2　使用 Nginx 配置项目域名并解析

在服务器上部署前端项目，通常使用 Nginx 实现。Nginx 是当前非常流行的 Web 服务器，可以直接解析前端文件，并指定一个域名访问。可以使用如下命令检测是否安装了 Nginx：

```
$ nginx -t
```

如果上面的命令能正常执行，就会打印出 Nginx 的配置文件路径，表示 Nginx 处于运行中；如果提示未找到，就说明 Nginx 没有运行，请先自行安装。

假设域名是 memo.test.com，那么在 Nginx 的配置文件中添加以下配置：

```
server {
  listen  80;
  server_name  memo.test.com;
  index  index.html;
  root  /home/libai/vue3-memo;
}
```

上面几个参数的含义如下。

- listen：监听端口。
- server_name：绑定的域名。
- index：首页默认文件。

- root：项目目录位置。

在 Vue Router 的 history 模式下，Nginx 无法区分路径是文件还是前端路由。在页面刷新时，Nginx 会将前端路由看作文件目录来解析，因此经常出现 404 错误。要解决这个问题，就要为 Nginx 配置解析路径，在 server 选项中再添加一条配置路由：

```
location / {
  try_files $uri $uri/ /index.html;
}
```

在添加配置之后保存，使用 nginx –t 命令查看配置是否有问题，如果没有问题，就执行以下命令使配置文件生效：

```
$ nginx -s reload
```

在浏览器中访问 http://memo.test.com 即可看到部署后的备忘录项目。

13.10　本章小结

本章按照需求分析从零开始搭建前端项目，并按照前面介绍的知识配置了公共组件、公共请求和公共函数等。搭建项目框架后即可进入业务实战开发。

前端业务开发包括首页、文章详情页、文章编辑发布页、沸点页、消息中心页和个人中心页的开发。在开发过程中全部与真实接口交互，100%还原了真实的项目实战场景。

本章一些细节的样式代码未全部展示，读者可以参考本书的配套资源进行学习。